建（构）筑物检测鉴定技术及案例分析

孙 雨　徐海涛　著

北　京
冶 金 工 业 出 版 社
2021

内 容 提 要

本书技术篇结合建筑结构检测鉴定工作的特点和要求，通过对各类建筑结构的安全性鉴定、使用性鉴定、耐久性鉴定、抗震鉴定、危险性鉴定、完损性鉴定、火灾后建筑结构鉴定、施工周边建筑结构安全影响鉴定的介绍和分析，提供各类建筑结构检测鉴定的基本方法和思路。重点从检测鉴定技术过程入手，全面分析各种常见结构形式的检测方法以及鉴定评定的方法。实例篇通过对各类工程实例进行检测鉴定分析，使读者对技术篇讲述的基本方法和思路有更深刻的认识与理解。本书通过对民用和工业建筑各种类型的实例鉴定进行分析，将技术与实例相结合，由浅入深地将检测鉴定技术介绍给读者，内容新颖翔实，图例丰富，实用性突出，对建筑结构检测鉴定人员解决实际问题，具有较高指导意义。

本书可作为从事建筑结构检测、鉴定与加固工作的基层建筑工程技术人员的实用参考书，也可作为高等学校本（专）科教材及职业培训教材。

图书在版编目(CIP)数据

建（构）筑物检测鉴定技术及案例分析/孙雨，徐海涛著．—北京：冶金工业出版社，2021.2

ISBN 978-7-5024-8719-5

Ⅰ.①建…　Ⅱ.①孙…　②徐…　Ⅲ.①建筑物—检测　Ⅳ.①TU746.3

中国版本图书馆 CIP 数据核字（2021）第 019200 号

出 版 人　苏长永

地　　址　北京市东城区嵩祝院北巷 39 号　邮编　100009　电话　(010)64027926

网　　址　www.cnmip.com.cn　电子信箱　yjcbs@cnmip.com.cn

责任编辑　夏小雪　美术编辑　彭子赫　版式设计　禹　蕊

责任校对　卿文春　责任印制　李玉山

ISBN 978-7-5024-8719-5

冶金工业出版社出版发行；各地新华书店经销；北京虎彩文化传播有限公司印刷

2021 年 2 月第 1 版，2021 年 2 月第 1 次印刷

787mm×1092mm　1/16；13.25 印张；320 千字；199 页

78.00 元

冶金工业出版社　投稿电话　(010)64027932　投稿信箱　tougao@cnmip.com.cn

冶金工业出版社营销中心　电话　(010)64044283　传真　(010)64027893

冶金工业出版社天猫旗舰店　yjgycbs.tmall.com

（本书如有印装质量问题，本社营销中心负责退换）

前　言

随着我国经济建设的迅速发展和人民生活水平的不断提高，我国大规模的城市化进程逐步深入，由于新材料新工艺不断涌现，我国建筑行业发展十分迅速，建筑行业进入了空前繁荣时期。近年来，在不断求新的同时，建筑行业正面临着如何对已有的建筑结构进行维护和改造加固的问题。对于已投入使用的既有房屋，一方面由于建筑年代、使用年限、自然灾害、环境侵蚀、设计不足等因素，已经出现不同程度的损伤；另一方面由于改变建筑的使用功能、改造扩建等给随后的长期安全使用带来隐患。因此，不论是对新建筑的加固还是为灾后进行的修复改造，或是建筑物进入中老年后的正常诊断，都需要对建筑物进行检测和鉴定，用以对建筑的安全可靠性做出科学有效的评价，并给出合理的加固、改造措施，用以确保建筑物后续的安全和正常使用。

为了适应我国建筑结构工程的检测鉴定工作深入开展的需要，我们根据建筑结构检测鉴定与加固的程序，编写了这本《建（构）筑物检测鉴定技术及案例分析》。本书分为技术篇与实例篇，技术篇对工程结构检测鉴定的基本理论和方法进行了论述，对建筑工程结构检测手段和验算方法进行归纳，对地基基础、混凝土结构、砌体结构、钢结构、木结构、灾后结构、构筑物等检测鉴定进行了阐述。实例篇是作者近几年内工程检测鉴定分析的实际案例总结，可为读者今后的工作提供参考。

本书提供的现有建筑结构检测与鉴定方法，可以使读者较为正确地理解和掌握本行业的基础理论知识及现行国家有关标准和规范，同时通过对实际案例的分析使读者提高结构检测鉴定的能力。本书对有关高校课堂教育将会起到拓展知识、提高解决实际工程能力的作用，也可加快本行业广大工程技术人员在自学中的成长与提高。

衷心感谢李永录老师对本书两位作者在工程检测技术方面上的引导。本书引用了部分书籍、杂志上的相关文献，在此向相关作者表示衷心感谢！

由于我们水平有限，书中疏忽和不妥之处在所难免，热忱期望广大读者批评指正。

作　者

2020 年 9 月 20 日

目　录

技 术 篇

实 例 篇

技术篇

JISHU PIAN

1 建筑结构检测鉴定概述

建筑结构是人们工作和生活的场所，随着社会的进步、经济的发展和建筑技术及工艺的提高和创新，建筑结构的结构和构造逐渐趋于多样化和复杂化，建筑结构在使用过程中出现变形、裂缝和损坏等问题，并呈现出多种多样的表现形式。首先地震、台风等自然灾害与火灾、爆炸等人为因素会对既有建筑结构造成不同程度的损伤甚至破坏；其次，当前建筑结构正朝着高层次、大柔度方向发展，因此在风载、地震荷载及周围环境作用下可能会产生危险振动。不论是为抵御灾害进行的加固，还是灾后进行的修复；不论是为适应新的使用要求对建筑物实施的改造，还是对建筑物进入设计基准期的正常诊断处理；不论是评估工程施工质量合格与否，还是“五无工程”的质量评定；不论是施工周边房屋的完损情况的评定，还是房屋遭受各种灾害的应急处理；不论是房屋损坏、质量问题的纠纷，还是房屋加层改造的可行性分析，都需要对建筑结构进行检测鉴定，以期对结构的可靠性作出科学评估，对存在安全问题的建筑结构提出处理建议，为房屋管理、维护和改造加固提供可靠的数据，以保证建筑结构的安全和正常使用。

1.1 检测鉴定的定义

建筑结构的检测鉴定，是指由专门的鉴定机构按照国家颁布的行业标准和其他相关建筑规范，对既有、在建或改造的建筑结构的工作性能和工作状态进行调查、检测、验算、分析，对建筑结构的完损情况和危险程度与正常使用性做出科学性安全评定的技术服务工作。

1.1.1 建筑结构可靠性鉴定

建筑可靠性鉴定包含安全性鉴定和使用性鉴定。

1.1.1.1 建筑结构安全性鉴定

建筑结构安全性鉴定主要根据建筑结构的工作状态进行查勘，必要时辅以检测、结构承载力复核验算等手段评估建筑结构的整体安全度。鉴定对象主要为20世纪50年代以后建造的建筑结构，属于常规的安全鉴定检查，鉴定的复杂程度根据现场实际情况来确定，此类型建筑结构往往受到使用环境因素的影响。对于改建结构的安全鉴定，由于此类建筑结构主要为改造内部整体结构或者接建新建筑结构，其鉴定的重点是载荷的复核验算，检查其改造前和改造后对建筑结构整体是否产生了影响，是否满足相关国家标准和行业规范的要求。

1.1.1.2 建筑结构使用性鉴定

建筑结构使用性鉴定主要针对建筑结构的使用功能，如因混凝土收缩裂缝或温度裂缝导致楼面或屋面破损、漏水、空鼓，建筑构造层剥落、建筑管道漏水、环境震动、环境噪声等，查勘中更侧重于对图纸的复核与对现场实际环境的检查。产权补登或者改变建筑结构使用功能时常常需要进行建筑结构使用性鉴定。

1.1.2 建筑结构的耐久性鉴定

建筑结构的耐久性随其物理性能、功能因素和经济性质而定。在建筑物使用过程中，构成建筑结构的多种建筑材料由于物理变化、化学变化和微生物的作用，逐渐被侵蚀；但考虑到各种材料的性质不同，所处的部位和使用条件不同，其耐久性也不尽相同。因此，对建筑结构进行耐久性鉴定时，应当分析各种建筑材料的腐蚀原因和所受影响，分别计算材料的耐久年限，从而计算建筑结构的耐久年限，作出科学的耐久性评定。

1.1.3 建筑结构抗震鉴定

建筑结构抗震鉴定，应根据抗震鉴定标准、结合相关的设计规范进行：通过检查现有建筑的设计、施工质量和现状，按规定的抗震设防要求，对其在地震作用下的安全性进行评估，出具抗震鉴定报告，为实施抗震加固或采取其他抗震减灾对策提供依据。在对上部建筑进行抗震鉴定的同时，还应对建筑所在场地、地基和基础进行抗震鉴定，要求符合鉴定标准的现有建筑具有与后续使用年限相对应的抗震设防目标。

1.1.4 建筑结构危险性鉴定

建筑结构危险性鉴定应按照《危险房屋鉴定标准》，根据建筑结构损坏特征及损坏程度（如承载力、裂缝、变形、构造缺陷等）对建筑结构进行危险等级评定。该类型鉴定能准确判断建筑结构的危险程度，有效排除建筑物隐患和其他不稳定因素，确保使用安全，为建筑结构的维护和修缮提供依据，也为主管部门对辖区内危险建筑进行检测和督促业主对危险建筑排险解危进行安全管理提供资料。

1.1.5 建筑结构完损性鉴定

建筑结构完损性鉴定，是对被测建筑结构构件的损坏情况、工作状态及完损程度进行评估和鉴定。目的是为委托人提供建筑结构的质量现状，也为房地产管理部门掌握各类建筑物的完损情况，为建筑物的管理和修缮、改造提供资料和依据。完损性鉴定适用于房地产管理部门对房屋管理及对辖区内建筑结构的安全普查，对单位自管房（不包括工业建筑）或私房进行鉴定、管理；对受突发事故影响的建筑物进行紧急安全检查及施工工程周边建筑物鉴定。值得注意的是，完损性鉴定不应涉及房屋原设计质量和原使用功能的鉴定，当其被鉴定为危险房屋时，应按《危险房屋鉴定标准》进行评定。

1.1.6 火灾后建筑结构鉴定

火灾后建筑结构鉴定是为评定火灾后建筑结构可靠性而进行的检测鉴定工作，是以建筑结构构件的安全性鉴定为主，依据《火灾后建筑结构鉴定标准》，进行火灾影响区域调查与确定、火场情况与温度分布推定、结构内部温度推定、结构现状检查与检测、结构承载力复核验算、构件评级，为建筑结构火灾后的处理决策提供技术依据。

1.1.7 施工周边建筑结构安全鉴定

施工周边建筑结构安全鉴定包括地铁、隧道、房产、基坑、土建、人防、桥梁等施工周边的房屋安全鉴定，施工前对周边房屋的现状进行证据保全及安全性等级评定；施工后对房屋的受损程度及受损原因进行评定，明确房屋损坏的原因及界定房屋损坏的责任，减少因施工导致的损伤并对损坏提出合理的加固修复建议。

1.1.8 建筑结构专项鉴定

1.1.8.1 应急鉴定

应急鉴定指建筑结构遭遇外界突发事故引起建筑物损坏的鉴定，根据建筑结构损坏现状，依据相应的鉴定标准，在最短时间内为决策方或委托方提供技术服务并提供紧急处理方案或建议。一般的受灾房屋鉴定，分水灾、风灾、震灾、雷击、雪灾等自然灾害和白蚁侵蚀、化学物品腐蚀及汽车撞击等人为灾害的应急鉴定，主要排查建筑结构的安全状况。

1.1.8.2 司法鉴定

司法鉴定涉及建筑结构受损（开裂、渗漏、倾斜、破损等）、建筑物质量（主体工程、基础工程、装饰装修工程）等纠纷案件的仲裁或审判。

1.1.8.3 可行性分析

可行性分析是对建筑结构加层增荷、加固维修改造等进行技术分析，通过现场勘察、检测、结构复核验算判断其可行性，进行适用性分析。

1.2 建筑结构检测鉴定的基本方法

建筑结构的检测鉴定方法主要分为直接经验法、实用鉴定法和概率法三大类。

1.2.1 直接经验法

直接经验法是依据检测鉴定人员对所鉴定建筑结构的建造情况调查、现场勘查，在图纸完备情况下，按照原设计图纸对建筑结构的各个部位构件进行校核，利用技术人员的专业知识、经验和验算对建筑结构进行安全等级评定。这种方法时间短、操作简单，是目前采用较多的建筑结构鉴定方法。

1.2.2 实用鉴定法

实用鉴定法是在传统经验法基础上发展形成的。鉴定人员全面分析被鉴定建筑结构的损坏原因，列出明确的鉴定、检测项目，经过实地检测和查勘，结合结构计算和实验结果，对每一个项目进行综合评定，得出较准确的鉴定结论。该方法主要利用现代科学仪器的检测技术获取建筑结构各组成部分的真实资料：（1）初步调查建筑结构的原始概况，包括调阅图纸和规划、勘探、环境等技术资料。（2）对建筑结构的各组成部位进行检测和查看，包括建筑结构的地基基础（基础和桩、地基变形和地下水）、建筑材料（混凝土、钢材、砖及外围结构材料）和结构参数（结构尺寸、变形、裂缝、抗震设防构造等）。（3）在实验室进行构件试验以及通过相关软件对检测结果进行模型和结构验算分析。

1.2.3 概率法

概率法指依靠结构可靠性理论，用结构失效概率来衡量结构的可靠程度，是可靠性鉴定方法在理论和概念上的完善。《民用建筑可靠性鉴定标准》采用了以概率理论为基础，以结构各种功能要求的极限状态为鉴定依据的可靠性鉴定方法，简称为概率极限状态鉴定法。

1.3 检测鉴定的适用范围

1.3.1 工业建筑的检测鉴定适用范围

工业建筑的检测鉴定适用于已存在的、为工业生产服务，可以进行和实现各种生产工艺过程的建筑物和构筑物，主要包括以混凝土、钢结构、砌体结构为承重结构的单层和多层厂房等建筑物和烟囱、储仓、通廊、水池等构筑物。根据《工业建筑可靠性鉴定标准》，规定了以下不同的情形。

（1）在下列情况下，应进行可靠性鉴定：

1）达到设计使用年限拟继续使用时。

2）用途或使用环境改变时。

3）进行改造或增容、改建或扩建时。

4）遭受灾害或事故时。

5）存在较严重的质量缺陷或者出现较严重的腐蚀、损伤、变形时。

（2）在下列情况下，宜进行可靠性鉴定：

1）使用维护中需要进行常规检测鉴定时。

2）需要进行全面、大规模维修时。

3）其他需要掌握结构可靠性水平时。

（3）在下列情况下，需进行安全性鉴定：

1）地基基础或主体结构有明显下沉、裂缝、变形、腐蚀等现象。

2）遭受火灾、地震等自然灾害或突发事故引起的损坏。

3）拆改结构、改变用途或明显增加使用荷载。

4）超过设计使用年限拟继续使用。

5）受相邻工程影响，出现裂缝损伤或倾斜变形。

（4）当存在下列问题且仅为局部的不影响建、构筑物整体时，可根据需要进行专项鉴定：

1）结构进行维修改造有专门要求时。

2）结构存在耐久性损伤影响其耐久年限时。

3）结构存在疲劳问题影响其疲劳寿命时。

4）结构存在明显振动影响时。

5）结构需要进行长期监测时。

6）结构受到一般腐蚀或存在其他问题时。

1.3.2 民用建筑的检测鉴定适用范围

民用建筑的检测鉴定，主要有可靠性鉴定、安全性鉴定和正常使用性鉴定。

（1）在下列情况下，应进行可靠性鉴定：

1）建筑物大修前的全面检查。

2）重要建筑物的定期检查。

3）建筑物改变用途或使用条件的鉴定。

4）建筑物超过设计基准期继续使用的鉴定。

5）为制订建筑群维修改造规划而进行的普查。

（2）在下列情况下，可仅进行安全性鉴定：

1）危房鉴定及各种应急鉴定。

2）房屋改造前的安全检查。

3）临时性房屋需要延长使用期的检查。

4）使用性鉴定中发现的安全问题。

（3）在下列情况下，可仅进行正常使用性鉴定：

1）建筑物日常维护的检查。

2）建筑物使用功能的鉴定。

3）建筑物有特殊使用要求的专门鉴定。

（4）当出现下列情况时，需要对建筑结构的检测鉴定有所侧重：

1）建筑结构因勘察、设计、施工、使用等原因，出现裂缝损伤或倾斜变形时。这类项目除评估结构安全性、提出处理建议外，一般需要进行损伤原因分析，分析勘察、设计、施工、使用等哪个环节造成现有损伤，为责任认定提供依据。

2）建筑结构因材料、环境等原因，在设计使用年限内出现影响安全或使用的劣化、老化迹象时。对混凝土结构而言，材料因素可能是混凝土骨料中含有活性成分、水泥中碱含量过高、水泥安定性不良、拌和水中氯离子含量偏高等，环境因素可能是化学物质、冻融循环等，这些因素可能引起混凝土碳化、爆裂、钢筋锈蚀、化学侵蚀、碱骨料反应、冻融破坏等劣化、老化迹象；钢结构的主要老化迹象是钢材锈蚀；砌体结构的主要老化迹象是砖墙风化；木结构的主要老化迹象是虫蚀、腐朽。这类结构安全性检测评估，一般需要进行材料和环境分析，查找造成劣化或老化的主要原因，预测继续劣化或老化的程度，并提出有效的处理措施建议。

3）建筑结构因相邻工程影响，出现裂缝损伤或倾斜变形时。这类结构安全性检测评估，重点是区分受检房屋的裂缝损伤或倾斜变形是房屋本身原因引起还是邻近基坑工程施工影响引起，评估结构安全性并提出合理的处理措施建议。

4）建筑结构使用功能或局部结构改变，对结构安全性有影响时，如厂房改办公楼、办公楼改商场等，也可能需要进行局部开设门洞、局部楼板开洞、局部抽梁拔柱等局部结构改变，这些因素对结构安全性均有影响，需要进行安全性检测评估，按照新的使用功能和结构布置验算结构构件并评估结构安全性。当功能和结构改变较大时，还应考虑进行抗震性能评估。

5）建筑结构超过设计使用年限继续服役时。一般来讲，当房屋超过设计使用年限继续服役时，房屋将出现不同程度的耐久性老化迹象，其结构功能出现不同程度的退化，需要进行全面的检测评估，除常规检测评估内容外，重点在于预测结构使用寿命、设定下一目标使用期并提出耐久性处理建议。

6）房屋建造过程中、停工续建时或使用过程中，需要加层、插层、扩建，或较大范围的结构体系或使用功能改变等房屋改建时，需要对原有结构进行抗震鉴定，内容包括对原结构进行检测，对原结构体系和构造进行鉴定，按改建结构进行结构抗震验算，综合评估改建后的结构抗震性能和改建方案可行性，必要时，提出改建方案优化措施和原结构抗震加固措施建议。

1.3.3 危险建筑结构的检测鉴定适用范围

危险建筑结构检测鉴定适用于既有建筑物的危险性鉴定，可以正确判断建筑结构的危险程度，及时治理危险建筑物，确保使用安全。对有特殊要求的工业建筑和公共建筑、保护建筑和高层建筑以及在偶然作用下的危险性鉴定，除了要符合《危险房屋鉴定标准》，还应符合国家现行有关强制性标准的规定。

1.3.4 建筑结构完损等级评定适用范围

建筑结构完损等级评定适用于房地产管理部门经营的房屋和单位自管房（不包括工业建筑）或私房的完损等级评定，适用于结构体系较简单、住宅使用功能为主、破损直观的建筑物等级评定以及对建筑物的完好程度评定；不适用于危险构件的建筑物的评定、工业建筑的评定、涉及建筑物原设计质量和原使用功能的鉴定。

1.3.5 火灾后建筑结构鉴定适用范围

火灾后建筑结构鉴定适用于工业和民用建筑中混凝土结构、钢结构、砌体结构火灾后的结构构件检测鉴定，以安全性鉴定为主。鉴定调查和检测的对象应为整个建筑结构，或者是结构系统相对独立的部分结构；对于局部小范围火灾，经初步调查确认受损范围仅发生在有限区域时，调查和检测对象也可仅考虑火灾影响范围内的构件。

1.3.6 建筑抗震鉴定适用范围

建筑抗震鉴定适用于抗震设防烈度为6~9度地区的现有建筑的抗震鉴定；不适用于新建建筑工程的抗震设计和施工质量的评定。下列情况下，现有建筑应进行抗震鉴定：

（1）接近或超过设计使用年限需要继续使用的建筑。

（2）原设计未考虑抗震设防或抗震设防要求提高的建筑。

（3）需要改变结构用途和使用环境的建筑。

（4）其他有必要进行抗震鉴定的建筑。

现有建筑的抗震鉴定，除应符合《建筑抗震鉴定标准》的规定，尚应符合国家现行标准、规范的有关规定。

2 建筑结构鉴定现场勘查

2.1 原始资料调查

原始资料调查包括设计文件（施工图纸、施工图纸审查等相关文件）、工程地质勘察报告、施工资料（包括钢材和水泥等原材料的报告单、隐蔽工程记录及验收记录、基础工程和主体工程验收资料、施工日志、工程质量事故处理报告等）、工程洽商记录、设计变更资料（包括图纸会审记录）等。

设计文件检查包括各专业施工图是否齐全，各图纸签字栏签字是否齐全，是否加盖有注册工程师印章（建筑师、结构师、设备工程师、电气工程师等），图纸审查手续是否齐全合格，有无设计变更及图纸会审记录。

工程地质勘察报告包括：是否有勘察报告，签字是否齐全，是否加盖有注册岩土工程师印章，审查手续是否齐全合格。

施工资料检查包括：

（1）查阅主要原材料（钢筋、水泥等）的产品合格证、出厂检验报告。

（2）进场复检报告。

（3）隐蔽工程记录及验收记录是否齐全、真实。

（4）各分项及主体工程验收记录是否齐全。

（5）施工日志是否齐全，是否真实反映施工真实情况（如混凝土运输单与浇筑日期是否对应，隐蔽检查日期是否对应等），对于施工缺陷及处理是否有记录。

（6）是否存在工程质量重大事故，及相应的处理方案和验收记录。

原始资料调查后应汇总相关信息，具体信息见表 2-1。

表 2-1 原始资料调查汇总

建筑概况	名　称		设计（建造）年代	
	地　点		设计单位	
	用　途		使用者	
	竣工/投产日期		设计烈度/场地类别	
	建筑面积		屋顶檐口标高	
	层　数		基本柱距	
	平面形式		底层标高	
	总长×宽		各层高度	

续表 2-1

地基基础	地基土		基础类型		
	地基处理		基础深度		
	地下水				
上部承重结构	结构形式		连接	板梁柱	
	板、梁、柱			其他连接	
	支撑布置		柱脚形式		
围护系统	屋面防水		墙体及门窗		
	地下防水		其他防护设施		
图纸资料	工艺图（变更）		地勘资料		
	建筑图（变更）		竣工资料		
	结构图（变更）		采用的标准、规范		
	水、暖、电图		其 他		
设备	吊 车		特殊环境	热	
	机 械			振动	
	其 他			腐蚀性介质	
使用历史	用途变更		灾 害		
	改扩建		加固与维修		
	使用条件改变		其 他		
主要问题	委托方意见				
	调查情况				
检验的合同	目 的				
	项 目				
	要 求				
	其 他				

2.2 地基基础检测检查

2.2.1 地基基础检测

（1）既有房屋正常使用时地基基础的工作状态是否正常，一般情况下，可通过沉降观测资料和其不均匀沉降引起上部结构反应的检查结果进行分析与判定。判定时应重点检查基础与承重砖墙连接处的斜向阶梯形裂缝、水平裂缝、竖向裂缝状况，基础与框架柱底部连接处的水平裂缝状况，房屋的倾斜位移状况，地基滑移、稳定、特殊土质变形和开裂等状况；并对房屋所处地段周边环境安全性进行检查，对房屋周边散水、墙脚、室内、外地台沉降、开裂情况进行综合判断。

（2）当需判断地基基础承载能力时，需通过检测手段分别对地基和基础进行检测；当需了解房屋基础形式、埋深以及基础损坏（裂缝、压碎、折断、压酥、腐蚀）等数据时，应通过开挖检测和承载力验算结果进行判定。

(3)鉴定时宜通过地质勘探报告等资料对地基的状态进行分析和判断，必要时可补充地质勘查。

2.2.2 地基基础变形观测

(1)房屋垂直度检测。房屋安全鉴定应进行房屋垂直度检测，可采用经纬仪、全站仪、激光铅锤仪、锤球从房屋两个方向进行测量。鉴定报告中应写清楚测量的位置、方向及变形值，没有发现变形的也要在鉴定报告中注明。

(2)沉降变形观测。对既有房屋地基基础不均匀沉降，通过对地基或基础的检测来获得技术数据，操作上有一定的难度，一般是采用水准仪对房屋的沉降变形进行观测，并通过观测数据分析房屋因地基承载力不足导致的基础沉降变形的程度，变形观测布点数量、观测次数及操作应依据《建筑变形测量规范》的有关规定进行。

2.3 混凝土结构检查

2.3.1 构件的连接及构造检查

混凝土结构构件及其连接的检查，应包括结构构件的材料强度、几何参数、稳定性、抗裂性、延性与刚度，预埋件、紧固件与构件连接，结构间的联系等，混凝土结构还应包括短柱、深梁的承载性能检查。

2.3.2 外观质量与缺陷检查

现场检查构件外观质量与缺陷应按照表 2-2 进行，现场记录必须详细，且保留影像资料，典型缺陷照片如图 2-1 所示。

表 2-2 现浇结构外观质量缺陷

名称	现象	严重缺陷	一般缺陷
露筋	构件内钢筋未被混凝土包裹，外露	纵向受力钢筋有露筋	其他钢筋有少量露筋
蜂窝	混凝土表面缺少水泥砂浆，形成石子外露	构件主要受力部位有蜂窝	其他部位有少量蜂窝
孔洞	混凝土中孔穴深度和长度均超过保护层厚度	构件主要受力部位有孔洞	其他部位有少量孔洞
夹渣	混凝土中夹有杂物且深度超过保护层厚度	构件主要受力部位有夹渣	其他部位有少量夹渣
疏松	混凝土中局部不密实	构件主要受力部位有疏松	其他部位有少量疏松
连接部位缺陷	构件连接处混凝土缺陷及连接钢筋、连接件松动	连接部位有影响结构传力性能的缺陷	连接部位有基本不影响结构传力性能的缺陷

续表 2-2

名称	现象	严重缺陷	一般缺陷
外形缺陷	缺棱掉角、棱角不直、翘曲不平、飞边凸肋等	清水混凝土构件有影响使用功能或装饰效果的外形缺陷	其他混凝土构件有不影响使用功能的外形缺陷
外表缺陷	构件表面麻面、掉皮、起砂、沾污等	具有重要装饰效果的清水混凝土构件有外表缺陷	其他混凝土构件有不影响使用功能的外表缺陷

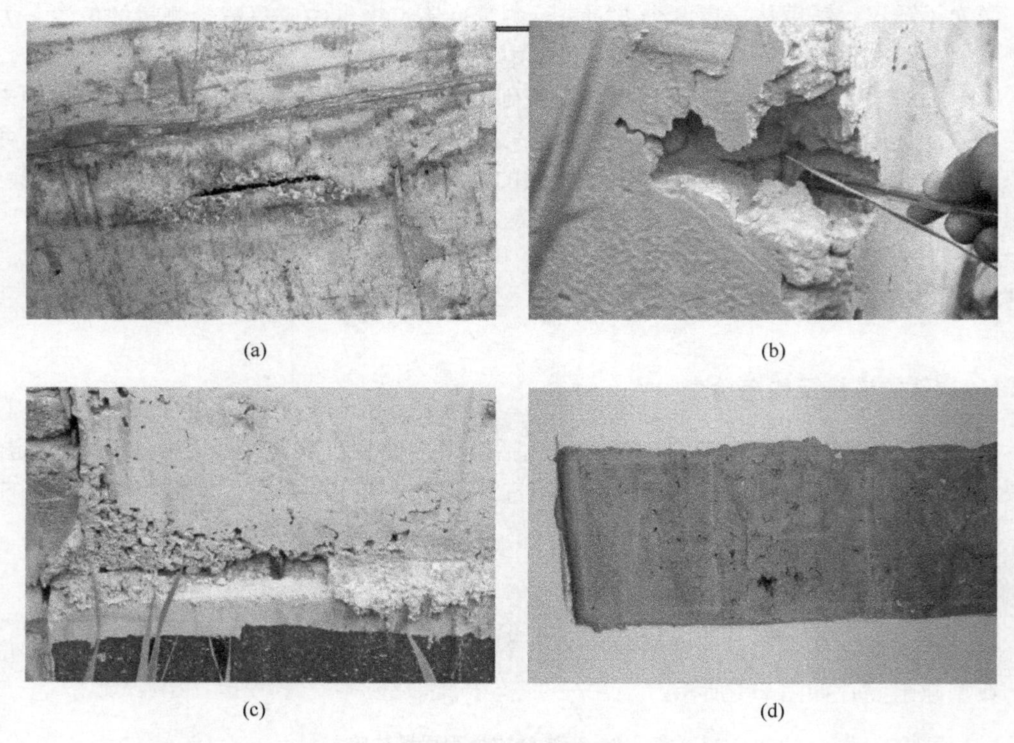

(a) (b) (c) (d)

图 2-1 典型缺陷
(a) 露筋；(b) 孔洞；(c) 蜂窝；(d) 麻面

2.3.3 混凝土结构裂缝检查

对混凝土构件的裂缝、缺陷进行详细的调查，包括裂缝宽度、裂缝深度、裂缝长度。

由于混凝土是一种抗拉能力很低的脆性材料，因此混凝土主体结构在施工和使用过程中，当发生温度、湿度变化、地基不均匀沉降时，极易产生裂缝。

2.3.3.1 裂缝的特点及原因分析

A 收缩裂缝特点及原因分析

a 特点

裂缝位置及分布特征：混凝土早期收缩裂缝主要出现在裸露表面；混凝土硬化以后的收缩裂缝在建筑结构中部附近较多，两端较少见。

裂缝方向与形状：早期收缩裂缝呈不规则状；混凝土硬化以后的裂缝方向往往与结构或构件轴线垂直，其形状多数是两端细中间宽，在平板类构件中有的缝宽度变化不大。

裂缝尺寸及数量：早期的收缩裂缝尺寸都不大，硬化后的收缩裂缝一般数量多，宽度不大，深度一般不深，但在板类构件中常见贯穿板厚的收缩裂缝，裂缝长度大小不等，多数长度不大。

b　出现时间

出现时间：早期的裂缝都出现在混凝土终凝前。硬化后裂缝的产生与构件尺寸、构造、约束、环境等因素有关。有的几天后就产生，有的十几天甚至数月后才出现。

c　原因及影响因素

混凝土的收缩变形是这种工程材料的固有特性，主要表现形式为：浇筑初期（终凝前）的凝缩变形；硬化过程中的干缩变形；在恒温绝湿条件下，由凝胶材料的水化作用引起的自身收缩变形；温度下降引起的冷缩变形。影响混凝土收缩的因素主要有水泥品种、骨料品种和含泥量、混凝土配合比、外加剂种类及掺量、介质湿度、养护条件等。混凝土的相对收缩量主要取决于水泥品种、水泥用量和水灰比、绝对收缩量除与这些因素有关外，还与构件施工时最大连续边长成正比。当现浇钢筋混凝土楼板在收缩过程中受到其支承结构的约束，板内拉应力超过混凝土的极限抗拉强度时，就会产生裂缝。

裂缝发展变化：由于混凝土的干缩与收缩是逐步形成的，因此收缩裂缝是随时间发展的。但当混凝土浸水或受潮后，体积会产生膨胀，因此收缩裂缝随环境湿度而变化。

B　温度裂缝特点及原因分析

a　特点

温度裂缝位置及分布特征：房屋建筑由于日照温差引起混凝土墙的裂缝一般发生在屋盖下及其附近位置，长条形建筑的两端较为严重；由于日照温差造成的梁板裂缝，主要出现在屋盖结构中；受使用中高温影响产生的裂缝，往往在离热源近的表面较严重。

裂缝方向与形状：梁板或长度较大的结构，温度裂缝方向一般平行短边，裂缝形状一般是一端宽一端窄，有的裂缝变化不大。因温度变化导致的墙体裂缝多是斜裂缝，裂缝一般上宽下窄，或靠窗口处较宽。

裂缝尺寸及数量：其宽度无定值，从发丝裂缝到数毫米都有，但多数裂缝宽度不大，数量较多，裂缝深度变化较大，有表面的、深层的和贯穿的几种。决定深度的因素是温差的性质与大小，裂缝长度随温差与结构特征而变化。

此类裂缝不影响结构安全使用。

b　出现时间

温度变化导致的裂缝，一般在经过夏天或冬天后出现或加大。在使用环境高温影响下，热源温度高即使作用时间不长也可能引起开裂；热源温度不高，在长期的烘烤下也可能开裂。

c　原因及影响因素

产生温度裂缝的原因主要是外界温度的变化。这种温度裂缝不会无限制扩展恶化。当自然界温度发生变化或材料发生收缩时，房屋各部分构件将产生各自不相同的变形，引起彼此的制约作用而产生应力，当应力超过其极限强度时，不同形式的裂缝就会出现。

C　地基变形、基础不均匀沉降裂缝的特点及原因分析

a　特点

裂缝位置及分布特征：一般在建筑物下部出现较多，竖向构件较水平构件开裂严重，

墙体构件和填充墙较框架梁柱开裂严重。

裂缝方向与形状：在墙上多为斜裂缝，竖向及水平裂缝很少见；在梁或板上多数出现垂直裂缝，也有少数的斜裂缝；在柱上常见的是水平裂缝，这些裂缝的形状一般都是一端宽，另一端细。

裂缝尺寸及数量：普通钢筋混凝土在正常使用阶段出现的裂缝尺寸一般都不大，缝宽从表面向内部逐渐缩小。在结构严重超载或达到临界状态时，裂缝宽度一般较大。

裂缝发展变化：随着时间及地基变形的发展而变化，地基稳定后裂缝不再扩展。

b　出现时间

大多数出现在房屋建成后不久，也有少数工程在施工中明显开裂，严重的甚至无法继续施工。一般在地基变形稳定后，裂缝不再变化。

c　原因及影响因素

引起地基不均匀变形的因素主要有：

（1）地基土层分布不均匀，土质差别较大。

（2）地基土质均匀，上部荷载差别较大、房屋层数相差过多、结构刚度差别悬殊、同一建筑物采用多种地基处理方法而且未设置沉降缝。

（3）建筑物在建成后，附近有深坑开挖、井点降水、大面积堆料、填土、打桩振动或新建高层建筑物等。

（4）建筑物使用期间，使用不当长期浸水，地下水位上升，暴雨使建筑物地基浸泡。

（5）软土地基中地下水位下降，造成砌体基础产生附加沉降开裂。

（6）地基冻胀，砌体基础埋深不足，地基土的冻胀致使砌体产生斜裂缝或竖向裂缝。

（7）地基局部塌陷。位于防空洞、古井上的砌体，因地基局部塌陷而产生水平裂缝、斜裂缝。

（8）地震作用、机械振动等。

D　受力裂缝（承载力不足）特点及原因分析

a　特点

裂缝位置及分布特征：都出现在应力最大位置附近，如梁跨中下部和连续梁支座附近上部等。

裂缝方向与形状：受拉裂缝与主应力垂直，支座附近的剪切裂缝，一般沿45°方向跨中向上方伸展。受压而产生的裂缝方向一般与压力方向平行，裂缝形状多为两端细中间宽。扭曲裂缝呈斜向螺旋状，缝宽度变化一般不大。冲切裂缝常与冲切力成45°左右斜向开展。

裂缝尺寸及数量：普通钢筋混凝土在正常使用阶段出现的裂缝尺寸一般都不大，缝宽从表面向内部逐渐缩小。在结构严重超载或达到临界状态时，裂缝宽度一般较大。

裂缝发展变化：随着荷载加大和作用时间延长而扩展。

b　出现时间

一般在荷载突然增加时出现，如结构拆模、安装设备、结构超载等。

c　原因及影响因素

（1）由于截面抗压、抗弯、抗剪或局部受压承载力不足，导致裂缝产生。

（2）截面削弱较严重的部位，或材料强度随时间的改变遭风化侵蚀强度变化。

（3）使用环境的改变产生内力重分布或超载产生附加内力。

E 装饰性裂缝特点及原因分析

a 特点

混凝土构件作为承载受力构件，在建筑物中往往还要与其他结构（如砌体结构、钢结构）与构件（如围护结构，隔墙构件等）一起围成可供使用的空间。为观感和使用功能的需要，在两种材料结构的界面上还要采取一定的构造措施加以掩蔽，其方式通常是添加抹灰层、使用贴面材料或其他装饰方法。

由于材料与结构形式不同，在分界面上往往会产生可见裂缝。尽管这种裂缝本身并不属于混凝土结构本身的裂缝，但出现在混凝土结构区域，往往也被指认为混凝土裂缝。

b 出现时间

装饰性裂缝大多数出现在房屋建成后。

c 原因及影响因素

（1）构件界面处理措施不到位是产生界面裂缝的主要原因。

（2）两种不同材料的弹性模量不同，线膨胀系数不同，混凝土收缩及温度变化在两种结构表面产生了裂缝。

2.3.3.2 裂缝是否需要处理的界限

A 国家标准《混凝土结构设计规范》（GB 50010）

该规范规定普通钢筋混凝土结构的裂缝控制等级为三级，即允许受拉边缘出现裂缝，构件在开裂状态下工作，并规定了最大裂缝宽度允许值，见表2-3。

表2-3 钢筋混凝土构件最大裂缝宽度允许值

环境条件	构件种类	允许值/mm
室内正常环境	一般构件	0.3（0.4）
	屋面梁、托梁	0.3
	屋架、托架、吊车梁	0.2
露天或室内高湿环境	各种构件	0.2

注：对处于年平均相对湿度小于60%地区一类环境的受弯构件，其最大裂缝宽度限值可采用括号内的数值。

B 国家标准《工业建筑可靠性检测标准》（GB 50144）

混凝土构件的裂缝项目可按下列规定评定等级：

（1）混凝土构件的受力裂缝宽度可按表2-4评定等级。

（2）混凝土构件因钢筋锈蚀产生的沿筋裂缝在腐蚀项目中评定，其他非受力裂缝应查明原因，判定裂缝对结构的影响，可根据具体情况进行评定。

表2-4 钢筋混凝土构件裂缝宽度评定等级

环境类别与作用等级	构件种类与工作条件		裂缝宽度/mm		
			a	b	c
I-A	室内正常环境	次要构件	<0.3	>0.3，≤0.4	>0.4
		重要构件	≤0.2	>0.2，≤0.3	>0.3
I-B，I-C	露天或室内高湿度环境，干湿交替环境		≤0.2	>0.2，≤0.3	>0.3
Ⅲ，Ⅳ	使用除冰盐环境，滨海室外环境		≤0.1	>0.1，≤0.2	>0.2

C 国家标准《民用建筑可靠性检测标准》（GB 50292）

（1）当有计算值时：

1）当检测值小于计算值及国家现行设计规范限值时，可评为 a_s 级。

2）当检测值大于或等于计算值，但不大于国家现行设计规范限值时，可评为 b_s 级。

3）当检测值大于国家现行设计规范限值时，应评为 c_s 级。

（2）当无计算值时，构件裂缝宽度等级的评定应按表 2-5 的规定评级。

（3）对沿主筋方向出现的锈迹或细裂缝，应直接评为 c_s 级。

（4）当一根构件同时出现两种或以上的裂缝，应分别评级，并应取其中最低一级作为该构件的裂缝等级。

表 2-5 钢筋混凝土构件裂缝宽度等级的评定

检查项目	环境类别和作用等级	构件种类		裂缝评定等级		
				a	b	c
受力主筋处的弯曲裂缝或弯剪裂缝宽度/mm	I-A	主要构件	屋架、托架	≤0.15	≤0.20	>0.20
			主梁、托梁	≤0.20	≤0.30	>0.30
		一般构件		≤0.25	≤0.40	>0.40
	I-B、I-C	任何构件		≤0.15	≤0.20	>0.20
	Ⅱ	任何构件		≤0.10	≤0.15	>0.15
	Ⅲ、Ⅳ	任何构件		≤无肉眼可见裂缝	≤0.10	>0.10

注：1. 对拱架和屋面梁，应分别按屋架和主梁评定；

2. 裂缝宽度以表面测量的数值为准。

2.3.3.3 常见裂缝处理的具体原则

常见的收缩裂缝、温度裂缝、沉降裂缝和荷载裂缝等可分别按下列原则处理：

收缩裂缝：因材料收缩受限而产生内应力，在拉应力的作用下产生裂缝，一旦裂缝开展内应力释放，收缩完成后裂缝趋于稳定，经修复或封闭堵塞处理后，对构件承载力和正常使用不产生影响。

温度裂缝：一般不影响结构安全。经过一段时间观测，找到裂缝最宽的时间后，通常采用封闭保护或局部修复方法处理，有的还需要改变建筑热工构造。

沉降裂缝：裂缝一般不会严重恶化而影响结构安全。通过沉降和裂缝观测对那些沉降逐步减小而趋稳的裂缝，待地基基本稳定后，作逐步修复或封闭堵塞处理，修复后的构件承载力可以恢复到原设计要求。

荷载裂缝：因承载能力或稳定性不足或危及结构物安全的裂缝，应及时采取卸荷或维修补强等方法处理，并应立即采取应急防护措施。

2.3.4 损伤及变形检查

混凝土结构或构件变形分为构件的挠度、结构的倾斜和基础不均匀沉降等项目，损伤可分为环境侵蚀损伤、灾害损伤、人为损伤、混凝土有害元素造成的损伤以及预应力锚夹具的损伤。对结构、构件的损伤、破损及腐蚀，应进行全面检查，并详细记录损伤、破损及腐蚀部位、范围、程度和形态，要绘制准确的分布图。典型情况如图 2-2 所示。

图 2-2 典型损伤及变形情况

（a）泛碱；（b）钢筋锈蚀混凝土破损；（c）腐蚀；（d）高温影响；（e）水侵蚀；（f）随意开洞；（g）结构倾斜；（h）沉降

2.4　砌体结构检查

2.4.1　砌筑质量与构造检查

砌筑构件的砌筑质量检测可分为砌筑方法、灰缝质量、砌体偏差和留槎及洞口等项目。砌体结构的构造检测可分为砌筑构件的高厚比、梁垫、壁柱、预制构件的搁置长度、大型构件端部的锚固措施、圈梁、构造柱或芯柱、砌体局部尺寸及钢筋网片和拉结筋等项目。

（1）既有砌筑构件砌筑方法、留槎、砌筑偏差和灰缝质量等，可采取剔凿表面抹灰的方法检测。当构件砌筑质量存在问题时，可降低该构件的砌体强度。

（2）砌筑方法的检测，应检测上下错缝，内外搭砌等是否符合要求。

（3）灰缝质量检测可分为灰缝厚度、灰缝饱满程度和平直程度等项目。其中灰缝厚度的代表值应按 GB 50344 第 5.5.4 条砌体高度折算。灰缝的饱满程度和平直程度，可按《砌体工程施工质量验收规范》（GB 50203）规定的方法进行检测。

（4）砌体偏差的检测可分为砌筑偏差和放线偏差。砌筑偏差中的构件轴线位移和构件垂直度的检测方法和评定标准，可按《砌体工程施工质量验收规范》（GB 50203）的规定执行。对于无法准确测定构件轴线绝对位移和放线偏差的既有结构，可测定构件轴线的相对位移或相对放线偏差。

（5）砌筑构件的高厚比，其厚度值应取构件厚度的实测值。

（6）跨度较大的屋架和梁支承面下的垫块和锚固措施。

（7）预制钢筋混凝土板的支承长度。

（8）跨度较大门窗洞口的混凝土过梁的设置状况，既可通过测定过梁钢筋状况判定，也可采取剔凿表面抹灰的方法检测。

（9）砌体墙梁的构造。

2.4.2　砌筑结构裂缝检查

2.4.2.1　砌体结构裂缝的种类

导致砌体结构产生裂缝的原因有三种，分别是温度变形、地基不均匀沉降、承载能力不足，现场检查时应以裂缝位置、形态特征、使用条件及建筑物变形等因素结合实际情况进行综合判别。

2.4.2.2　砌体裂缝宽度评定限制

有关标准规范的规定如下。

A　国家标准《民用建筑可靠性检测标准》（GB 50292）

当砌体结构的承重构件出现下列受力裂缝时，应视为不适于承载的裂缝。

（1）桁架、主梁支座下的墙、柱的端部或中部，出现沿块材断裂或贯通的竖向裂缝或斜裂缝。

（2）空旷房屋承重外墙的变截面处，出现水平裂缝或沿块材断裂的斜向裂缝。

（3）砌过梁的跨中或支座出现裂缝；或虽未出现肉眼可见的裂缝，但发现其跨度范围内有集中荷载。

（4）筒拱、双曲筒拱、扁壳等的拱面、壳面出现沿拱顶母线或对角线的裂缝。

（5）拱、壳支座附近或支承的墙体上出现沿块材断裂的斜裂缝。

（6）其他明显的受压、受弯或受剪裂缝。

当砌体结构、构件出现下列非受力裂缝时，应视为不适于承载的裂缝。

（1）纵横墙连接处出现通长的竖向裂缝。

（2）承重墙体墙身裂缝严重，且最大裂缝宽度已大于5mm。

（3）独立柱已出现宽度大于1.5mm的裂缝，或有断裂、错位迹象。

（4）其他显著影响结构整体性的裂缝。

B 国家标准《工业建筑可靠性检测标准》(GB 50144)

（1）受力裂缝：当砌体构件出现受压、受弯、受剪、受拉等受力裂缝时，可根据实际损伤对安全及正常使用的影响程度评级。

（2）变形裂缝：砌体结构或构件因温度、收缩及地基基础不均匀沉降的变形裂缝宽度的限制见表2-6。

表2-6 砌体结构裂缝评定限制

类型		等级		
		a	b	c
变形裂缝、温度裂缝	独立柱	无裂缝	—	有裂缝
	墙	无裂缝	小范围开裂，最大裂缝宽度不大于1.5mm，且无发展趋势	较大范围开裂，或最大裂缝宽度大于1.5mm，或裂缝有继续发展的趋势
受力裂缝		无裂缝	—	有裂缝

注：1. 本表仅适用于砖砌体构件，其他砌体构件的裂缝项目可参考本表评定。
2. 墙包括带壁柱墙。
3. 对砌体构件的裂缝有严格要求的建筑，表中的裂缝宽度限值可以乘以0.4。

2.4.3 损伤及变形检查

（1）砌体结构的变形与损伤的检测可分为裂缝、倾斜、基础不均匀沉降、环境侵蚀损伤、灾害损伤及人为损伤等项目。一些典型的砌体结构缺陷如图2-3所示。

（2）砌体结构裂缝的检测应遵守下列规定：

1）对于结构或构件上的裂缝，应测定裂缝的位置、裂缝长度、裂缝宽度和裂缝的数量。

2）必要时应剔除构件抹灰确定砌筑方法、留槎、洞口、线管及预制构件对裂缝的影响。

3）对于仍在发展的裂缝应进行定期观测，提供裂缝发展速度的数据。

（3）砌筑构件或砌体结构的倾斜，区分倾斜中砌筑偏差造成的倾斜、变形造成的倾斜、灾害造成的倾斜等。

（4）基础的不均匀沉降。

（5）对砌体结构受到的损伤进行检测时，应确定损伤对砌体结构安全性的影响。对于不同原因造成的损伤可按下列规定进行检测：

1）对环境侵蚀，应确定侵蚀源、侵蚀程度和侵蚀速度。

2）对冻融损伤，应测定冻融损伤深度、面积，检测部位宜为檐口、房屋的勒脚、散水附近和出现渗漏的部位。

3）对火灾等造成的损伤，应确定灾害影响区域和受灾害影响的构件，确定影响程度。

4）对于人为的损伤，应确定损伤程度。

图 2-3　典型砌体结构缺陷

（a）结构倾斜；（b）风化腐蚀；（c）变形；（d）承重结构随意开洞

2.5　钢结构检查

2.5.1　节点连接与构造检查

2.5.1.1　节点连接的缺陷检查

（1）铆接工艺因素造成的缺陷：

1）铆钉本身不合格。

2）铆钉孔引起的构件截面削弱。

3）铆钉松动，铆合质量差。

4）铆合温度过高引起局部钢材硬化。

5）板件之间紧密度不够。

6）漏铆、错位、错排及点头等。

（2）紧固件连接（栓接）缺陷：

1）螺栓孔引起的构件截面削弱。

2）普通螺栓连接在长期动载作用下的螺栓松动。

3）高强螺栓连接预应力松弛引起的滑移变形。

4）螺栓及附件钢材质量不合格。

5）孔径及孔位偏差。

6）摩擦面处理达不到设计要求，尤其是摩擦系数达不到设计要求。

7）漏栓、错位、错排及掉头等。

鉴定时，应着重检查铆钉与螺栓是否出现切断、松动和掉头，同时也应检查施工时遗留的上述缺陷；铆钉检查采用目测或敲击方法，或二者结合进行，工具是手锤、塞尺、放大镜等。检查螺栓连接时，要加扳手测试，高强螺栓要用特殊显示扳手测试。

2.5.1.2 焊接缺陷检查

焊接是钢结构连接的最重要方式，对钢结构焊缝的检查检测工作也是结构鉴定中最为重要的内容之一，焊缝的检查以外观检查、钻孔检查为主，检测是采用超声、磁粉、渗透、射线等方法进行。

（1）焊缝外观检查。通常在清除焊缝污垢后凭借肉眼目视焊缝，必要时借助放大镜看焊缝是否存在裂纹、焊瘤、弧坑、边缘未熔合、未焊透、咬肉（咬边）、烧穿、漏焊、夹渣和气孔（气泡）等缺陷。对焊缝裂纹还可以用硝酸酒精检查，即把可疑处的漆膜除净、磨光，用丙酮洗净，滴上浓度5%~10%的硝酸酒精，有裂纹时会显示褐色。

（2）焊缝钻孔检查。钻孔所用钻头应磨成90°角，直径8~12mm，对角焊缝钻孔深度一般为焊件厚度的2/3，贴角焊缝可达焊件厚度的1~1.5倍。检查时，边钻边检查。钻孔后还可用硝酸溶液做侵蚀检查，以检查微小缺陷，检毕再补满孔眼。钻孔检查是一种破坏性检查，不得已时方可使用。

2.5.2 钢材腐蚀情况检查

钢结构优点突出，但生锈腐蚀是其致命缺点，抗火性能亦很差。国内外因锈蚀诱发的钢结构事故时有发生。锈蚀会使构件截面减小、承载力下降，腐蚀产生的“锈坑”使钢结构产生脆性破坏的可能性增大。锈蚀不仅影响结构安全性能，还会严重影响结构耐久性，使其维护费用昂贵。据有关资料报道，世界钢结构产量的1/10左右因腐蚀而报废。钢材与外界介质相互作用产生的损坏过程称为“腐蚀”。

钢材腐蚀性评价包括内部腐蚀和外部腐蚀两个方面，应按照腐蚀程度评价表2-7和金属腐蚀性评价指标表2-8对被检查钢构件的腐蚀性进行评定。

表2-7 钢材腐蚀程度评价

级　别	轻	中	重	严重	穿孔
最大蚀坑/mm	<1	1~2	2%~50%壁厚	>50%壁厚	>80%壁厚

表 2-8 钢材腐蚀性评价指标

项 目	低	中	高	严重
最大点蚀速度/mm · a^{-1}	<0.305	0.305~0.611	0.611~2.438	>2.438
穿孔年限/a	>10	5~10	3~5	1~3

2.5.3 缺陷、损伤与变形检查

钢材外观质量的检查可分为均匀性，是否有夹层、裂纹、非金属夹杂和明显的偏析等项目。当对钢材的质量有怀疑时，应对钢材原材料进行力学性能检验或化学成分分析。对钢结构损伤的检查可分为裂纹、局部变形、锈蚀等项目。钢材裂纹可采用观察法和渗透法检测。采用渗透法检测时，应用砂轮和砂纸将检测部位的表面及其周围 20mm 范围内打磨光滑，不得有氧化皮、焊渣、飞溅、污垢等；用清洗剂将打磨表面清洗干净，干燥后喷涂渗透剂，渗透时间不应少于 10min；然后再用清洗剂将表面多余的渗透剂清除；最后喷涂显示剂，停留 10~30min 后观察是否有裂纹显示。杆件的弯曲变形和板件凹凸等变形情况，可用观察和尺量的方法检测，量测出变形的程度；变形评定应按现行《钢结构工程施工质量验收规范》（GB 50205）的规定执行。检查钢结构构件是否存在倾斜、变形与位移和基础沉降等情况。典型检查情况如图 2-4 所示。

图 2-4 典型检查图像

（a）表面锈蚀；（b）螺栓缺失；（c）支撑变形；（d）焊缝缺陷

2.6　木结构检查

2.6.1　构造连接检查

(1) 木结构的连接检查可分为胶合、齿连接、螺栓连接和钉连接等检查项目。

(2) 核查胶合构件木材的品种和是否存在树脂溢出的现象。

(3) 齿连接的检查项目和方法，可按下列规定执行：

1) 压杆端面和齿槽承压面加工平整程度用直尺检测；压杆轴线与齿槽承压面垂直度用直角尺量测。

2) 齿槽深度用尺量测，允许偏差±2mm；偏差为实测深度与设计图纸要求深度的差值。

3) 支座节点齿的受剪面长度和受剪面裂缝对照设计图纸用尺量，长度负偏差不应超过10mm；当受剪面存在裂缝时，应对其承载力进行核算。

4) 抵承面缝隙，用尺量或裂缝塞尺量测，抵承面局部缝隙的宽度不应大于1mm且不应有穿透构件截面宽度的缝隙；当局部缝隙不满足要求时，应核查齿槽承压面和压杆端部是否存在局部破损现象；当齿槽承压面与压杆端部完全脱开（全截面存在缝隙），应进行结构杆件受力状态的检测与分析。

5) 应检查保险螺栓或其他措施的设置，螺栓孔等附近是否存在裂缝。

6) 压杆轴线与承压构件轴线的偏差，用尺量。

(4) 螺栓连接或钉连接的检查项目和方法，可按下列规定执行：

1) 螺栓和钉的数量与直径，直径可用游标卡尺量测。

2) 被连接构件的厚度，用尺量测。

3) 螺栓或钉的间距，用尺量测。

4) 螺栓孔处木材的裂缝、虫蛀和腐朽情况，裂缝用塞尺、裂缝探针和尺量测。

5) 螺栓、变形、松动、锈蚀情况，观察或用卡尺量测。

2.6.2　木结构缺陷检查

对于圆木和方木结构可分为木节、斜纹、扭纹、裂缝和髓心等项目；对于轻型木结构尚有扭曲、横弯和顺弯等检测项目，对承重用的木材或结构构件的缺陷应逐根进行检测。木材木节的尺寸，可用精度为1mm的卷尺量测，对于不同木材木节尺寸的量测应符合下列规定：

(1) 方木、板材、规格材的木节尺寸，按垂直于构件长度方向量测。木节表现为条状时，可量测较长方向的尺寸，直径小于10mm的活节可不量测。

(2) 原木的木节尺寸，按垂直于构件长度方向量测，直径小于10mm的活节可不量测。斜纹的检测，在方木和板材两端各选1m材长量测3次，计算其平均倾斜高度，以最大的平均倾斜高度作为其木材的斜纹的检测值。对原木扭纹的检测，在原木小头1m材上量测3次，以其平均倾斜高度作为扭纹检测值。

典型木结构缺陷如图2-5所示。

(a)　　　　(b)

图 2-5　典型木结构缺陷

（a）木结构裂缝；（b）连接缺陷、潮湿

2.6.3　木结构变形损伤与防护措施检查

木结构构件损伤的检查可分为木材腐朽、虫蛀、裂缝、灾害影响和金属件的锈蚀等项目；木结构的变形可分为节点位移、连接松弛变形、构件挠度、侧向弯曲矢高、屋架出平面变形、屋架支撑系统的稳定状态和木楼面系统的振动等。

木结构构件虫蛀的检查，可根据构件附近是否有木屑等进行初步判定，可通过锤击的方法确定虫蛀的范围，可用电钻打孔用内窥镜或探针测定虫蛀的深度。当发现木结构构件出现虫蛀现象时，宜对构件的防虫措施进行检查。木材腐朽的检查，可用尺量测腐朽的范围，腐朽深度可用除去腐朽层的方法量测。当发现木材有腐朽现象时，宜对木材的含水率、结构的通风设施、排水构造和防腐措施进行核查或检测。

3　建筑结构鉴定现场检测

3.1　建筑结构鉴定现场检测抽样方案

建筑结构鉴定现场检测根据检测项目的特点按下列原则选择：

（1）外部缺陷的检测，宜选用全数检测方案。

（2）几何尺寸与尺寸偏差的检测，宜选用一次或二次计数抽样方案。

（3）结构连接构造的检测，应选择对结构安全影响大的部位进行抽样。

（4）构件结构性能的实荷检验，应选择同类构件中荷载效应相对较大和施工质量相对较差构件或受到灾害影响、环境侵蚀影响构件中有代表性的构件。

（5）按检测批检测的项目，应进行随机抽样，且最小样本容量宜符合表3-1的规定。

（6）《建筑工程施工质量验收统一标准》（GB 50300）或相应专业工程施工质量验收规范规定的抽样方案如表3-1所示。

表3-1　建筑结构抽样检测的最小样本容量

检测批的容量	检测类别和样本最小容量			检测批的容量	检测类别和样本最小容量		
	A	B	C		A	B	C
2~8	2	2	3	501~1200	32	13	20
9~15	2	3	5	1201~3200	50	125	200
16~25	3	5	2	3201~10000	80	200	315
26~50	5	8	13	10001~35000	125	315	500
51~90	5	13	20	35001~15000	200	500	800
91~150	8	20	32	15001~500000	315	800	1250
151~280	13	32	50	>500000	500	1250	2000
281~500	20	50	80				

注：检测类别A适用于一般施工质量的检测，检测类别B适用于结构质量或性能的检测，检测类别C适用于结构质量或性能的严格检测和复验。

3.2　实体结构检测

结构鉴定检测主要内容有混凝土碳化深度检测、混凝土强度检测、钢筋检测、混凝土楼板厚度检测、构件截面尺寸测量、结构变形检测等。

3.2.1 混凝土碳化深度检测

3.2.1.1 混凝土碳化深度检测机理

由于混凝土碳化的结果，混凝土的凝胶孔隙和部分毛细管可能被碳化产物碳酸钙（$CaCO_3$）等堵塞，混凝土的密实性和强度会因此有所提高。但是，由于碳化降低了混凝土孔隙液体的 pH 值（碳化后 pH 值为 8~10），碳化一旦达到钢筋表面，钢筋就会因其表面的钝化膜遭到破坏而产生锈蚀。

混凝土的碳化是介质与混凝土相互作用的一种很广泛的形式，最典型的例子是大气中的二氧化碳气体（CO_2）对混凝土的作用，在工业区，其他酸性气体如二氧化硫（SO_2）、硫化氢（H_2S）等也会引起混凝土“碳化”（准确地说是中性化）。大气中的CO_2与水泥水化物中的氢氧化钙（$Ca(OH)_2$）发生化学反应：

$$Ca(OH)_2 + CO_2 \longrightarrow CaCO_3 + H_2O$$

$$X CaO \cdot Y SiO_2 \cdot Z H_2O + n CO_2 \longrightarrow X CaCO_3 + Y SiO_2 \cdot n H_2O + H_2O$$

严格地讲碳化反应不限于水泥水化物中的氢氧化钙，在其他一些水泥水化物或未水化物中也会发生其他类型的碳化反应。但是就混凝土的碳化而论，氢氧化钙的碳化影响最大。

混凝土的碳化主要包括以下三个过程：

（1）化学反应过程。混凝土碳化的化学反应式见上述两式。混凝土的化学反应过程进行较快，反应的速度主要取决于CO_2的浓度和混凝土可碳化物质的含量，其中混凝土中可碳化物质的含量受到水泥品种、水泥用量及水化程度等因素的影响。

（2）二氧化碳等的扩散速度。二氧化碳（CO_2）或其他酸性物质可通过混凝土孔隙向混凝土内部扩散。这个过程的速度取决于扩散物质的浓度和混凝土的孔隙结构。混凝土孔隙的结构主要受混凝土水灰比和水泥水化程度的影响。

（3）氢氧化钙的扩散。氢氧化钙可在孔隙表面的湿度薄膜内扩散，其速度取决于混凝土的含水率和氢氧化钙浓度的梯度。

3.2.1.2 混凝土碳化深度检测仪器

混凝土碳化深度检测仪器包括碳化深度测定仪（校对块、吸耳球、酚酞粉等）（如图 3-1 所示）、电钻、锤子、凿子、1%酚酞试验。

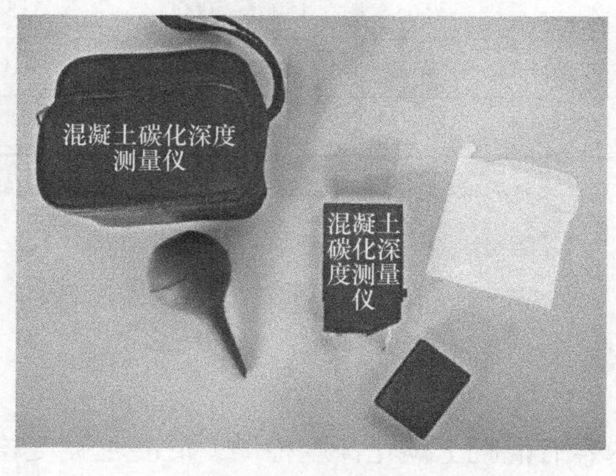

图 3-1 混凝土碳化深度检测仪

3.2.1.3　混凝土碳化深度测定

现场碳化深度检测方法：采用适当的工具在测区表面形成直径约15mm的孔洞，其深度应大于混凝土的碳化深度。孔洞中的粉末和碎屑应除净，不得用水擦净；同时，应采用浓度为1%的酚酞酒精溶液滴在孔洞内壁的边缘处，未碳化的混凝土变为红色，已碳化的混凝土不变色，当已碳化与未碳化界限清楚时，再用深度测量工具测量已碳化与未碳化混凝土交界面到混凝土表面的垂直距离，测量3次，每次读数精确到0.25mm，取3次测量的平均值，精确至0.5mm。此距离即为碳化深度。

3.2.2　混凝土强度检测

3.2.2.1　混凝土强度检测——回弹法

A　回弹法检测机理

回弹法是根据混凝土的表面硬度与抗压强度之间存在着一定的关系这一事实发展起来的一种混凝土强度测试方法。测试时，用具有规定动能的重锤弹击混凝土表面，弹击后，初始动能发生再分配，一部分能量被混凝土吸收，剩余的能量则回传给重锤。被混凝土吸收的能量的多少取决于混凝土表面的硬度，混凝土表面硬度低，受弹击后表面塑性变形和残余变形大，被混凝土吸收的能量就多，回传给重锤的能量就少；相反，混凝土表面硬度高，受弹击后的塑性变形小，吸收的能量少，传给重锤的能量就多。

回弹法测混凝土强度时不可忽视的一个重要因素是混凝土碳化的影响，特别是在对旧建筑物进行检测时，碳化的影响很大，不加修正地使用回弹值推定混凝土强度，推定值可能会是实际强度的2~3倍。这主要因为，碳化后混凝土表面硬度增加，而回弹法只能测定10~15mm范围内混凝土质量，当混凝土碳化深度较大时，实测的是碳化后混凝土表面的硬度情况。

构件的混凝土强度换算值，按回弹规程要求的平均回弹值及测得的平均碳化深度值由其附表查得。再由混凝土强度换算值计算得出结构构件混凝土强度平均值及标准差。

B　回弹法检测仪器

混凝土回弹仪（磨石、弹击拉簧、缓冲簧、螺丝刀等）、钢砧。混凝土回弹仪、钢砧如图3-2所示。

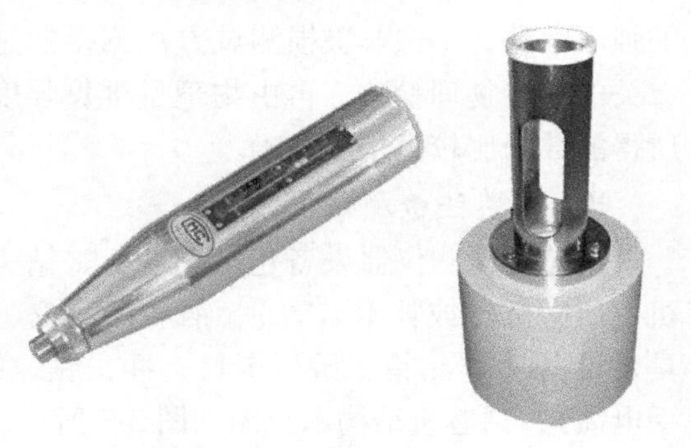

图3-2　混凝土回弹仪、钢砧

C　回弹法测定

测量回弹时，回弹仪的轴线应始终垂直于混凝土检测面，并缓慢施压、准确读数、快速复位。

每一测区应读取16个回弹值，每一测点的回弹值读数应精确至1。测点宜在测区范围内均匀分布，相邻两点的净距离不宜小于20mm；测点距外露钢筋、预埋件的距离不宜小于30mm；测点不应在气孔或外露石子上，同一测点应只弹击一处。

构件的混凝土强度换算值，按回弹规程要求的平均回弹值及测得的平均碳化深度值由其附表查得。测区数为10个及以上时由混凝土强度换算值计算得出结构构件混凝土强度平均值及标准差，推定混凝土强度。

$$m_{f_{cu}^{c}}=\frac{1}{n}\sum_{i=1}^{n}f_{cu,j}^{c} \tag{3-1}$$

$$s_{f_{cu}^{c}}=\sqrt{\frac{\sum_{i=1}^{n}(f_{cu,i}^{c})^{2}-n(m_{f_{cu}^{c}})^{2}}{n-1}} \tag{3-2}$$

式中 $s_{f_{cu}^{c}}$——构件强度标准差；

$f_{cu,i}^{c}$——单一构件的强度值；

$m_{f_{cu}^{c}}$——本批所有量测构件的强度平均值；

n——量测构件个数。

混凝土强度的推定值$f_{cu,e}$，根据检测结果，按照下列规定进行推定：

（1）当该结构或构件测区数少于10个时：

$$f_{cu,e}=f_{cu,min}^{c} \tag{3-3}$$

式中 $f_{cu,min}^{c}$——构件中最小的测区混凝土强度换算值。

（2）当该结构或构件测区强度值中出现小于10.0MPa时：

$$f_{cu,e}<10.0\text{MPa} \tag{3-4}$$

（3）当该结构或构件测区数不少于10个或按批量检测时，应按下列公式计算：

$$f_{cu,e}=m_{f_{cu}^{c}}-1.645s_{f_{cu}^{c}} \tag{3-5}$$

3.2.2.2 混凝土强度检测——钻芯法

A 钻芯法检测机理

钻芯法检测混凝土强度是近年来国内外使用得较多的一种局部破损检测结构中混凝土强度的有效方法。钻芯法是用钻芯取样机在混凝土构件上钻取有一定规格的混凝土圆柱体芯样，将经过加工的芯样放置在压力试验机上，测取混凝土强度的测试方法。因此其测试结果更能如实反映构件混凝土的实际情况；钻芯法的测试数据是从压力机上测得的混凝土的强度参数，不像非破损测试方法测得的是与强度有关的一些物理参数，再由物理量推算强度，因此所得的数据比较直接和精确。

B 钻芯法检测仪器设备

钻芯法检测仪器设备包括钻芯机、钻头、锯切机、研磨机（或补平装置）、钢筋探测仪、其他工具及设备（样品箱、游标卡尺、冲击钻、螺丝刀、手电筒），钻芯机结构示意图如图3-3所示。

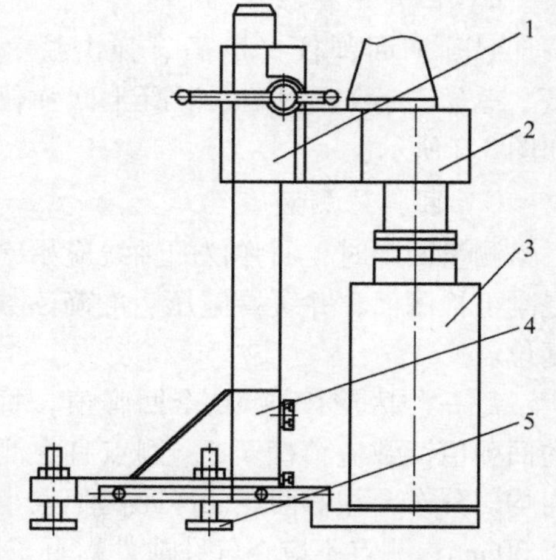

图3-3 钻心机结构示意图

1—滑座；2—齿轮箱；3—钻头；4—机架；5—调节螺钉

C 钻芯法测定

钻芯机接通水源、电源后，拨动变速钮调到所需转速。正向转动操作手柄使钻头慢慢接触混凝土表面，待钻头刃部入槽稳定后方可加压。进钻到预定深度后，反向转动操作手柄，将钻头提升到接近混凝土表面，然后停电停水。钻芯时用于冷却钻头和排除混凝土料屑的冷却水流量宜为3~5L/min，出口水温不宜超过30℃。结构或构件钻芯后留下的孔洞应及时进行修补，以保证结构的工作性能。通常采用比原设计高一强度等级的细石混凝土。

抗压芯样试件的高度与直径之比（H/d）宜为1.00。锯切后芯样的断面，采取在磨平机上磨平端面的处理方法。抗压强度低于40MPa的芯样试件，可采用水泥砂浆、水泥净浆补平，补平层厚度不宜大于5mm；也可采用硫磺胶泥补平，补平层厚度不宜大于1.5mm。补平层应与芯样结合牢固，以使受压时补平层与芯样结合面不提前破坏。

芯样试件抗压试验的操作应符合现行国家标准《普通混凝土力学性能试验方法标准》（GB/T 50081）中对立方体试块抗压试验的规定。芯样在（20±5）℃的清水中浸泡40~48h，从水中取出后立即进行试验。混凝土的抗压强度值应根据混凝土原材料和施工工艺通过试验确定：

$$f_{cu,cor} = F_c/A \tag{3-6}$$

式中 $f_{cu,cor}$——芯样试件的混凝土抗压强度值，MPa；

F_c——芯样试件的抗压试验测得的最大压力，N；

A——芯样试件抗压截面面积，mm^2。

3.2.2.3 混凝土强度检测——超声回弹综合法

A 超声回弹综合法机理

超声回弹综合法是指采用超声仪和回弹仪，在构件混凝土同一测区分别测量声音T和回弹值R，然后利用已建立起的测强公式推算测区混凝土强度（混凝土抗压强度）的一种方法。与单一回弹法或超声法相比，超声回弹综合法具有受混凝土龄期和含水率影响小、测试精度高、适用范围广、能够较全面地反映结构混凝土的实际质量等优点。

B 超声回弹综合法仪器

低频超声波检测仪：声时最小分度值为0.1μs。

换能器：频率为50~100kHz。

混凝土回弹仪：弹击锤冲击能量为2.207J。超声波检测仪与混凝土回弹仪如图3-4所示。

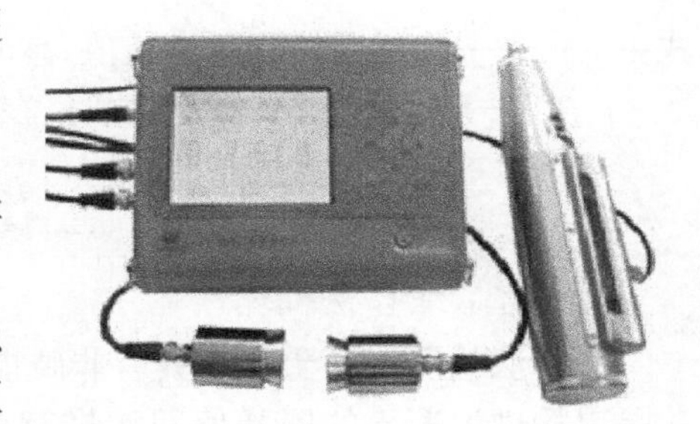

图3-4 超声波检测仪、混凝土回弹仪

C 超声回弹综合法测定

超声仪器检验操作：缓慢调节延时旋钮，数字显示满足以十进制位交替变化及增加或减小的要求；调节聚焦、辉度和扫描延时旋钮，扫描基线清晰稳定；换能器与标准棒耦合良好，衰减器及发射电压正常；超声波在空气中传播的设计声速与实测声速值相比，相差不大于±0.5%。

仪器在接通电源前应检查电源电压，接上电源后仪器宜预热10min；换能器与标准棒应耦合良好，调节首波幅度至30~40mm后测读声时值。有调零装置的仪器应调零电位器以扣除初读数；在实测时，接收信号的首波幅度应调节至30~40mm后，才能测读每个测点的声时值。

用回弹仪测试时，使仪器处于水平状态，测试混凝土浇灌方向的侧面。如不能满足这一要求，也可非水平状态测试，或测试混凝土浇灌方向的顶面或底面。计算测区平均回弹值时，应从该测区两个相对测试面的16个回弹值中剔除3个最大值和最小值，然后将余下的10个回弹值按式（3-7）计算：

$$R_m = \sum_{i=1}^{10} R_i/10 \tag{3-7}$$

式中 R_m——测区平均回弹值，计算至0.1；

R_i——第 i 个测点的回弹值。

非水平状态测得回弹值，应按下列公式修正：

$$R_a = R_m + R_{a\alpha} \tag{3-8}$$

式中 R_a——修正后的测区回弹值；

$R_{a\alpha}$——测试角度为 α 的回弹修正值。

由混凝土浇灌方向的顶面或底面测得的回弹值，应符合下列修正公式。

$$R = R_m + (R_a^{\alpha} + R_a^{b}) \tag{3-9}$$

式中 R_a^{α}——测顶面时的回弹修正值；

R_a^{b}——测底面时的回弹修正值。

超声声速值测试的声值精确至0.1μs，声速值精确至0.01km/s。超声测距的测量误差不大于±1。测区声速计算见式（3-10）。

$$v = l/t_m \tag{3-10}$$

$$t_m = (t_1+t_2+t_3)/3 \tag{3-11}$$

式中 v——测区声速值，km/s；

l——超声测距，mm；

t_m——测区平均声时值，μs；

t_1，t_2，t_3——分别为测区中3个测点的声时值。

当在混凝土浇灌的顶面与底面测试时，测区声速值修正见式（3-12）。

$$v_a = \beta_v \tag{3-12}$$

式中 v_a——修正后的测区声速值，km/s；

β_v——超声测试面修正系数。在混凝土浇灌顶面及底面测试时，$\beta_v = 1.034$；在混凝土侧面测试时，$\beta_v = 1$。

3.2.2.4 *混凝土强度检测——钻芯回弹综合法*

A 钻芯综合法机理

回弹法检测混凝土强度具有非破损、快速、简便的优点，因此得到广泛应用。但回弹法是以构件混凝土的回弹值间接推算混凝土强度，当混凝土表面质量和内部质量有差异时，测试结果误差较大。随着预拌混凝土的普遍应用，预拌混凝土中的粉煤灰、外加剂对回弹值有较大影响，给回弹法测强结果带来较大误差。钻芯法直接从工程实体钻取芯样进行抗压强度检验，不需要某种物理量与强度之间的换算，因此普遍认为它是一种直观、可靠和准确的方法。然而，由于钻取芯样对工程实体造成局部破坏，因此不允许在结构上过多地采用钻芯法。

钻芯-回弹综合法（以下简称“综合法”）是利用回弹法非破损检测结构混凝土强度，再利用钻芯法钻取一定数量的芯样，通过芯样混凝土强度换算值修正回弹法检测结果，从而全面反映混凝土质量的一种综合法。

B 钻芯回弹综合法仪器

钻芯回弹综合法仪器包括钻芯机、钻头、锯切机、研磨机（或补平装置）、钢筋探测仪、其他工具及设备（样品箱、游标卡尺、冲击钻、螺丝刀、手电筒）、混凝土回弹仪（磨石、弹击拉簧、缓冲簧、螺丝刀等）、钢砧率定仪。

C 钻芯回弹综合法测定

回弹法是无损检测结构混凝土强度的方法，因其仪器轻便、操作简单、可以布置较多测区、测试范围分布广而获得广泛的应用。但回弹法是以混凝土表面的弹性特征来反映结构混凝土强度的，当混凝土表面质量和内部质量有差异时，其测试结果误差较大。已有的研究结果表明，不同的浇注模板对回弹值有一定影响，吸水性强的模板其回弹值较高而混凝土强度并没有提高，从而引入较大误差。近年来，粉煤灰等掺和料以及高效减水剂得到普遍应用，大大提高了混凝土的工作性能，泵送性能，降低了水化热，因而在预拌混凝土（如商品混凝土）中得到普遍应用，这些掺和料、外加剂会造成混凝土表面硬度降低，对混凝土的回弹值均有一定影响。由于不同地区的原材料情况不同，甚至不同批次拌制的混凝土采用的原材料情况都不尽相同，因此对于这些掺和料、外加剂引起的回弹值变化，难以采用统一的修正系数加以修正。

用钻芯法检测预拌混凝土内部质量，用回弹法检测混凝土匀质状况，二者结合，取长补短，综合应用效果甚佳。近年来，笔者利用钻芯-回弹综合法检测了数十个工程的预拌混凝土强度，取得了良好的效果。检测步骤如下：

（1）按回弹法要求检测并计算单个构件各个测区的测区混凝土强度换算值$f_{cu,\ i}^{c}$，记录位于该构件最小受力部位上的测区混凝土强度换算值$f_{cu,\ i}^{c}$。

（2）选择6~8个已回弹的构件，在$f_{cu,\ min}^{c}$相对应的测区范围内按钻芯规程要求钻芯，加工、试验并计算芯样强度f_{cor}。当检测数量超过40个构件时，应适当增加钻芯数量，一般控制在所检构件总数的20%左右。

（3）求出综合修正系数η：

$$\eta = \frac{1}{n}\sum \frac{f_{cor}}{f_{cu,i}^{c}} \tag{3-13}$$

（4）用η修正各个构件中各个测区的测区混凝土轻度换算值$f_{cu,\ i}^{c'}$：

$$f_{cu,i}^{c'} = nf_{cu,i}^{c'} \tag{3-14}$$

（5）用修正过的测区混凝土强度换算值$f_{cu,\ i}^{c'}$，根据《回弹法检测混凝土抗压强度技术规程》（JGT/T 23—2001）的有关规定计算混凝土强度推定值$f_{cu,\ e}$。

3.2.2.5 混凝土强度检测——拔出法

拔出法分为后装拔出法（圆环式拔出仪或三点式拔出仪）及预埋拔出法（圆环式拔出仪）。

A 拔出法机理

拔出法检验混凝土强度技术是一种通过拔出仪检测实体结构混凝土抗拔力（即主拔力），确定混凝土抗压强度的方法。混凝土抗拔力与其抗压强度之间具有密切的线性相关关系。因此，只要建立这种对应的关系就可得到混凝土的抗压强度。拔出法不仅可检验普通混凝土强度，也可用来检验其他混凝土的强度。检测方法又分为钻孔锚具法和预埋锚具法。钻孔锚具法即在硬化混凝土上钻孔后，锚入锚具随即拔出。预埋锚具法是在浇筑混凝土时埋入锚具，待混凝土达到要求龄期时，拔出检测。预埋锚具法一般用于结构或构件的拆模、出池、出厂、张拉或放张等短龄期的混凝土强度检测，以及低标号（10MPa）的混凝土强度检测，其技术和钻孔锚具法基本相同。

B 拔出法仪器设备

拔出检测装置由钻孔机、磨槽机、锚固件及拔出仪等组成。拔出法检测装置可分为圆环式或三点式，如图 3-5 所示。

圆环式后装拔出法检测装置的反力支承内径 d_3 宜为 55mm，锚固件的锚固深度 h 宜为 25mm，钻孔直径 d_1 宜为 18mm。圆环式预埋拔出法检测装置反力支承内径 d_3 宜为 55mm，锚固件的锚固深度 h 宜为 25mm，拉杆直径 d_1 宜为 10mm，锚盘直径 d_2 宜为 25mm。

三点式后装拔出法检测装置的反力支承内径 d_3 宜为 120mm，锚固件的锚固深度 h 宜为 35mm，钻孔直径 d_1 宜为 22mm。

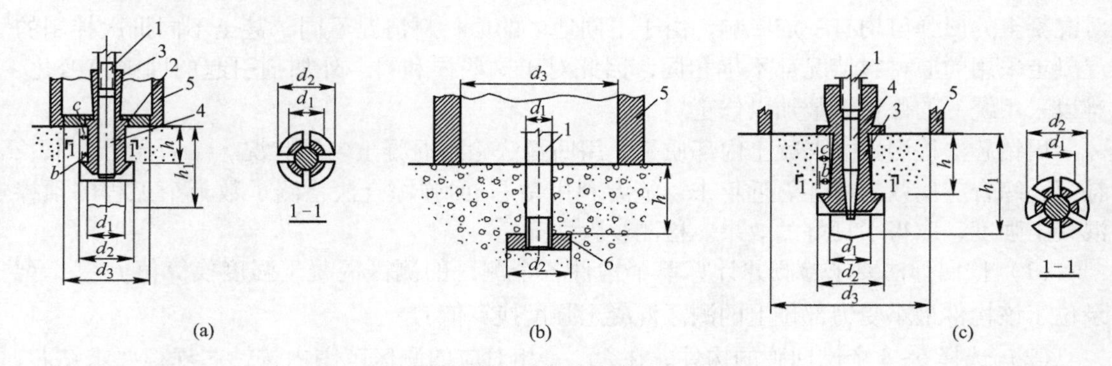

图 3-5 拔出法装置

（a）圆环式后装拔出法装置；（b）圆环式预埋拔出法装置；（c）三点式后装拔出法装置

1—拉杆；2—对中圆点；3—胀簧；4—胀杆；5—反力支承；6—锚盘

拔出仪由加荷装置、测力装置及反力支承三部分组成。测试最大拔出力为额定拔出力的 20%~80%；圆环式拔出仪的拉杆及胀簧材料极限抗拉强度不应小于 2100MPa；工作行程对于圆环式拔出仪拔出法检测装置不应小于 4mm；对于三点式拔出法检测装置不应小于 6mm。

钻孔机宜采用金刚石薄壁空心钻，金刚石薄壁空心钻应带有水冷却装置。钻孔机带有控制深度及垂直度的装置。磨槽机应由电钻、金刚石磨头、定位圆盘及冷却水装置组成。

C 拔出法测定

a 后装拔出法测定

试验时，使胀簧锚固台阶完全嵌入环形槽内。拔出仪与锚固件用拉杆连接对中，并与混凝土测试面垂直。连续均匀施加拔出力，速度控制在 0.5~1.0kN/s。当拔出仪出现锚固件在混凝土孔内滑落或断裂；被测构件在拔出试验时出现断裂；反力支承内的混凝土仅有一小部分破损或被拔出，而大部分无损伤；在拔出混凝土的破坏面上，有大于 40mm 粗骨料粒管；有蜂窝、空洞、疏松等缺陷；有泥土、砖块、煤块、钢筋、铁件等异物；当采用圆环式拔出仪检测装置时，试验后在混凝土测试面上见不到完整的环形压痕；在支承环外出现混凝土裂缝等情况，在该测点附近补测一个测点。

b 预埋拔出法测定

拔出试验时，将拉杆一段穿过小旋入锚盘中，另一端与拔出仪连接。拔出仪的反力支承均匀地压紧混凝土测试面，并与拉杆和锚盘处于同一轴线。连续均匀施加拔出力，其速度控制在 0.5~1.0kN/s。拔出力施加至混凝土破坏，测力显示器读数不再增加为止。记录的极限拔出力值应精确至 0.1kN。当拔出试验出现以下情况：后装拔出法补充检测提到的相关要求；单个构件检测时，因预埋件损伤或异常导致有效测试点不足 3 个；按批抽样检测时，因预埋件损伤或数据异常致样本容量不足 15 个，无法按批进行推动时采用后装拔出法补充检测。

c 混凝土强度换算及推定

后装拔出法（圆环式）混凝土强度换算值见式（3-15）：

$$f_{cu}^{c} = 1.55F + 2.35 \tag{3-15}$$

后装拔出法（三点式）混凝土强度换算值见式（3-16）：

$$f_{cu}^{c} = 2.76F - 11.54 \tag{3-16}$$

预埋拔出法（圆环式）混凝土强度换算值见式（3-17）：

$$f_{cu}^{c} = 1.28F - 0.64 \tag{3-17}$$

式中 f_{cu}^{c}——混凝土强度换算值，MPa，精确至 0.1MPa；

F——拔出力代表值，kN，精确至 0.1kN。

d 单个构件的混凝土强度推定

当构件的 3 个拔出力中的最大和最小拔出力与中间值之差的绝对值均小于中间值的 15%时，取最小值作为该构件拔出力的代表值。

当最大拔出力或最小拔出力与中间值之差的绝对值大于中间值的 15%（包括两者均大于中间的值的 15%）时，加测 2 个测点，加测的 2 个拔出力值和最小值一起取平均值，再与前一次的拔出力中间值比较，取小值作为该构件拔出力的代表值。

单个构件的拔出力代表值根据不同的检测方法对应代入混凝土强度换算公式中，计算强度换算值作为单个构件混凝土强度推定值。

e 批抽检构件的混凝土强度推定

混凝土强度的推定值 $f_{cu,e}$，可按下列公式计算：

$$\begin{aligned} f_{cu,e} &= m_{f_{cu}^{c}} - 1.645S_{f_{cu}^{c}} \\ m_{f_{cu}^{c}} &= \frac{1}{n}\sum_{i=1}^{n} f_{cu,i}^{c} \\ S_{f_{cu}^{c}} &= \sqrt{\frac{\sum_{i=1}^{n}(f_{cu,i}^{c} - m_{f_{cu}^{c}})}{n-1}} \end{aligned} \tag{3-18}$$

式中 $S_{f_{cu}^{c}}$——检验批中构件混凝土强度换算值的标准差，MPa，精确至 0.01MPa；

m——批抽检的构件数；

n——检验批中所抽检构件的测点总数；

$f_{cu,i}^{c}$——第 i 个测点混凝土强度换算值，MPa；

$m_{f_{cu}^c}$——检验批中构件混凝土强度换算值的平均值，MPa，精确至 0.01MPa。

按批抽样检测的构件，当全部测点的强度标准差或变异系数出现下列情况时，该批构件应全部按单个构件进行检测：

当混凝土强度换算值的平均值不大于 25MPa 时，$S_{f_{cu}^c}$大于 4.5MPa；

当混凝土强度换算值的平均值大于 25MPa 且不大于 50MPa 时，$S_{f_{cu}^c}$大于 5.5MPa；

当混凝土强度换算值的平均值大于 50MPa 时，δ 大于 0.10。

变异系数见式（3-19）：

$$\delta = \frac{S_{f_{cu}^c}}{m_{f_{cu}^c}} \tag{3-19}$$

3.2.3 混凝土缺陷检测——超声法

3.2.3.1 超声法检测混凝土缺陷检测机理

超声法检测混凝土缺陷利用脉冲在技术条件相同的混凝土中传播的时间（或速度）、接收波的振幅和频率等声学参数的相对变化，来判定混凝土的缺陷。

超声波在遇到尺寸比其波长小的缺陷时会产生绕射，从而使声程增大、传播时间延长。可根据声时（或声速）的变化判断和计算缺陷的大小。

超声波在遇到蜂窝、空洞、裂缝等缺陷时大部分脉冲波会在缺陷界面散射和反射，到达接收换能器的声波能量（波幅）显著减小，可根据波幅变化判断缺陷的性质和大小。

超声波通过缺陷时，各种频率成分的脉冲波在缺陷界面衰减程度不同，其中频率越高的脉冲波，衰减越大。因此，超声脉冲波在通过有缺陷的混凝土时，接收信号的主频率明显降低。可根据接收信号主频率或频率谱的变化来分析判断缺陷情况。

超声波通过缺陷时，部分脉冲波因绕射或多次反射而产生路径和相位变化，不同路径或不同相位的超声波叠加后，造成接收波形畸变，可根据波形畸变分析判断缺陷情况。

当被测混凝土的基本条件一定时（即混凝土的组成材料、工艺条件、内部质量情况及超声测试距离等基本相同），各测点的声速、波幅和主频率等声学参数相对稳定，一般不会产生显著差异。如果某区域混凝土存在空洞、不密实或裂缝等缺陷，通过该处的超声波与同条件其他部位的混凝土（正常情况下的混凝土）相比，则声时明显偏长（或声速减小），波幅和频率明显降低，波形也会产生严重畸变。由此可根据这些声学参量的相对变化来判断混凝土缺陷。

3.2.3.2 超声法检测混凝土缺陷仪器设备

A 超声波检测仪应满足的要求

超声波检测仪应满足的要求如下：

（1）具有波形清晰显示稳定的示波装置。

（2）声时最小分度为 0.1μs。

（3）具有最小分度为 1dB 的衰减系统。

（4）接收放大器频响范围 10~500kHz，总增益不小于 80dB，接收灵敏度（在信噪比为 3：1 时）不大于 50μV。

（5）电源电压波动范围在标称值±10%的情况下能正常工作。

（6）连续正常工作时间不少于4h。

B　换能器的技术要求

常用换能器具有厚度振动方式和径向振动方式两种类型，可根据不同测试需要选用。

厚度振动式换能器的频率宜采用20～250kHz。径向振动式换能器的频率宜采用20～250kHz，直径不宜大于32mm。当接收信号较弱时宜选用带前置放大器的接收换能器。

换能器的实测主频与标称频率相差应不大于±10%。对用于水中的换能器其水密性应在1MPa水压下不渗漏。

3.2.3.3　超声法检测混凝土缺陷测定

一般是根据构件或结构的几何形状、尺寸大小、所处环境以及所能提供的测试表面等操作条件，选用相应的测试方法。常用的方法有以下几种。

A　平面检测（采用厚度振动式换能器）

（1）对测法。当被测部位能提供两对或一对相互平行的测试表面时，可采用对测法检测。即将一对发射、接收换能器，分别耦合于被测构件相互平行的两个表面，两个换能器的轴线始终位于同一直线上，依次逐点进行检测。例如检测一般混凝土柱、梁等构件或钢管混凝土的内部密实情况及混凝土匀质性都首先采用此方法。

（2）斜测法。当被测部位只能提供两个相对或相邻测试表面时，可采用斜测法检测。检测时，将一对换能器分别耦合于被测构件的两个表面，两个换能器的轴线不在同一直线上。两换能器可以分别布置在两个相邻表面进行丁角斜测，也可以分别布置在两个相对面上，沿垂直或水平方向斜线进行检测。例如检测混凝土梁，柱的施工接槎，修补加固混凝土结合质量和检测混凝土梁，柱的裂缝深度多采用此方法。

（3）平测法。当被测部位只能提供一个测试表面时，可采用平测法检测。将一对换能器置于被测结构的同一个表面上，以采取相同测距或逐点递增测距的方法进行检测，比如检测路面、飞机跑道、隧道壁的裂缝深度及混凝土表面损伤层厚度多采用此方法。

不同缝声时测量：将T和R置于裂缝同一侧，使两个换能器内边缘距离 l_i' 为100mm，150mm，200mm，…，分别读声时值 t_i，绘制时-距坐标图，或用回归分析求出：$l_i' = a + bt_i$，则每测点超声波实际传播距离 $l_i = l_i' + |a|$，得出超声波传播速度：$v = (l_n' + l_l')/(t_n - t_1)$ 或 $v = b$。

跨缝声时测量：将T和R置于裂缝对称的两侧，l_i' 取100mm，150mm，200mm，…，分别读取声时值 t_{ci}，同时观测首波相位的变化。裂缝深度计算见式（3-20）：

$$h_{ci} = \frac{l_i}{2}\sqrt{\left(\frac{t_{ci}v}{l_i}\right)^2 - 1}$$
$$m_{ci} = \frac{1}{n}\sum_{i=1}^{n} h_{ci} \tag{3-20}$$

跨缝测量中，当在某测距发现首波反相时，取该测距及两个相邻测距的裂缝深度平均值；无反相，则将提出 $l_i' < m_{hc}$ 和 $l_i' < 3m_{hc}$ 数据，取余下的 h_{ci} 的平均值。当有钢筋穿过裂缝时，换能器需离开钢筋一定距离或将T、R连线与钢筋轴线形成一定角度（40°～50°）。裂缝中不得有水或泥浆充填。

B 钻孔或预埋管检测（采用径向振动式换能器）

（1）孔（管）中对测。对于一些大体积混凝土结构或灌注桩，有的断面尺寸很大，有的四周侧面被遮挡，为了提高测试灵敏度，一般需要在结构上钻出一定间距的声测孔（或预埋声测管），并向钻孔中注满清水，将一对径向式换能器分别置于相邻两个钻孔中，处于同一高度，以一定间距向下或向上同步移动逐点进行检测。比如检测混凝土坝体、承台、筏板、大型设备基础的密实情况和裂缝深度，以及检测灌注桩的完整性，多采用此方法。

（2）孔（管）中斜测。如果两个测孔之间存在薄层扁平缺陷或水平裂缝，采用对测有可能出现漏检，采用斜测法便可避免。另外，在钻孔或预埋管中对测时一旦发现异常数据，应围绕异常测点进行斜测，以进一步查明两个测孔之间的缺陷位置和范围。检测时将一对径向式换能器分别置于两个对应钻孔（或预埋管）中，但不在同一高度而是保持一定高度差同步移动进行斜线检测。

（3）孔中平测。为了进一步查明某一钻孔壁周围的缺陷位置和范围，可将一对径向式换能器或一对双收换能器置于被测结构的同一个测孔中，以一定高度差同步移动进行检测。

C 混合检测（采用一个平面换能器和一个径向式换能器）

有的混凝土结构虽然具有一对或两对相互平行的表面，但为了提高测试灵敏度，必须缩短测试距离，即在结构上钻出一定间距的垂直声测孔，孔中放置径向式换能器（用清水耦合），在结构侧面放置平面式换能器（用黄油耦合），进行对测和斜测。

3.2.4 钢筋检测

钢筋检测包含钢筋位置检测、钢筋保护层厚度检测、钢筋锈蚀检测、钢筋直径检测、钢筋数量检测。

3.2.4.1 钢筋直径、保护层位置、数量检测

A 钢筋检测机理

此项检测采用电磁感应法，采用 KON-RBL（D）型钢筋探测仪进行检测。其原理是：探头等计量仪器的线圈，当交流电流通电后便产生磁场，在该磁场内有钢筋等磁性体存在，这个磁性体便产生电流，由于有电流通过便形成新的反向磁场；由于这个新的磁场，计量仪器内的线圈产生反向电流，结果使线圈电压产生变化；由于线圈电压的变化是随磁场内磁性体的特性及距离而变化的，利用这种现象便可测出混凝土中钢筋的直径、位置、间距、保护层厚等。

B 钢筋检测仪器设备

钢筋探测仪采用电磁感应法，可检测混凝土结构或构件中钢筋位置、保护层厚度及钢筋直径或探测钢筋数量、走向及分布，还可以对非磁性和非导电介质中的磁性体及导电体进行探测。钢筋探测仪如图 3-6 所示。

C 钢筋检测测定

a 钢筋探测仪检测技术

检测前，应对钢筋探测仪进行预热和调零，调零时探头应远离金属物体。在检测过程中，应核查钢筋探测仪的零点状态。进行检测前，宜结合设计资料了解钢筋布置状况。检测时，应避开钢筋接头和绑丝，钢筋间距应满足钢筋探测仪的检测要求。探头在检测面上

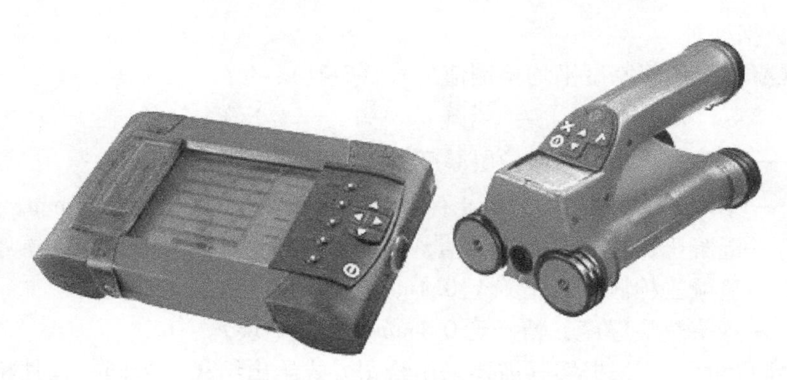

图 3-6　钢筋探测仪

移动，直到钢筋探测仪显示的保护层厚度示值最小，此时探头中心线与钢筋轴线相重合，在相应位置作好标记。按上述步骤将相邻的其他钢筋位置逐一标出。钢筋位置确定后，应按下列方法进行混凝土保护层的检测：

首先应设定钢筋探测仪量测范围及钢筋公称直径，沿被测钢筋轴线选择相邻钢筋影响较小的位置，并应避开钢筋接头和绑丝，读取第 1 次检测的厚度检测值。在被测钢筋的同一位置应重复 1 次，读取第 2 次厚度检测值。

当同一处读取的 2 个混凝土保护层厚度检测值相差大于 1mm 时，该组检测数据无效，应查明原因，在该处重新检测；仍不满足要求时，应更换钢筋探测仪或采用钻孔、剔凿的方法验证。

当实际混凝土保护层厚度小于钢筋探测仪最小示值时，应采用探头下附加垫块的方法进行检测。垫块对钢筋探测仪检测结果不应产生干扰，表面应光滑平整，其各方向厚度值偏差不应大于 0.1mm。所加垫块厚度在计算时应予扣除。

遇到下列情况之一时，应选择不少于 30%的已测钢筋，且不应少于 6 处，采用钻孔、剔凿等方法进行验证。

（1）认为相邻钢筋对检测结果有影响。

（2）钢筋公称直径未知或有异议。

（3）钢筋实际根数、位置与设计有较大偏差。

（4）钢筋以及混凝土材质与校准试件有显著差别。

b　雷达仪检测技术

雷达法宜用于结构及构件中钢筋的大面积扫描检测；当检测精度满足要求时，也可用于钢筋的混凝土保护层厚度检测。根据被检测结构及构件中钢筋排列方向，雷达仪探头或天线应沿垂直于选定的被测钢筋轴线方向扫描，应根据钢筋的反射波位置来确定钢筋间距和混凝土保护层厚度检测值。遇到下列情况之一时，应选择不少于 30%的已测钢筋，且不应少于 6 处，采用钻孔、剔凿等方法验证。

（1）认为相邻钢筋对检测结果有影响。

（2）钢筋实际根数、位置与设计有较大偏差或无资料可供参考。

（3）混凝土含水率较高。

（4）钢筋以及混凝土材质与校准试件有显著差别。

c　检测数据处理

钢筋的混凝土保护层厚度平均检测值见式（3-21）：

$$c_{m,i}^{t} = (c_1^t + c_2^t + 2c_c - 2c_0)/2 \tag{3-21}$$

式中　$c_{m,i}^{t}$——第 i 测点混凝土保护层厚度检测值，精确至 0.1mm；

c_1^t，c_2^t——第 1、2 次检测的混凝土保护层厚度检测值，精确至 0.1mm；

c_c——混凝土保护层厚度修正值，为同一规格钢筋的混凝土保护层厚度实测验证值减去检测值，精确至 0.1mm；

c_0——探头垫块厚度，精确到 0.1mm；不加垫块 $c_0=0$。

检测钢筋间距时，可根据实际需要采用绘图方式给出结果。当同一构件检测钢筋不少于 7 根钢筋（6 个间隔）时，也可给出被测钢筋的最大间距、最小间距，并按式（3-22）计算平均间距。

$$s_{m,i} = \frac{\sum_{i=1}^{n} s_i}{n} \tag{3-22}$$

式中　$s_{m,i}$——钢筋平均间距，精确至 1mm；

s_i——第 i 个钢筋间距，精确至 1mm。

d　钢筋直径测定

钢筋的公称直径检测应采用钢筋探测仪检测并结合钻孔、剔凿的方法进行，钢筋钻孔、剔凿的数量不应少于该规格已测钢筋的 30%且不应少于 3 处。钻孔、剔凿不得损坏钢筋，实测应采用游标卡尺，量测精度应为 0.1mm。实测时，根据游标卡尺的测量结果，可通过相关的钢筋产品标准查出对应的钢筋公称直径。

当钢筋探测仪测得钢筋公称直径与钢筋实际公称直径之差大于 1mm 时，应以实测结果为准。被测钢筋与其相邻钢筋的间距应大于 100mm，且其周边的其他钢筋不应影响检测结构，并应避开钢筋接头及绑丝，在定位的标记上，应根据钢筋探测仪的使用说明书操作，并记录钢筋探测仪显示的钢筋公称直径。每根钢筋重复检测 2 次，第 2 次检测时探头应旋转 180°，每次读数必须一致。对需依据钢筋混凝土保护层厚度来检测钢筋公称直径的仪器，应事先钻孔确定钢筋混凝土保护层厚度。

e　允许偏差

结构实体钢筋检验时，允许偏差按《混凝土结构工程施工质量验收规范》（GB 50204）的规定执行。其中钢筋保护层厚度检验时，纵向受力钢筋保护层厚度的允许偏差，对梁类构件为+10mm，−7mm；对板类构件为+8mm，−5mm。

3.2.4.2　钢筋锈蚀检测

A　钢筋锈蚀检测机理

利用电化学方法评估钢筋的锈蚀状态，是在用电位测量法评估内埋管道的锈蚀，以及在其他不易采用视觉检查的锈蚀状态中使用电化学方法的基础上直接发展起来的。可以把当前使用的电化学方法分为三类：电位测量法、电阻法和极化电阻法。

a　电位测量法

混凝土即使受氯化物侵入，但仍具有较低导电性，而且在锈蚀过程中包含着宏电池活动，这一事实允许在混凝土表面用电位测量法描绘钢筋的阳极区和阴极区。这种方法自建立以来得到了广泛应用，除了最早用在桥面检测以外，现已用于房屋、码头和海岸结构等。

b 电阻法

在许多情况下，电阻法是确定混凝土中钢筋锈蚀率的一种有价值的方法。它的原理是锈蚀导致钢筋断面减小，从而引起感应单元电阻发生变化。电阻法的主要优点是可以确定锈蚀率随时间的变化。钢筋锈蚀检测原理如图 3-7 所示。

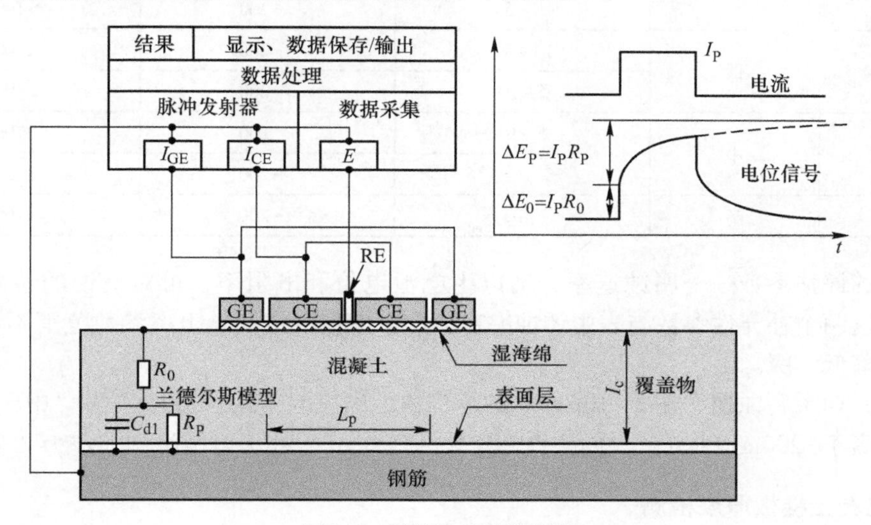

图 3-7 钢筋锈蚀检测原理

首先仪器通过中央参考电极测量出腐蚀电位 E_{corr}，然后通过其他电极向钢棒加以恒定电流 I_a 和 I_{cz}，在 5s 内，每隔 0.02s 记录一次电位差 ΔE，记录下来的电势-时间曲线直接显示在设备的屏幕上，它可以用来计算各种参数、混凝土保护层的电阻率及保护层下面的钢筋的锈蚀速率。

B 钢筋锈蚀检测仪器

钢筋锈蚀检测仪：可用于检测钢筋的锈蚀程度，采用永久性铜-硫酸铜参比电极。

C 钢筋锈蚀检测测定

a 测试方法

(1) 首先用钢筋检测仪确定钢筋的位置。

(2) 钢筋定位完成后，用直径为 18mm 的钻头沿钢筋中垂线向钢筋处钻孔，然后用直径 12mm 的钻头向钢筋侧面方向钻孔。

(3) 将孔中的灰尘杂质吹干净，插入合适的螺钉，直到它的尖端碰到钢筋为止。

(4) 用 10mm 的六角扳手拧紧螺钉使其嵌入钢筋中。

(5) 通过螺钉连接夹用钳将螺钉和主机相连，另一端和检测盒相连。

(6) 按屏幕提示输入保护层厚度、钢筋等效面积、测试编号等信息，并进行检测试验。

(7) 测试点沿钢筋布置，每根主筋设置 6~7 个测点（Measure No.，钻孔位置不变，检测盒位置改变），同一主筋上的测点记为同一行（Line）。

b 评价方法

根据测试结果，可进行分类如表 3-2 所示。

表 3-2 锈蚀指数分类

锈蚀指数		锈蚀速率/μm · a^{-1}	半电池电位/mV	电阻率/kΩ · cm
1	可忽略	<1	—	—
		1~5	>-200	>100
2	低	1~5	<-200	<100
		5~10	>-200	>100
3	中	5~10	<-200	<100
		>10	>-200	>100
4	高	>10	<-200	<100

主要的评估参数——腐蚀速率，辅以半电池电位和电阻率，可对锈蚀的情况进行分级。如果这两个补充性参数与表中锈蚀率对应的半电池电位及电阻率参数范围不一致，锈蚀级别就降低一级。

比如，如果腐蚀速率在 5~10μm/a 的范围内，则它对应的锈蚀级别为“中”，但是半电池电位高于-200mV(CSE)，电阻率大于 100kΩ · cm，那么腐蚀级别就定为“低”。

3.2.5 混凝土楼板厚度检测

3.2.5.1 混凝土楼板测厚检测机理

混凝土楼板测厚检测基于电磁波运动学、动力学原理和现在电子技术。楼板测厚仪主要由信号发射、接收、信号处理和信号显示等单元组成，当探头接收到发射探头电磁信号后，信号处理单元根据电磁波的运动学特性进行分析，自动计算出发射到接收探头的距离，该距离即为测试板的厚度，并完成厚度值的显示、存储和传输。发射探头与接收探头分别置于被测楼板的上下两侧，仪器上显示的值即为两探头之间的距离，只需移动接收探头，当仪器显示为最小值时，即为楼板的厚度。

3.2.5.2 混凝土楼板测厚检测仪器设备

楼板测厚仪：专业测量现浇楼板等非金属、混凝土或墙、柱、梁、木材以及陶瓷等其他非铁磁体介质厚度的重要仪器。楼板测厚仪可以在不损坏样品的情况下进行测量，而且与传统的测量方法相比，它的测量值准确、误差小。

3.2.5.3 混凝土楼板测厚检测测定

（1）连接发射探头与延长杆，将发射探头顶到被测楼板的底部，固定不动，主机放于被测楼板顶部，进入测量界面开始测量（如图 3-8（a）所示）。

（2）屏幕出现两个箭头，根据箭头指示方向寻找发射探头位置，接近探头后放下主机（如图 3-8（b）所示）。

（3）前后移动主机，竖向两个箭头变红后，蜂鸣器会有提示音表示主机已经与探头横向在一条直线内（如图 3-8（c）所示）。

（4）横向慢慢移动主机，屏幕4个箭头变红后，蜂鸣器播放提示音，指示灯亮，查看楼板厚度值，完成楼板厚度检测（如图3-8（d）所示）。

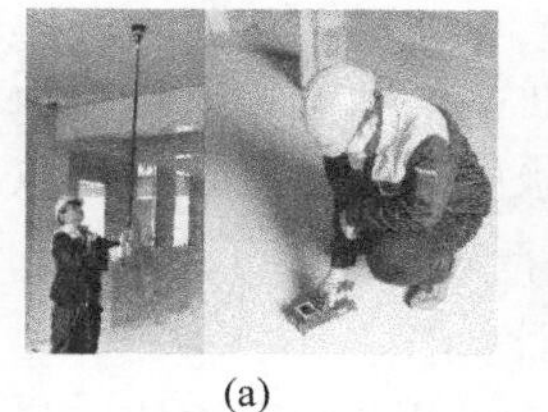
(a)

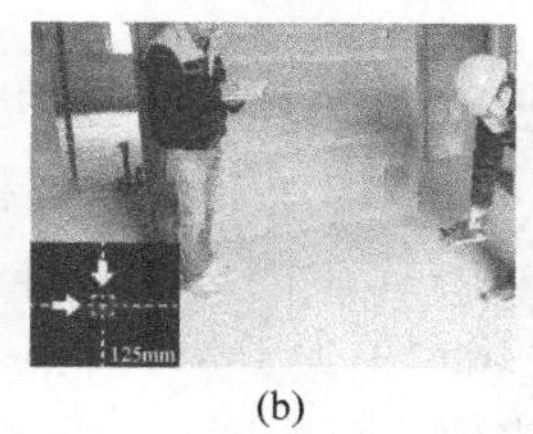

(b)

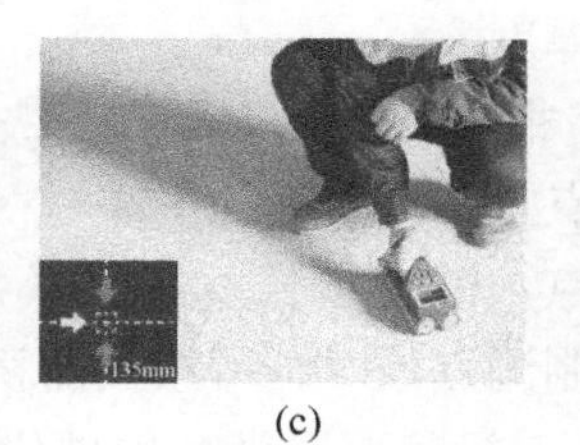

(c)

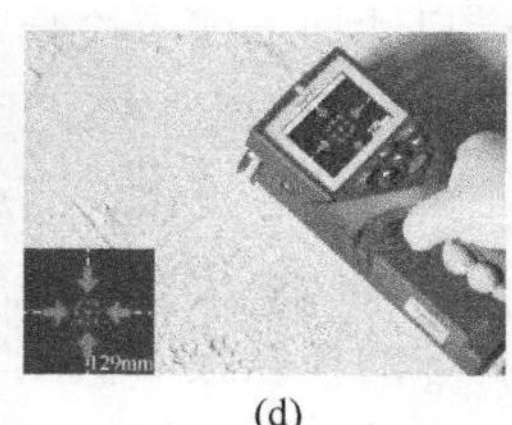

(d)

图3-8　混凝土楼板厚度检测方法

楼板厚度采用非破损方法检测：一块板至少2个测点。短边尺寸为2.5~3m的板不少于4个测点，测点宜在板跨度的1/3~1/4处，另1个测点设在板中央。悬挑板的测点宜紧靠支承边沿设测点，沿支承长度方向每3m设1个测点，且每个构件不少于3个点。特殊的板以板面积控制测点数时，可按板面积10m^{2}不少于5个测点计算。

3.2.6　构件尺寸偏差与变形检测

3.2.6.1　构件截面尺寸及其偏差检测

检测构件尺寸偏差与变形检测可分为截面尺寸及偏差、倾斜、挠度、裂缝等。在检测构件尺寸偏差与变形时，应采取措施消除构件表面抹灰、装饰层等造成的影响。

A　构件尺寸偏差与变形检测技术标准

（1）单个构件截面尺寸及其偏差检测技术标准。

（2）等截面构件和截面尺寸均匀变化的变截面构件，分别在构件的中部和两端量取截面尺寸；对于其他变截面构件，选取构件端部、截面突变的位置量取截面尺寸。

（3）每个测点的尺寸实测值与设计图纸规定的尺寸进行比较，计算每个测点的尺寸偏差值。

（4）构件尺寸实测值作为该构件截面尺寸的代表值。

B　批构件截面尺寸及其偏差的检测技术标准

（1）同一楼层、结构缝或施工段中设计截面尺寸相同的同类型构件划为同一批检验批。

（2）检验批判定为符合且受检构件的尺寸偏差最大值不大于偏差允许值1.5倍时，可设计的截面尺寸为该批构件截面尺寸的推定值。

（3）当检验批判定为不符合或检验批判定为符合但受检构件的尺寸偏差最大值大于偏差允许值1.5倍时，全数检测或重新划分检验批进行检测。

（4）不具备全数检测或重新划分检验批检测条件时，以最不利检测值作为该批构件尺寸的推定值。

C　构件尺寸偏差与变形检测设备及测定

（1）检测设备：钢直尺、激光测距仪、水准仪、全站仪等。

（2）检测方法：

1）等截面结构同一个方向尺寸的检验不少于3个点，取其算术平均值作为该方向的代表值。

2）检验现浇楼面梁截面高度尺寸时应同时检验楼板厚度，梁截面高度等于梁腹板高度尺寸加上楼板检验厚度。

3）楼板厚度采用非破损方法检测：一块板至少2个测点。短边尺寸为2.5~3m的板不少于4个测点，测点宜在板跨度的1/3~1/4处，另1个测点设在板中央。悬挑板的测点宜紧靠支承边沿设测点，沿支承长度方向每3m设1个测点，且每个构件不少于3个点。特殊的板以板面积控制测点数时，可按板面积$10m^2$不少于5个测点计算。

4）检验结构对柱、梁截面提供各构件代表值；板厚度提供各板块测点的平均值、最大值和最小值。

3.2.6.2 构件倾斜、挠度、裂缝检测

构件倾斜检测时宜对受检范围内存在倾斜变形的构件进行全数检测，当不具备全数检测条件时，可根据约定抽样原则选择（重要的构件、轴压比较大的构件、偏心受压构件、倾斜较大的构件）构件进行检测。

构件挠度检测时宜对受检范围内存在挠度变形的构件进行全数检测，当不具备全数检测条件时，可根据约定抽样原则选择（重要的构件、跨度较大的构件、外观质量差或损失严重的构件、变形较大的构件）构件进行检测。

构件裂缝检测时宜对受检范围内存在裂缝的构件进行全数检测，当不具备全数检测条件时，可根据约定抽样原则选择（重要的构件、裂缝较多或裂缝宽度较大的构件、存在变形的构件）构件进行检测。

A 构件倾斜检测

构件倾斜采用经纬仪、激光准直仪或吊锤的方法检测，当构件高度小于10m时，可使用经纬仪或吊锤测量；当构件高度大于或等于10m时，应使用经纬仪或激光准直仪测量。

检测时消除施工偏差或截面尺寸变化造成的影响；检测时分别检测构件在所有相交轴线方向的倾斜，并提供各方向的倾斜值。

倾斜检测应提供构件上端对于下端的偏离尺寸及其与构件高度的比值。

B 构件挠度检测

构件挠度可采用水准仪或拉线的方法进行检测。

检测时消除施工偏差或截面尺寸变化造成的影响。

检测时提供跨中最大挠度值和受检构件的计算跨度值。当需要得到受检构件挠度曲线时，沿跨度方向等间距布置不少于5个测点。

当需要确定受检构件荷载-挠度变化曲线时，采用百分表、挠度计、位移传感器等设备直接测量挠度值。

C 构件裂缝检测

裂缝检测时分受力裂缝和非受力裂缝；构件上存在的裂缝宜进行全数检查，并记录每条裂缝的长度、走向和位置；当构件存在的裂缝较多时，可用示意图表示裂缝的分布特征。

对于构件上较宽的裂缝检测裂缝宽度；必要时可选择较宽的裂缝检测裂缝深度；对于处于变化中或快速发展中的裂缝宜进行监测。

3.2.7 混凝土中氯离子含量检测

3.2.7.1 混凝土中氯离子含量检测一般规定

结构混凝土中的有害物质含量通过化学分析方法测定，有害物质或其反应产物的分布情况也可以通过岩相分析方法测定。混凝土中的有害物质含量进行总体评价时，取样位置在该区域混凝土中随机确定；每个区域混凝土钻取芯样不少于3个，芯样直径不小于最大骨料粒径的2倍，且不少于100mm，芯样长度贯穿整个构件，或不小于100mm。

3.2.7.2 混凝土中氯离子含量检测方法

混凝土中氯离子含量的检测选用混凝土中氯离子与硅酸盐水泥用量之比表示，当不能确定混凝土中硅酸盐水泥用量时，可用混凝土中氯离子与胶凝材料用量之比表示。

混凝土中氯离子含量测定所用试样的制备规定：

（1）将混凝土试件破碎，剔除石子。

（2）将试样缩分至100g，研磨至全部通过0.08mm的筛。

（3）用磁铁吸出试样中的金属铁屑。

（4）将试样置于105~110℃烘箱中烘干2h，取出后放入干燥器中冷却至室温备用。

混凝土中氯离子与硅酸盐水泥用量的百分数见式（3-23）：

$$P_{\mathrm{CI,p}} = P_{\mathrm{CI,m}}/P_{\mathrm{p,m}} \times 100\% \tag{3-23}$$

式中 $P_{\mathrm{CI,p}}$——混凝土中氯离子与硅酸盐水泥用量的质量分数；

$P_{\mathrm{CI,m}}$——试样中氯离子的质量分数；

$P_{\mathrm{p,m}}$——试样中硅酸盐水泥的质量分数。

当不能确定试样中硅酸盐水泥的质量分数时，混凝土中氯离子与胶凝材料的质量分数见式（3-24）：

$$P_{\mathrm{CI,t}} = P_{\mathrm{CI,m}}/\lambda_{\mathrm{c}} \tag{3-24}$$

式中 $P_{\mathrm{CI,t}}$——氯离子与胶凝材料的质量分数；

λ_{c}——根据混凝土配合比确定的混凝土中胶凝材料与砂浆的质量比。

3.3 砌体结构检测

3.3.1 砂浆抗压强度检测

3.3.1.1 砂浆抗压强度检测——贯入法

A 贯入法检测技术原理

贯入法检测砂浆抗压强度是根据贯入砂浆的深度和砂浆抗压强度间的相关关系，采用压缩工作弹簧加荷，把一测钉贯入砂浆中，由测钉的贯入深度通过测强曲线来换算砂浆抗压强度的检测方法。

B 贯入法检测设备

贯入法检测使用的仪器包括贯入式砂浆强度检测仪（简称贯入仪）、贯入深度测量表，如图3-9所示。

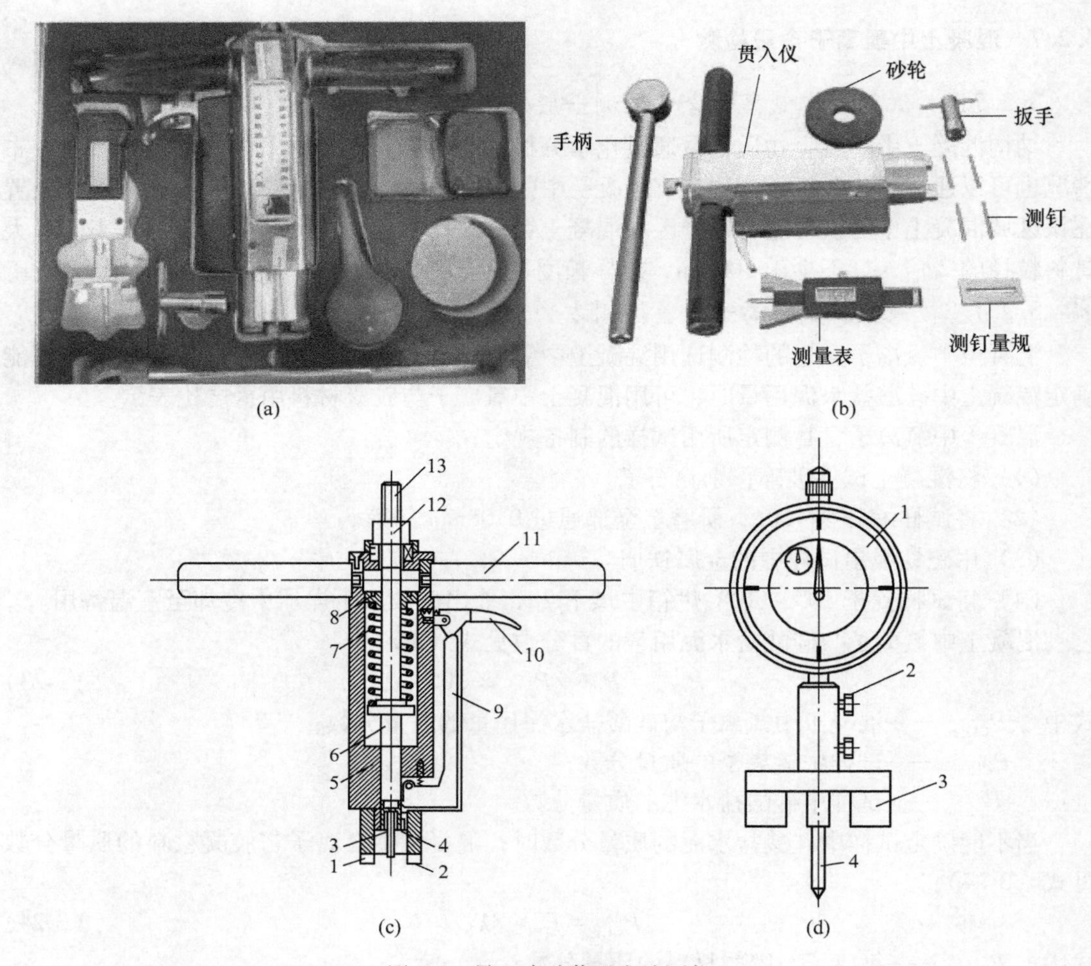

图 3-9 贯入式砂浆强度检测仪

（a）贯入式砂浆强度检测仪对砌体中惠丰砂浆检测的特殊要求，并通过试验研究而设计；

（b）贯入深度测量满足下列要求：最大量程应为（20±0.02）mm，分度值应为 0.01mm；

（c）：1—扁头；2—扁头端面；3—测钉；4—贯入杆端面；5—主体；6—贯入杆；7—工作弹簧；8—调零螺母；9—挂钩；10—扳机；11—把手；12—螺母；13—贯入杆外端；

（d）：1—百分表；2—锁紧螺钉；3—扁头；4—测头

C 贯入法检测要求及方法

a 基本要求

检测人员通过相关专业培训，检测过程中做到正确和安全操作。

用贯入法检测的砌筑砂浆应符合下列要求：自然养护；龄期为 28d 或 28d 以上；自然风干状态；强度为 0.4～16.0MPa。

b 抽样要求

检测砌筑砂浆抗压强度时，应以面积不大于 $25m^2$ 的砌体构件或构筑物作为一个构件。

按批抽样检测时，应取龄期相近的同楼层、同品种、同强度等级砌筑砂浆且不大于 $250m^3$ 砌体为一批。抽检数量不应少于砌体总构件数的 30%，且不应少于 6 个构件。基础砌体可按一个楼层计。

c 对待检砌体的要求

被检测灰缝应饱满，其厚度不应小于 7mm，并应避开竖缝位置、门窗洞口、后砌洞口和预埋件的边缘。

多孔砖砌体和空斗墙砌体的水平灰缝深度应大于 30mm。

检测范围内的饰面层、粉刷层、勾缝砂浆、浮浆以及表面损伤层等，应清除干净；应使待测灰缝砂浆暴露并经打磨平整后再进行检测。

d 测点布置

每一个构件应测试 16 点。测点应均匀分布在构件的水平灰缝上，相邻测点水平间距不小于 240mm。对于烧结黏土砖、多孔砖及水泥砖砌体，现场检测一般选择人胸高度以下的 8 条水平灰缝进行检测，每条灰缝 2 个测点，对待测点进行打磨处理并做标记。

对于混凝土加砌块砌体，一般选在人胸部以下的 3~4 条水平灰缝进行检测，每条灰缝均匀布置测点 4~5 个，对待测点进行打磨处理并做标记。

e 贯入检测

每次试验前，应清除测钉上附着的水泥灰渣等杂物，同时用测钉量规检验测钉的长度；测钉能通过测钉量规槽时，应重新选用新的测钉。

将测钉插入贯入杆的测钉座中，测钉尖端朝外，固定好测钉。

用摇柄旋紧螺母，直至挂钩挂上为止，然后将螺母退至贯入杆顶端。

将贯入仪扁头对准灰缝中间，并垂直贴在被测砌体灰缝砂浆的表面，握住贯入仪把手，扳动扳机，将测钉贯入被测砂浆中。

将测钉拔出，用吹风器将测孔中的粉尘吹干净，把测量表对准墙面平整的地方，将测量表调零。

将贯入深度测量表扁头对准灰缝，同时将测头插入测孔中，并保持测量表垂直于被测砌体灰缝砂浆的表面，从表盘中直接读取测量表显示值，记录到现场记录表中，并记录构件所在楼层及位置。

3.3.1.2 *砂浆抗压强度检测——回弹法*

A 回弹法检测原理及影响因素

a 检测原理

回弹法指采用砂浆回弹仪检测墙体、柱中砂浆的表面硬度，根据回弹值和碳化深度推定其强度的方法。

使用该方法的前提条件是砌筑砂浆的表面质量与内部质量基本一致。

b 影响因素

（1）测点弹击次数选择（标准取第三次得回弹值）。

（2）砌筑砂浆原材料（不同材料回归曲线不同）。

（3）砂粗细（一般情况细砂配置的砂浆强度低）。

（4）碳化深度（回弹值随碳化深度增大而增大）。

（5）龄期（28d 内龄期长，强度高，后期影响不明显）。

（6）砌筑砂浆表面状况（竖缝不饱满，不应作为测点）。

B 回弹法检测设备

主要设备：砂浆回弹仪、混凝土碳化深度测量仪。

砂浆回弹仪的主要技术性指标如表 3-3 所示。

表 3-3 砂浆回弹仪的主要技术性指标

项 目	指 标
标称动能/J	0. 196
指针摩擦力/N	0. 5±0. 1
弹击杆端部球面半径/mm	25±1. 0
钢砧率定值，R	74±2

C 回弹法检测比例及方法

a 检测单元

当检测对象为整栋建筑物或建筑物的一部分时，应将其划分为一个或若干个可以独立进行分析的结构单元，每一个结构单元划分为若干个检测单元（检测单元：每一楼层且总量不大于 250m^3 的材料品种和设计强度等级均相同的砌体）。

每一个检测单元内不宜小于 6 个测区，应将单个构件作为一个测区。当一个检测单元不足 6 个构件时，应将每个构件作为一个测区。回弹法检测应在每一个测区内随机布置不少于 5 个测位。

测位宜选在承重墙的可测面上，并避开门窗洞口及预埋件等附近的墙体。墙面上每个测位的面积大于 0. 3m^2。

b 检测方法

测位处的粉刷层、勾缝砂浆、污物应清除干净；弹击点处的砂浆表面应仔细打磨平整，并除去浮灰；磨掉表面砂浆的深度应为 5～10mm，且不应小于 5mm。

每个测位内均匀布置 12 个弹击点。选定弹击点应避开砖的边缘、灰缝中的气孔或松动的砂浆。相邻两弹击点的间距不应小于 20mm。

在每个弹击点上，使用高回弹仪连续弹击 3 次，第 1、2 次不读数，仅记读第 3 次回弹值，读数应估读至 1。测试过程中回弹仪应始终处在水平状态，其轴线应垂直于砂浆表面，且不得移位。

在每一测位内，应选择 3 处灰缝，并应该用工具在测区表面打凿出直径约 10mm 的孔洞，其深度应大于砌筑砂浆的碳化深度，应清除孔洞中的粉末或碎屑，且不得用水擦洗，然后采用浓度为 1%～2%的酚酞酒精溶液滴在孔洞内壁边缘处，当已碳化与未碳化界限清晰时，应采用碳化深度测定仪或游标卡尺测量已碳化与未碳化界限到灰缝表面的垂直距离。

3. 3. 2 砌块抗压强度检测——回弹法

3. 3. 2. 1 回弹法检测要求

回弹法：采用回弹仪检测砌体、砂浆等构造物的表面硬度，根据回弹值和碳化深度推定其强度的方法，是基于建筑材料表面硬度和强度之间存在相关性而建立的一种检测方法。

3.3.2.2　回弹法检测仪器

仪器设备：砖回弹仪。主要技术指标如表3-4所示。

表3-4　砖回弹仪技术指标

项　目	指　标
标称动能/J	0.735
指针摩擦力/N	0.5±0.1
弹击杆端部球面半径/mm	25±1.0
钢砧率定值，R	74±2

3.3.2.3　回弹法检测比例及方法

A　分单元分区量测

每个检测单元中随机选择10个测区，每个测区的面积不宜小于1.0m²，应在其中随机选择10块条面向外的砖供回弹仪测试。选择的砖与砖墙边缘的距离大于250mm。

B　检测单元、测区、测位

当检测对象为整栋建筑物或建筑物的一部分时，应将其划分为一个或若干个可以独立进行分析的结构单元，每一结构单元划分为若干个检测单元。

检测单元，每一楼层且总量不大于250m³的材料品种和设计强度等级均相同的砌体。

在一个结构单元，采用对新施工建筑同样的规定，将同一材料品种、同一等级250m³砌体作为一个母体进行测区和测位的布置，成为“检测单元”，所以一个结构单元可以划分为一个或数个检测单元。

当仅仅对单个构件（墙片、柱）或不超过250m³的同一材料、同一等级的砌体进行检测时，也将此作为一个检测单元。

C　检测步骤

被检测砖应为外观质量最合格的完整砖。

砖的条面应干燥、清洁、平整，不应有饰面层、粉刷层，必要时可用砂轮清除表面的杂物并应磨平测面，同时应用毛刷刷去粉尘。

在每块砖的测面上应均匀布置5个弹击点。选定弹击点时应避开砖表面的缺陷。相邻两弹击点的间距不应小于20mm，每一弹击点只弹击一次，回弹值读数应估读至1，测试时，回弹仪应处于水平状态，其轴线应垂直于砖的测面。

D　数据分析

单个测位的回弹值，应取5个弹击点回弹值的平均值。第i测区第j个测位的抗压强度换算值见式（3-25）：

$$f_{1ij} = 2 \times 10^{-2}R^2 - 0.45R + 1.25 \tag{3-25}$$

测区的砖抗压强度平均值见式（3-26）：

$$f_{1i} = \frac{1}{10}\sum_{j=1}^{n_1} f_{1ij} \tag{3-26}$$

3.4　钢结构检测

3.4.1　涂层检测

3.4.1.1　防火涂层检测

A　防火涂层检测机理

钢结构防火涂层分膨胀型和非膨胀型，主要有超薄型、薄型、厚型3种。

受施工工艺、涂层材料等影响，构架不同位置的防火涂层厚度可能不同，对水平向构件，测点应布置在构件顶面、侧面、底面；对竖向构件，测点应布置在不同高度处。

防火涂层厚度的检测应在涂层干燥后进行。

梁、柱结构的防火涂层厚度检测，在构件长度内每隔3m取一个截面，且每个构件不应少于2个截面。防火涂层厚度检测，应经外观检测合格后进行。

B　防火涂层检测设备

对防火涂层的厚度可采用探针和卡尺进行检测，用于检测的卡尺尾部应有可外伸的窄片。测量设备的量程应大于被测的防火涂层厚度。

检测设备的分辨率不低于0.5mm。

防火涂层可抹涂、喷涂施工，其涂层厚度值较离散，过高的检测精度在实际工程意义不大，同时为方便检测操作，对超薄型、薄型、厚型涂层厚度的检测精度一般不低于0.5mm。

C　防火涂层检测方法及评定

a　检测步骤

检测前应清除测试点表面的灰尘、附着物等，并应避开构件的连接部位。

在测点处应将仪器的探针或窄片垂直插入防火涂层直至钢材防腐涂层表面，并记录标尺读数，测试值应精确到0.5mm。

当探针不易插入防火涂层内部时，可采取防火涂层局部剥除的方法进行检测。剥除面积不宜大于15mm×15mm。测点示意图如图3-10所示。

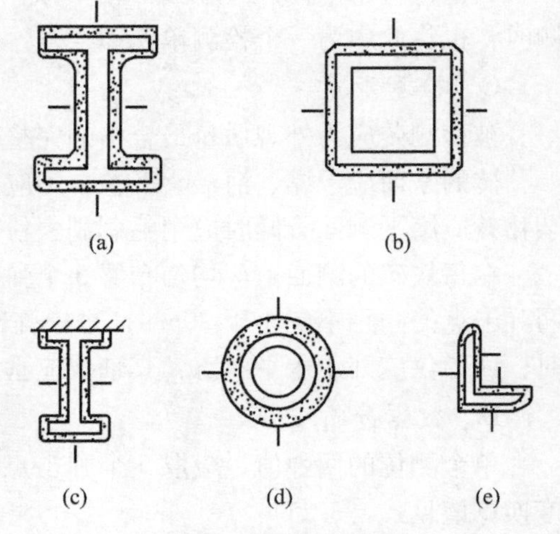

图3-10　测点示意图

（a）工字柱；（b）方形柱；（c）工字梁；（d）钢管；（e）角钢

对于厚型防火涂层表面凹凸不平的情况，为便于检测，可用砂纸将涂层表面适当打磨平整。

b　结果评定

同一截面上各测点厚度的平均值不应小于设计厚度的85%，构件上所有测点厚度平均值不应小于设计厚度。

3.4.1.2　防腐涂层检测

A　防腐涂层检测机理

目前钢结构防腐涂层以油漆类材料为主，一些特殊的工程或部位采用橡胶、塑料等材料。对防腐效果判定以涂层厚度为指标。涂层干漆膜厚度检测：按构件数检测 10%，且同类构件不应少于 3 件。当设计对涂层厚度无要求时，涂层干漆膜总厚度应符合设计要求，其允许偏差为-25μm；每遍涂层干漆膜厚度的允许偏差为-5μm；用干漆膜测厚仪检查。每个构件检测 5 处（或每 $10m^2$抽查 5 处），每处的数值为 3 个相距 50mm 测点涂层干漆膜厚度的平均值。

B　防腐涂层检测设备

检测防腐涂层厚度的仪器较多，根据测试原理，可分为磁性测厚仪、超声测厚仪、涡流测厚仪等。对检测使用何种仪器不作规定，仪器的量程、分辨率及误差符合要求即可用于检测。

目前的涂层测厚仪最大量程一般在 1000～1500μm 左右，最小分辨率为 1～2μm，示值相对误差小于 3%，可以满足一般检测需要。如涂层厚度较厚，可局部取样直接测量厚度。

测试构件的曲率半径应符合仪器的使用要求。在弯曲试件的表面上测量时，应考虑其对测试准确性的影响。

大部分仪器探头面积较小，但构件曲率半径过小，会导致一些型号的仪器探头无法与测点有效贴合，增大测试误差。

油漆种类及涂层厚度如表 3-5 所示。

表 3-5　油漆种类及涂层厚度

序　号	涂层（油漆）种类	涂层厚度/μm
1	油性酚醛、醇酸漆	70～200
2	无机富锌漆	80～150
3	有机硅漆	100～150
4	聚氨酯漆	100～200
5	氯化橡胶漆	150～300
6	环氧树脂漆	150～250
7	氟碳漆	100～200

C　防腐涂层检测方法及评定

a　检测方法

清除测试点表面的防火涂层等时，应注意避免损伤防腐涂层。

零点校准和二点校准是测厚仪校准的常用方法。为减少仪器的测试误差，宜采用二点校准。二点校准是在零点校准的基础上，在厚度大致等于预计的待测涂层厚度标准片上进行一次测量，调节仪器上的按钮，使其达到标准片的标称值。

可用于铜、铝、锌、锡等材料防腐涂层厚度的检测，为减少测试误差，校准时垫片材质应与基本金属大致相同。校准时所选用的标准片厚度应与待测涂层厚度接近。

测试时，仪器探头与涂层接触力度应适中，避免用力过大导致测点涂层变薄。试件边缘、阴角、水平圆管下表面等部位的涂层一般较厚，检测数据不具代表性。

b　检测评定

每处 3 个测点的涂层厚度平均值不应小于设计厚度的 85%，同一构件上 15 个测点的涂层厚度平均值不应小于设计厚度。

当设计对涂层厚度无要求时，涂层干漆膜总厚度，室外应为 150μm，室内应为

125μm，其允许偏差应为-25μm。

3.4.1.3　涂层黏结强度

A　涂层黏结强度机理

有效的涂层结合强度测试方法应满足：能使涂层从基体剥离并有良好的物理模型；可准确测定有关力学参量，试验值对界面状态敏感并和其他非界面因素如涂层、基体特性等无关。现行的涂层结合强度测试方法可归纳为定性和定量两大类。定性法以经验判断和相对比较为主，一般难以给出力学参量，但简单快速，一般不需专门设备；定性方法大多是破坏性的，不适合产品零件的质量检验。定量的方法有黏结拉伸法、压入法、断裂力学法和动态结合强度测定方法等。压痕试验法、划痕试验法等比较适合薄膜涂镀层。

a　黏结拉伸法

目前普遍采用，各国制定了类似的试验标准。将涂层试样与配副胶黏起来进行拉伸，涂层被拉脱时的载荷与涂层面积之比为结合强度。此法不足之处在于黏结剂的抗拉强度必须高于涂层的结合强度，因此，只适于低中结合强度测量；涂层内晶粒之间为内聚性断裂，而涂层与基体之间属黏结性断裂。拉伸试验时，可能是内聚性和黏结性断裂共存的混合性断裂。此时的结合强度测定值不是真实值，包含了涂层本身的强度，无法保证测出真正的结合强度值；加载方式不是涂层使用时的典型应力状态，因而涂层的使用性能可能与测得的结合强度无直接关系；试样加载不对中、试样尺寸、黏结剂渗入涂层细孔、黏结剂固化改变残余应力分布等因素会影响测量值，使试验结果分散，需大量试验并统计分析后才能对结合强度作出较好的评价。此外，该法属破坏性试验，生产中不便控制质量。

b　界面压入法

界面压入法是通过维氏压头将一定载荷作用在涂层与基体界面上使之开裂。根据界面处裂纹长度衡量结合强度，长度越短，结合强度越高；或者测定不同固定载荷下界面裂纹的长度，通过断裂力学分析，用临界应变能释放率 GC 和界面韧性 KC 表征结合强度。该法测定裂纹长度是在卸载后进行，由于存在裂纹闭合效应和裂纹长度测试准确性的影响，测得的裂纹长度不一定是在试验载荷下裂纹的真实长度。加载、卸载过程中的弹塑性变形行为、涂层的开裂和剥落等情况缺乏动态检测。最新进展是采用专用的涂层压入仪，它具有连续加、卸载功能，声发射动态监测压入过程和涂层开裂。用开裂时的临界载荷 PC 值表征结合强度。该法可用一般的维氏硬度计进行，无须特别准备试样，较好地解决了黏结拉伸法不能测定高结合强度涂层和断裂部位不在涂层与基体界面等问题，是一种具有优势的方法。

c　断裂力学法

断裂力学法是涂层结合强度测定中，既能反映内聚强度，又能反映黏结（结合）强度的方法。应用较多的是悬臂梁法（DCB），将涂层试样与无涂层试样黏结成复合试样，进行测试。该法能了解涂层黏结特性，区分内聚性和黏结性断裂，还能了解涂层失效机制；另外，涂层的断裂力学参量等对涂层的晶粒形状和大小、孔隙、裂纹等显微组织特性变化敏感。因此，该法可为研究涂层特性和涂层断裂失效机制与原料粉末性能、制备工艺、组织等之间的关系，优化涂层工艺和指导涂层设计提供有用的手段。

B　涂层黏结强度设备

试件准备：将待测涂料按说明书规定的施工工艺施涂于 70mm×70mm×10mm 的钢板

上。薄涂型膨胀防火涂料厚度 δ 为 3~4mm，厚涂型防火涂料厚度 δ 为 8~10mm。抹平，放在常温下干燥后将涂层修成 50mm×50mm，再用环氧树脂将一块 50mm×50mm×（10~15）mm的钢板黏结在涂层上，以便试验时装夹。

测黏结轻度试件如图 3-11 所示。

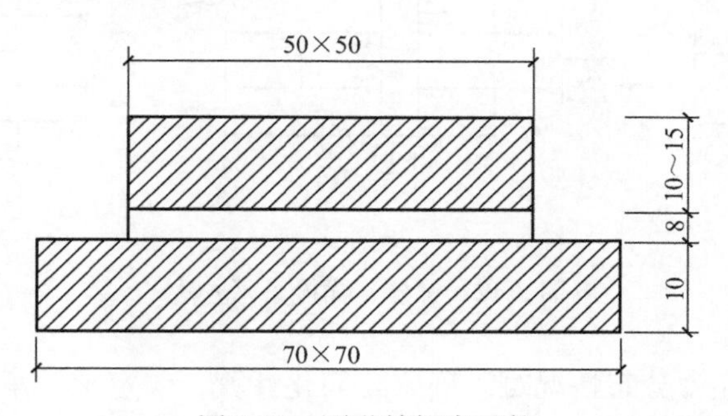

图 3-11 测黏结轻度试件

C 涂层黏结强度测定

将准备好的试件装在试验机上，均匀连续加荷至试件涂层破裂为止。黏结强度见式（3-27）：

$$F_{\mathrm{b}} = \frac{F}{A} \tag{3-27}$$

式中 F——破坏荷载，N；

A——涂层与钢板的黏结面积。

每次试验取 5 块试件测量，剔除最大和最小值，其结果应取其余 3 块的算术平均值，精确度为 0.01MPa。

3.4.2 钢结构节点、机械连接用紧固件及高强度螺栓力学性能检测

紧固件是将两个或两个以上零件（或构件）紧固连接成为一个整体时采用的一类机械零件的总称。紧固件是做紧固连接用且应用极为广泛的一类机械零件，已有国家标准的一类紧固件称为标准紧固件，或简称标准件。

紧固件包括螺栓、螺柱、螺钉、螺母、垫圈、销、高强螺栓与普通螺栓。

3.4.2.1 钢结构节点、机械连接用紧固件及高强度螺栓力学性能检测原理

A 普通螺栓、锚栓的连接计算

在普通螺栓或铆钉受剪连接中，每个普通螺栓或铆钉的承载力设计值应取受剪和承压承载力设计值中的较小者。

普通螺栓连接的抗剪承载力，考虑螺栓受剪和孔壁承压两种情况。假定螺栓受剪面上的剪应力均匀分布，一个抗剪螺栓的抗剪承载力设计值为：

$$N_{\mathrm{v}}^{\mathrm{b}} = n_{\mathrm{v}} \frac{\pi d^2}{4} f_{\mathrm{v}}^{\mathrm{b}} \tag{3-28}$$

式中 n_{v}——受剪面数目，单剪 $n_{\mathrm{v}}=1$，双剪 $n_{\mathrm{v}}=2$，四剪 $n_{\mathrm{v}}=4$；

d——螺栓杆直径（螺栓的公称直径）；

f_v^b ——螺栓抗剪强度设计值。

螺栓、锚栓紧固方法如图 3-12 所示。

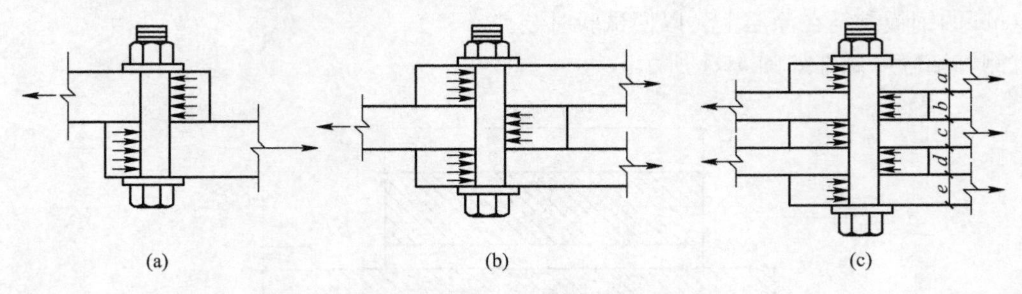

图 3-12 螺栓、锚栓紧固方法

螺栓的实际承压应力分布情况难以确定，简化计算，假定螺栓承压应力分布于螺栓直接平面上，且假定该承压面上的应力为均匀分布，则一个抗剪螺栓的承压承载力设计值为：

$$N_c^b = d\sum tf_c^b \tag{3-29}$$

式中 $\sum t$ ——在同一受力方向的承压构件的较小总厚度；

f_c^b ——螺栓承压强度设计值。

B 普通螺栓、锚栓或铆钉杆轴方向抗拉的连接计算

抗拉螺栓连接的破坏形式为栓杆被拉断，每个抗拉螺栓的承载力设计值为：

$$N_t^b = \frac{\pi d_e^2}{4} f_t^b \tag{3-30}$$

C 同时承受剪力和杆轴方向拉力的普通螺栓和铆钉连接计算

承受剪力和拉力共同作用的普通螺栓应考虑两种可能的破坏形式：一是螺杆受剪兼受拉破坏；二是孔壁承压破坏。根据试验，兼受剪力和拉力的螺杆，无量纲化后的相关关系近似为一圆曲线。

$$\sqrt{\left(\frac{N_v}{N_v^b}\right)^2 + \left(\frac{N_t}{N_t^b}\right)^2} \leqslant 1 \tag{3-31}$$

3.4.2.2 高强螺栓摩擦型连接计算

摩擦型连接依靠被连接件之间的摩擦阻力传递剪力，以剪力等于摩擦力作为承载能力的极限状态。

A 抗剪连接计算

摩擦型连接的承载力取决于构件接触面的摩擦力，此摩擦力的大小与螺栓所受预拉力和摩擦面的抗滑移系数以及连接的传力摩擦面数有关。一个摩擦型连接高强度螺栓的抗剪承载力设计值为：

$$N_v^b = 0.9 n_f \mu P \tag{3-32}$$

B 轴向抗拉连接计算

$$N_t^b = 0.8P \tag{3-33}$$

作用于螺栓的外拉力不超过 P 时，螺杆内的拉力增加很少，可认为此时螺杆的预拉力基本不变。同时螺栓的超张拉试验表明，当外拉力过大，为螺杆预拉力的80%时，卸载后螺杆中的预拉力会变小，即发生松弛现象。

3.4.2.3 高强螺栓承压型连接

抗剪与抗拉连接计算方法与普通螺栓相同。预拉力 P 与摩擦型连接高强度螺栓相同。连接外构件接触面应清除油污及浮锈。承压型连接高强度螺栓不应用于直接承受动力荷载的结构，可用于允许产生少量滑动的静载结构或间接承受动荷载构件的受剪连接。

在抗剪连接中，每个承压型连接高强度螺栓的承载力设计值的技术方法与普通螺栓相同，但当剪切面在螺纹处时，其受剪承载力设计值应按螺纹处的有效截面计算。

对于普通螺栓，其抗剪强度设计值是根据连接的试验数据统计而定的，试验时不分剪切面是否在螺纹处，故计算抗剪强度设计值时用公称直径。

在杆轴方向受拉的连接中，每个承压型连接高强度螺栓的承载力设计值的计算方法与普通螺栓相同。

3.4.2.4 钢结构节点、机械连接用紧固件及高强度螺栓力学性能检测设备

（1）材料万能试验机（≥1000kN）、不同螺栓规格的专用夹具各一套。

（2）螺栓试验台（包括轴力传感器和扭矩传感器或扭矩扳手）。

（3）材料万能试验机（≥1000kN、误差应在1%以内），压力传感器或贴有电阻应变片的高强度螺栓、电阻应变计；连接副扭矩系数复验用的计量器具应在试验前进行标定，误差不得超过2%。

（4）扭矩扳手，检验所用的扭矩扳手其扭矩精度误差应该不大于3%，且具有峰值保持功能。

（5）放大镜。

环境条件：在环境温度为10~35℃条件下进行螺栓、螺钉和螺柱的力学性能试验。该环境温度条件下判定为符合本标准的产品，在较高或较低温度下，机械和物理性能可能不同。在低于该温度下，产品性能，尤其是冲击韧性可能发生变化。

3.4.2.5 钢结构节点、机械连接用紧固件及高强度螺栓力学性能检测方法及评定

在对高强度螺栓的终拧扭矩进行检测前，应清除螺栓及周边涂层。螺栓表面有锈蚀时，应进行除锈处理。

对高强度螺栓终拧扭矩检测，应经外观检查或小锤敲击检查合格后进行。

可用小锤（0.3kg）敲击的方法对高强度大六角头螺栓进行普查。敲击时，一手扶螺栓（或螺母），另一手敲击，要求螺母（或螺栓头）不偏移、不松动，锤声清脆。

高强度螺栓终拧扭矩检测时，先在螺尾端头和螺母相对位置画线，然后将螺母拧松60°，再用扭矩扳手重新拧紧60°~62°，此刻的扭矩值应作为高强度螺栓终拧扭矩的实测值。

为了解高强度螺栓扭矩与拧紧角度的关系，将各高强度螺栓拧到终拧扭矩值后，在螺尾端头和螺母相对位置画线。为便于控制转角的大小，在连接上沿螺母的6个平面向外划出延长线。然后将螺母拧松60°，再用扭矩扳手重新拧紧至60°、63°、66°时，测定高强度螺栓的扭矩值。

螺尾端头和螺母上的线重合时为 60°转角，为较准确地确定出 2°转角，可先画出扭矩扳手手柄一侧在连接板的投影线，在距螺栓中心 600mm 处，在连接板上顺时针方向向前 21mm 定出一点，由该点与螺栓中心相连而成的线，即为旋转 2°后手柄指定一侧在连接板的投影线。

检测时，应根据人员的具体情况调整操作姿势，防止操作失效时人员跌倒。扳手手柄上宜施加拉力而不是推力。

检测时，施加的作用力应位于扭矩扳手手柄尾端，用力应均匀、缓慢。除有专用配套的加长柄或套管外，不得在尾部加长柄或套管的情况下，测定高强度螺栓终拧扭矩。

扭矩扳手经使用后，应擦拭干净放入盒内。长期不用的扭矩扳手，在使用前应先预加载 3 次，使内部工作机构被润滑油均匀润滑。

检测结果评价：高强度螺栓终拧扭矩的实测值宜在 $0.9T_c \sim 1.1T_c$ 范围内，T_c 是施工终拧扭矩值。

小锤敲击检查发现有松动的高强度螺栓，应直接判定其终拧扭矩不合格。

3.4.3 钢网架结构变形检测（测量）

钢结构的变形控制主要包括单层钢结构工程的变形检测、多层及高层钢结构工程的变形检测和钢网架结构的变形检测，其中，钢网架结构的变形检测在钢结构的变形控制中尤为重要。

3.4.3.1 钢网架结构变形检测理论依据

A 基本设计规定

（1）为了不影响结构或构件的正常使用和观感，设计时应多结构或构件的变形（挠度或侧移）规定相应的限值。一般情况下，结构或构件变形的容许值如下：

1）受弯构件的挠度允许值：

①吊车梁、楼盖梁、工作平台梁以及墙架构件的挠度不宜超过 $L/1500$ 且不大于 25mm；

②冶金工厂或类似车间中设有工作级别为 A7、A8 级吊车的车间，其跨间每侧吊车梁或吊车桁架的制动结构，由一台最大吊车横向水平荷载（按荷载规范取值）所产生的挠度不宜超过制动结构跨度的 1/2200。

2）框架结构的水平位移允许值。在风荷载标准值作用下，框架柱顶下水平位移和层间相对位移不宜超过以下数值：

①无桥式吊车的单层框架的柱顶位移：$H/150$；

②有桥式吊车的单层框架的柱顶位移：$H/400$；

③多层框架的柱顶位移：$H/500$；

④多层框架的层间相对位移：$h/400$。

其中，H 为自基础顶面值柱顶的总高度；h 为层高。

（2）计算结构或构件的变形时，可不考虑螺栓（或铆钉）孔引起的截面削弱。

（3）为改善外观和使用条件，可将横向受力构件预先起拱，起拱大小应视实际需要而定，一般为恒载标准值加 1/2 活载标准值所产生的挠度值。当仅为改善外观条件时，构件挠度应取在恒荷载和活荷载标准值作用下的挠度计算值减去起拱度。

B 可不计算钢梁整体性稳定的情况

有铺板（各种钢筋混凝土板和钢板）密铺在梁的受压翼缘上并与其牢固相连，能阻止梁受压翼缘的侧向位移时。

3.4.3.2 钢网架结构变形检测设备

钢网架结构变形检测设备包括电子经纬仪、AC-32 型水准仪、直尺、钢尺、百分表型块、型测距仪、三轴定位仪。

3.4.3.3 钢网架结构变形检测方法及结果判定

A 检测方法

（1）用钢尺实测钢网架的纵向、横向长度。

（2）用钢尺和经纬仪实测支座中心偏移。

（3）用钢尺和水准仪实测周边支撑网架相邻支座高差。

（4）用钢尺和水准仪实测支座最大高差。

（5）用钢尺和水准仪实测多点支撑网架相邻支座高差。

用钢尺和水准仪实测网架挠度值，跨度 24m 及以下钢网架结构测量下弦中央一点；跨度 24m 以上钢网架结构测量下弦中央一点及各向下弦跨度的四等分。钢网架中杆件轴线的不平直度可用百分表、U 型块检测。

B 结果判定

（1）实测钢网架的纵向、横向长度，偏差正负 $L/2000$ 且不应大于 30mm。

（2）实测支座中心偏移，偏差 $L/3000$ 且不应大于 30mm。

（3）实测周边支撑网架相邻支座高差，偏差 $L/400$ 且不应大于 15mm。

（4）实测支座最大高差，偏差不应大于 30mm。

（5）多点支撑网架相邻支座高差，偏差 $L_1/800$ 且不应大于 30mm。

（6）所测的挠度值不应超过相应设计值的 1.15 倍。

（7）钢网架中杆件轴线的不平直度，其不平直度 $L/1000$ 且不应大于 5mm。

3.5 木结构检测

3.5.1 木构件内部缺陷检测

3.5.1.1 检测设备

A 应力波测量仪

应力波测量仪（Microsecond timer）如图 3-13 所示。测定时，先将应力波测量仪的两个探针插入被测木构件表面：在缺陷检测时，两探针在木构件横截面上相对插入构件表面。第一次敲击的传播时间读数无效，从第二次开始，连续敲击，测定 3 次所得传播时间读数的平均值作为该次检测的测定结果。根据两探针间距和应力波传播时间，计算该次检测的应力波传播速度。

应力波技术测定木材内部腐朽的基本原理如图 3-14 所示，应力波测试仪通过冲击生成的声应力使被检测物体产生振动，测定其应力波传播时间，根据所测距离和传播时间计

图 3-13 应力波测量仪

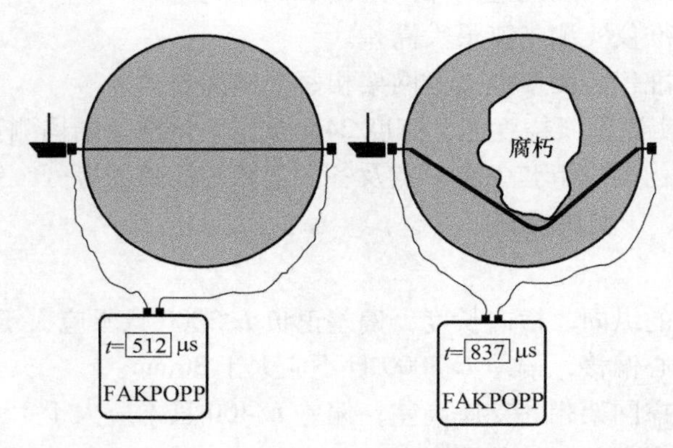

图 3-14 应力波测量原理

算出应力波传播速度。可通过比较试验，确定木材内部的腐朽或损伤。当木材发生腐朽或虫蛀时，垂直于木材纹理方向的传播速度急速降低，凡低于健康材传播速度者即可判定为腐朽或虫蛀。检测木材横向（径向或弦向）应力波传播速度是探测木材腐朽的最佳途径。

B 雷达波检测仪

TRU 树木雷达检测系统是为了检测木材料内部结构受损程度而设计的。检测原理是它利用电磁波在遇到不同特性的媒质时，产生不连续反射和散射的特性，而对树木进行非侵入式扫描，并可以清晰成像，如图 3-15 所示。

3.5.1.2 检测方法

木构件内部缺陷检测，需要借助应力波检测仪和雷达波检测仪进行。根据检测结果，判断木构件被测截面内部是否有腐朽、空洞、裂纹等缺陷（无法准确判断缺陷形式）。

检测枋时，以 50cm 距离为间隔，连续进行应力波检测，判断其内部是否存在缺陷。判断方法是看应力波速度是否小于好木材应力波速度（临界速度），如果该检测位置应力波速度小于临界速度，说明木构件在该位置内部有缺陷；速度差越大，内部缺陷越严重。

检测梁时，通过对整体木构件仔细观察，定下检测位置，进行检测。

检测立柱时，通过对整体木构件的仔细观察，确定检测截面，再以 120°为间隔，检测该截面的 3 个位置。

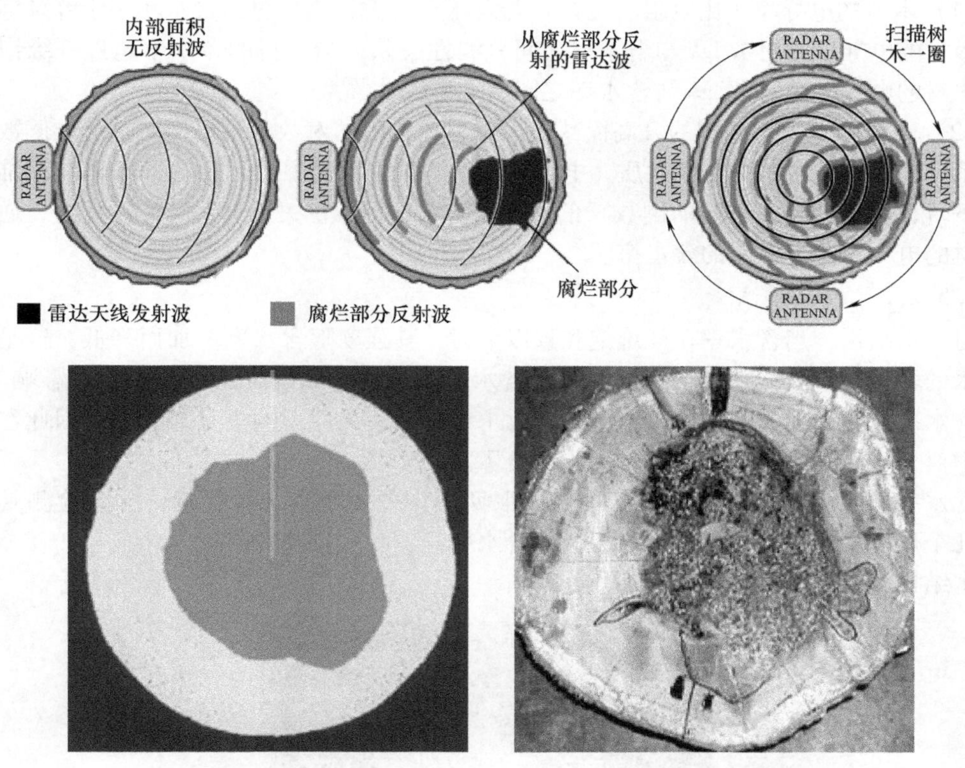

图 3-15　雷达波检测仪原理

雷达波检测立柱，根据现场条件和实际情况确定待检测截面，绕着确定好的截面分别进行雷达波扫描检测。

木构件内部缺陷检测方法如图 3-16 所示。

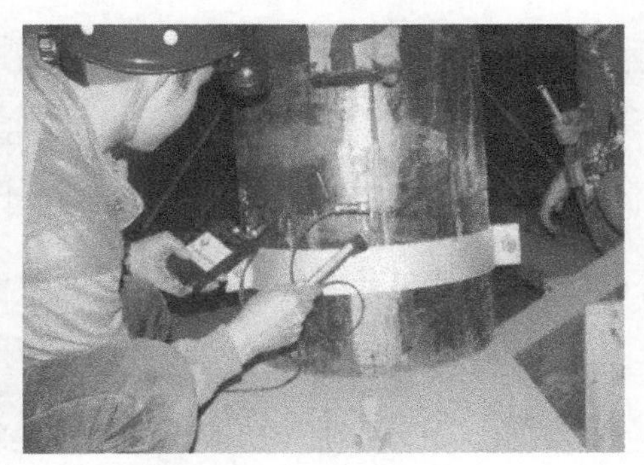

图 3-16　木构件内部缺陷检测方法

3.5.2　木构件含水率检测

3.5.2.1　检测设备

木构件含水率检测采用探针式木材含水率测定仪。检测原理：

（1）木材的电导率（比电阻的倒数）与含水率有关，当木材的含水率小于纤维饱和点时，木材的电导率的对数 lg*k* 与含水率之间呈线性关系；当木材的含水率超过纤维饱和点时，木材的电导率的对数 lg*k* 与含水率之间已不呈线性关系。

（2）木材的电阻随温度的升高而减小。木材比电阻的对数与木材绝对温度的倒数呈线性关系，基于上述木材的电学性质，电导式木材测湿仪就是根据木材的含水率在纤维饱和点以下时，木材电导（电阻的倒数）的对数与含水率呈线性关系这一特性设计的，通过测定木材的电导来测定木树的含水率。

3.5.2.2　检测方法

对于木结构，当含水率在纤维饱和点以下时，其强度随含水率增加而降低，这是由于吸附水的增加使木材的细胞壁逐渐软化，含水率对木材的顺纹抗压及抗弯强度影响较大。木材含水率过高，加速木结构腐蚀进度，对木结构的耐久性影响也是显著的。因此在检测过程中对于木结构的含水率检测就更为重要了。

含水率按照构件种类对每种木构件选取两端、中间至少 3 个位置，分别检测其含水率，几个位置含水率平均值作为该木构件含水率。

木结构含水量检测如图 3-17 所示。

图 3-17　木结构含水量检测

3.5.3　木构件裂纹检测

木构件绝大部分裂纹都是从构件表面开始的，利用探针、裂缝测宽仪、游标卡尺等设备，检测木构件表面裂纹位置、形状和尺寸。

3.5.4　结构构件尺寸、垂直度及轴线布置检测

3.5.4.1　检测设备

现场采用 CMS3D 激光扫描成像仪对建筑物整体结构进行扫描，得到精准的该建筑三维立体图像。CMS3D 激光测试技术是从二维空间过渡到三维空间的最便捷的方式之一。跟传统的二维数据相比，三维数据更容易理解与交流，并使决策更加容易。通常在配合一个三维建筑软件的条件下，就可通过建立起一个 CMS3D 数据库，得出建筑结构构件精准尺寸以及整体结构布置情况。

图 3-18 所示为 CMS3D 激光扫描成像仪。

图 3-18 CMS3D 激光扫描成像仪

3.5.4.2 检测方法

CMS 数据处理主要有三个步骤：

（1）首先通过 L&SRD 程序将 CMS 存储单元中的原始数据传输到电脑中。

（2）将原始数据转换成一种通用格式，以便在建筑软件中使用并处理。

（3）通过采用专门为 CMS 数据处理而设计的 QVOL 软件处理，可得到建筑结构的三维图形及在任何方向通过 3D 网格获得任意空区剖面，并自动计算各剖面的面积和构件体积。

3.6 已有建筑物基桩检测

既有建筑物正常使用时地基基础的工作状态是否正常，可通过沉降观测资料和其不均匀沉降引起上部结构反应的检查结果进行分析和判定，对建筑物所处地段的周边环境安全性进行检查及对房屋周边散水、墙角、室内、外地台沉降、开裂情况检查进行综合判断。但对于已有建筑物基桩质量及基桩是否倾斜没有准确判断。对于以后建筑物的基桩检测可根据以下两种方法进行，具体检测原理如下。

3.6.1 既有建筑物基础桩物探应力

探测原理：在弹性物体上施一瞬时应力作用时，受力的质点沿力的方向出现胀缩变形，产生纵波传播；而垂直力的方向则出现剪切变形，形成横波，在弹性半空间自由表面附近，纵波与横波会叠加生成沿自由表面传播的面波；当应力方向与桩（柱）轴向垂直时，还会产生弯曲波；应力波在弹性介质中传播，当遇到波阻抗差异界面时，便会产生回波及透射波。

3.6.2 既有建筑物基础桩倾斜应力

探测原理：当在弹性物体上施一个瞬时应力时，受力的质点沿力的方向出现胀缩形变，产生纵波传播；而垂直力的方向则产生剪切变形，形成横波。根据惠更斯-菲涅尔原理和波的叠加原理，弹性波传播到空间每一相长干涉点，都可以形成一个新的点震源，在空间任意点上观测到的波动是在此相遇的各个波动所引起的振动的合成。

3.7 工程监测与测量

3.7.1 梁挠度监测

3.7.1.1 挠度监测仪器设备

应变式位移传感器的设计原理及结构采取了特殊的加工工艺等技术措施，使得该位移传感器具有输出灵敏度高，线性、零漂和满漂性能好等特点，从而可适用在较恶劣的环境下进行长期观察；电气线路通过特殊的处理，可使每支位移传感器输出信号进行规一化，满足了位移量值的直规或互换，达到了方便使用系统的目的；该传感器的结构设计采用独立的内导向转动系统，重复性能良好；传感器外壳与芯体相对独立，装配及维修十分方便，从而使传感器体积小、重量轻、安装使用方便；它与目前国内外同类应变式位移传感器相比，具有输出灵敏度高、输出信号可规一化的优点。挠度监测设备如图 3-19 所示。

技术参数：

（1）误差：0.3%FS。

（2）灵敏度：$S=130\sim150\mu_{\varepsilon}/\text{mm}$。

（3）规格：0~50mm。

（4）特点：高灵敏度、分辨率好、体积小、自重轻。

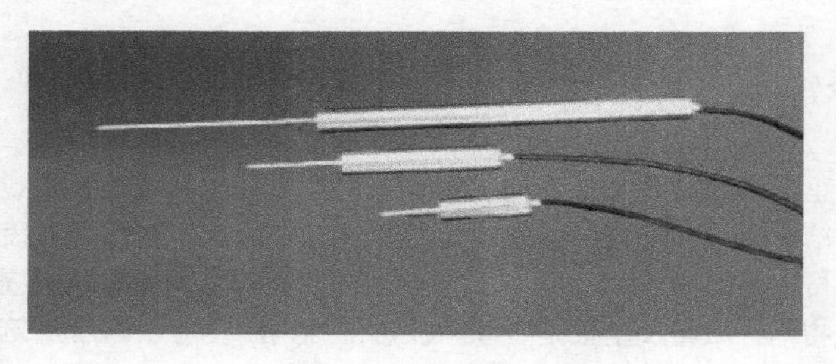

图 3-19 挠度监测设备

3.7.1.2 挠度监测测点布置及测量方法

A 测点布置

根据本工程的具体情况，在每层结构木主梁及木次梁跨中正下方共布设 25 个挠度监测点。

可以选择使用钢管支架从两侧墙上延伸至参考点附近，在相应位置安装传感器，调节重锤或连杆的长度，使传感器有一定的预压量。

根据传感器布点情况，如数量、点位距离及其他具体要求确定安装方式，择优选择使用效率（效果）最好且便于安装维护的方式。挠度测点布置图如图 3-20 和图 3-21 所示。

B 测量方法

（1）连接采集终端：将传感器连接至采集终端位移通道。

（2）打开采集终端电源，按下功能按钮，在液晶屏依次查看网络连接情况、电量等信息，确认工作状态正常。

图 3-20 挠度测点布置图

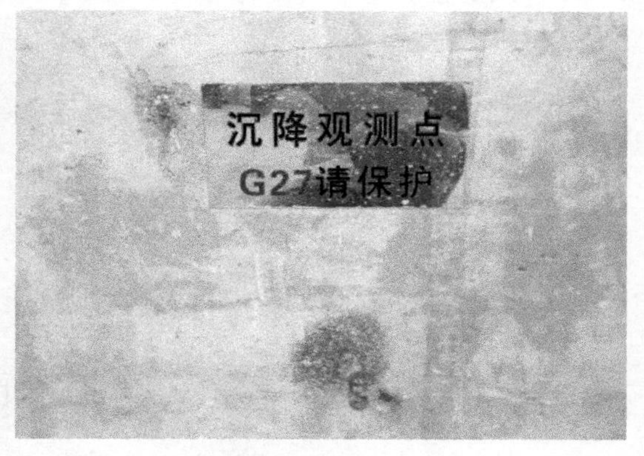

图 3-21 挠度监测点

（3）根据采集系统显示微应变读数换算出挠度变化值。

3.7.2 沉降观测（竖向位移）

3.7.2.1 沉降观测仪器设备

沉降观测仪器设备为数字水准仪+铟钢尺（仪器分辨率为 0.01mm）。

基准点应设在建筑物变形影响区域以外，且坚固稳定、防震、防压、免受施工影响。根据现场实际情况，布置浅埋式基准点 3 个。采用置入法布置在柱或墙体离地面 0.2m 高位置，布置不少于 24 点。

3.7.2.2 沉降观测方法及技术要求

为了保证观测成果的质量，确保数据的准确可靠，整个监测过程中严格按照有关规范规定执行。

（1）沉降观测工作要求：

1）使用固定的水准仪及铟瓦尺。

2）固定人员、固定观测路线。

3）每次观测使用同一水准基点，并联测其他两个基点作为检查。

4）为保证各时期各监测点同一精度，观测时前后视宜采用同一根标尺。

5）观测应在成像清晰、稳定时进行。

6）按规定日期，二等级水准测量方法进行施测。

（2）技术要求指标：

1）视距长度≤30m。

2）视线高度≥0.5m。

3）前后视距较差≤0.5m。

4）前后视距累计差≤1.5m。

5）基本分划、辅助分划读数较差≤0.3mm。

6）基本分划、辅助分划所测高差较差≤0.4mm。

7）附合或环线闭合差$\leqslant \pm 0.30\sqrt{N}$mm；$N$=测站数。

3.7.3　应变监测

3.7.3.1　应变监测仪器设备

应变监测仪器设备为表面应变传感器、灵敏度极高、稳定性好、使用方便、适用于长期监测（如图3-22所示）。

技术参数：

准确度误差：0.5%FS；

灵敏度：$S=10000\mu_\varepsilon/\text{mm}$；

规格：0~100mm；

特点：高灵敏度、分辨率好、体积小、自重轻。

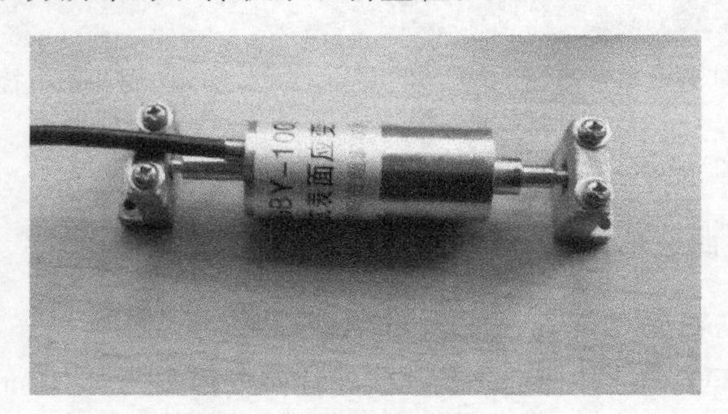

图3-22　应变传感器

3.7.3.2　应变监测测点布置及测量方法

A　测点布置

（1）将应变传感器置于被测结构上，确定安装位置。

（2）在被测结构表面安装位置两侧各打两个安装孔。

（3）孔内间隙用强力黏结胶填满。

（4）待胶固化后，安装传感器和参考挡板，用螺母拧紧。

B　测量方法

（1）连接采集终端：将传感器连接至采集终端通道。

（2）打开采集终端电源，按下功能按钮，在液晶屏依次查看网络连接情况、电量等信息，确认工作状态正常。

（3）根据采集系统显示微应变读数换算出应变值。

3.7.4　裂缝监测

3.7.4.1　裂缝监测仪器设备

由于木构件的开裂具有不确定性和大变形特性，因此一般的裂缝传感器并不适用。本次监测系统设计采用压电薄膜传感器对重要的木构件进行全范围的分布式裂缝监测。

由于压电薄膜的特性造成在纵向施加一个很小的力时，横向上会产生很大的应力，而如果对薄膜大面积施加同样的力时，产生的应力会小很多，因此，压电薄膜对动态应力非常敏感。28μm 厚的 PVDF 的灵敏度典型值为 10~15mV/微应变（长度的百万分率变化）。薄膜只感受到应力的变化量，最低响应频率可达 0.1Hz。如果将压电薄膜条形传感器包裹在木构件表面，就可以随时侦测到木构件的开裂位置和开裂情况。薄膜应变传感器如图 3-23所示。

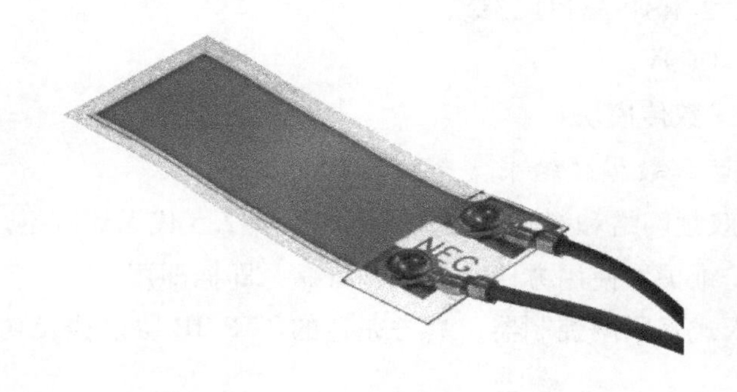

图 3-23　薄膜应变传感器

3.7.4.2　裂缝监测测量方法

（1）垂直裂缝方向安装裂缝监测传感器。

（2）连接传感器和集成采集系统，确认连接状态正常。

（3）进行初始读数。

3.7.5　倾斜监测

3.7.5.1　倾斜监测仪器设备

倾斜监测仪器设备：全站仪。

测距精度为（$3+2\times10^{-6}D$）mm，测角精度为 1″。

3.7.5.2　倾斜监测测量方法

建筑物主体倾斜观测，应测定建筑物顶部相对于底部水平位移与高差，分别计算整体或分层的倾斜度、倾斜方向以及倾斜速度。

3.7.6　数据监测系统集成

对监测的应变传感器、裂缝传感器进行自动化系统集成，本自动化监测系统通过成熟的 GPRS/GSM 网络，及灵活控制设备的采集制度进行远程控制。该方案中现场不需要额外部署采集前置机和通信线路，直接通过无线传输模块实现对现场设备数据的采集和控制，简单方便。

3.7.6.1　无线数传模块

无线数传模块是由无线数传终端和无线数传主机组成，依靠成熟的 GPRS/GSM 网络，在网络覆盖区域内可以快速组建数据通信，实现实时远程数据传输。FS-DTU 系列通信模块内置工业级 GSM 无线模块，支持 AT 指令集，采用通用标准串口对模块进行设置和调试，提供标准的 RS232/485 接口，其工作条件如下：

（1）环境温度：-25~70℃。

（2）湿度：0~90%，非冷凝。

（3）波特率：300~115200bps。

（4）接口：RS232/RS485/TTL232。

（5）标准电源：DC9V。

（6）FS-DTU 无线数传模块。

3.7.6.2　无线远程数据传输采集系统具备的特点

（1）支持 GSM 双频网络和 GPRS 数据通信网络等 2.5 代无线网络。

（2）易于安装、维护，使用方便、灵活、可靠，即插即用。

（3）强大的嵌入式互联网控制器，具备完整的 TCP/IP 协议栈及功能强大的透明传输保障机制。

（4）可实现点对点、点对多点多种方式的实时数据传输。

（5）不依赖于运营商交换中心的数据接口设备，直接通过互联网随时随地构建覆盖全国范围内的移动数据通信网络。

只要能够接入互联网，即可取得测试得到的数据；安全可靠。DTU 在应用之前首先要进行设置，通过软件设置好数据中心的 IP 和端口及其他参数，设置好之后串口和采集器串口对接，DTU 上电之后根据事先设置好的中心 IP 和端口进行连接，成功连接到中心软件后即可双向透明传输数据。用户可以通过任何能联网的电脑，登录服务器输入自己的用户名密码及时查看自己监测的信息。系统提供的图标显示更直观地显示了被监测的数据。

3.7.7　古建筑结构监测

古建筑结构建筑物建造、使用年代较久。当时建造时所使用的材料、建筑结构均没有明确的技术标准，因此在实际的鉴定、检测、建模时，需要根据实际情况对相关数据进行推定或折减。因古建筑结构维护与加固中，必须遵守不改变文物的原则。当采用现代材料和现代技术能更好地保存古建筑时，可在古建筑的维护与加固工程中予以使用，但应遵守以下规定：

（1）仅用于原结构或原用材料的修补、加固，不得用现代材料去替换原材料。

（2）先在小范围内使用，再逐步扩大其应用范围。应用时，除应有可靠的科学依据和完整的技术资料外，尚应有必要的操作规程及质量检查标准。

在古建筑结构检测中，对于砌块的检测，需将砌块在实验室中进行抗压试验，确定其抗压强度。因为古建筑中砌块年代较久，内部可能发生其他变化，而回弹法测定其强度，只能确定其表面的抗压强度。对于建筑的整体抗压强度难以进行有效的评定。对于古建筑中的其他检测方法详见“砌体结构检测”与“木结构检测”及“工程监测与测量”的相关内容。

3.8　结构振动测试

3.8.1　检测依据与评定标准

本次测振采用无线加速度传感器。无线加速度传感器节点使用简单方便，极大地节约了测试中由于反复布设有线数据采集设备而消耗的人力和物力，广泛应用于振动加速度数据采集和工业设备在线监测。系统节点结构紧凑、体积小巧，由电源模块、采集处理模块、无线收发模块组成，内置加速度传感器，封装在PPS塑料外壳内。其中无线收发模块的使用，使无线加速度器的通信距离大大增加，省去了接线的限值和麻烦，提供高了工作效率。其技术指标见无线加速度传感器技术指标表3-6。

表3-6　某型号无线加速度传感器技术指标

<table>
<tr><th colspan="2">某型号无线加速度传感器</th><th>技术指标</th></tr>
<tr><td rowspan="6">动态特性</td><td>量程范围</td><td>±2g，3g，6g，10g 软件可编程选择</td></tr>
<tr><td>通道数</td><td>X，Y，Z 三轴</td></tr>
<tr><td>频率响应（-3dB）</td><td>X，Y 轴 300Hz；Z 轴 150Hz</td></tr>
<tr><td>宽带分辨率（0.1Hz~1kHz）</td><td>350μg/Hz</td></tr>
<tr><td>测量精度</td><td>6mg</td></tr>
<tr><td>幅值线性度</td><td>±1%</td></tr>
<tr><td rowspan="5">采集</td><td>A/D 分辨率</td><td>12bit</td></tr>
<tr><td>最高采样频率</td><td>4kHz</td></tr>
<tr><td>触发方式</td><td>阈值触发（高于、低于），上升沿、下降沿阈值触发</td></tr>
<tr><td>同步精度</td><td>0.1ms</td></tr>
<tr><td>数据存储器容量</td><td>2M Flash</td></tr>
<tr><td rowspan="7">射频特性</td><td>数据包格式</td><td>IEEE802.15.4</td></tr>
<tr><td>无线射频频率</td><td>2.4G DSSS</td></tr>
<tr><td>支持网络拓扑结构</td><td>点对点，星型，线型，树型</td></tr>
<tr><td>通信距离</td><td>100m 可视距离</td></tr>
<tr><td>实时传输速率</td><td>数据实时传输到 PC；1 通道 4K SPS，
4 通道 1K SPS，8 通道 500 SPS</td></tr>
<tr><td>空中最大数据传输率</td><td>250K bps</td></tr>
<tr><td>天线</td><td>内置天线</td></tr>
</table>

续表 3-6

某型号无线加速度传感器		技术指标
环境	冲击极限	1000g
	工作温度范围	−20~+60℃
	零 g 温度漂移	±2mg/℃
	灵敏度温度漂移	±0.03%*FS*/℃
电气特性	电池	内部可充电锂电池
	工作电流	连续发射 30mA，存储到内部存储器 10mA，待机<150μA
	连续工作时间	大约 18h
	基站计算机接口	USB，以太网，GPRS/CDMA
机械尺寸	外壳	PPS 塑料
	充电接口	标准单孔插座（可选 USB 接口）
	安装螺纹	M4
	重量	85g（外壳重量 50g）
	尺寸（长×宽×高）	60mm×52mm×33mm
	软件	BeeData

3.8.2 评定标准

《机械工业环境保护设计规范》第 7.2 节规定，描述振动源和环境的振动强度（振动加速度级）见式（3-34）：

$$VAL = 20\lg \frac{a}{a_0} \tag{3-34}$$

式 VAL——振动加速度级；

a——实测或者计算的振动加速度有效值；

a_0——基准加速度，取10^{-6}（m/s^2）。

振动对建筑物影响的控制标准应符合振级容许值的规定。在一般地区可按一般地区对环境建筑物影响的振动容许值表 3-7 采用，在城市地区可按城市地区对环境建筑物影响的铅直向振级容许值表 3-8 采用。

表 3-7 一般地区对环境建筑物影响的振动容许值 (dB)

地点	时间	容许振级	
		铅直向	水平向
医院的手术室和要求严格的工作区	昼间	74	71
	夜间		
住宅区	昼间	80	77
	夜间	77	74

续表 3-7

地点	时间	容许振级	
		铅直向	水平向
办公室	昼间	86	83
	夜间		
车间	昼间	92	89
	夜间		

注：1. 表中值适用于连续振动、间歇振动和重复性冲击振动。

2. 测点应选在建筑物室内地面的振动敏感处。

表 3-8 城市地区对环境建筑物影响的铅直向振级容许值 (dB)

适应地带范围	昼间	夜间
特殊住宅区	65	65
居民、文教区	70	67
混合区、商业中心区	75	72
工业集中区	75	72
交通干线道路两侧	75	72
铁路干线两侧	80	80

注：1. 表中适应于连续发生的稳态振动、冲击振动和无规振动。

2. 每日发生几次的冲击振动，其最大值昼间不允许超过表中的 10dB，夜间不允许超过 3dB。

4　建筑结构鉴定验算方法

4.1　结构承载力计算原则

结构承载力计算是采用结构计算软件（或有限元计算软件）对结构进行动、静力分析及抗震承载力计算，确定结构构件及其节点及连接的安全裕度。结构的计算简图应根据结构的实际受力状态和结构的实际尺寸确定，构件的截面面积应采用实际有效截面面积，既应考虑结构的损伤、缺陷、锈蚀等不利影响。还应考虑荷载作用点及作用方向、构件的实际刚度及其在节点的固定程度，结合现场检查及检测结果以及在结构检查时查明的结构承载潜力，如果进行结构改造，还要综合考虑改造后的使用荷载，从而得出结构构件的现有实际安全裕度。

4.2　结构荷载作用及确定

4.2.1　荷载种类

（1）永久荷载：包括结构自重、土压力、预应力。

（2）可变荷载：包括楼面活荷载、屋面活荷载和积灰荷载、吊车荷载、风荷载、温度作用等。

（3）偶然荷载，包括爆炸力、撞击力、地震作用（包括抗震设防烈度、设计基本地震加速度值、场地类别）等。

4.2.2　荷载取值

4.2.2.1　永久荷载

结构自重的标准值可按结构构件的设计尺寸与材料单位体积的自重计算确定。一般材料和构件的单位自重可取其平均值，对于自重变异较大的材料和构件，自重的标准值应根据对结构的不利或有利状态，分别取上限值或下限值。固定隔墙的自重可按永久荷载考虑，位置可灵活布置的隔墙自重应按可变荷载考虑。

4.2.2.2　屋面和楼面活荷载

（1）楼面活荷载。民用建筑楼面均布活荷载的标准值及其组合值系数、频遇值系数和准永久值系数的取值不应小于表 4-1 的规定。

（2）设计楼面梁、墙、柱及基础时，根据表 4-2 中楼面活荷载标准值的折减系数取值不应小于下列规定。

表 4-1 民用建筑楼面均布活荷载标准值及其组合值、频遇值和准永久值系数

项次	类别			标准值 /kN·m^{-2}	组合值系数 ϕ_c	频遇值系数 ϕ_f	准永久值系数 ϕ_q
1	(1) 住宅、宿舍、旅馆、办公楼、医院病房、托儿所、幼儿园			2.0	0.7	0.5	0.4
	(2) 试验室、阅览室、会议室、医院门诊室			2.0	0.7	0.6	0.5
2	教室、食堂、餐厅、一般资料档案室			2.5	0.7	0.6	0.5
3	(1) 礼堂、剧场、影院、有固定座位的看台			3.0	0.7	0.5	0.3
	(2) 公共洗衣房			3.0	0.7	0.6	0.5
4	(1) 商店、展览厅、车站、港口、机场大厅及旅客等候室			3.5	0.7	0.6	0.5
	(2) 无固定座位的看台			3.5	0.7	0.5	0.3
5	(1) 健身房、演出舞台			4.0	0.7	0.6	0.5
	(2) 运动场、舞厅			4.0	0.7	0.6	0.3
6	(1) 书库、档案库、储藏室			5.0	0.9	0.9	0.8
	(2) 密集柜书库			12.0	0.9	0.9	0.8
7	通风机房、电梯机房			7.0	0.9	0.9	0.8
8	汽车通道及客车停车库	(1) 单向板楼盖（板跨不小于 2m）和双向板楼盖（板跨不小于 3m×3m）	客车	4.0	0.7	0.7	0.6
			消防车	35.0	0.7	0.5	0.0
		(2) 双向板楼盖（板跨不小于 6m×6m）和无梁楼盖（柱网不小于 6m×6m）	客车	2.5	0.7	0.7	0.6
			消防车	20.0	0.7	0.5	0.0
9	厨房	(1) 餐厅		4.0	0.7	0.7	0.7
		(2) 其他		2.0	0.7	0.6	0.5
10	浴室、卫生间、盥洗室			2.5	0.7	0.6	0.5
11	走廊、门厅	(1) 宿舍、旅馆、医院病房、托儿所、幼儿园、住宅		2.0	0.7	0.5	0.4
		(2) 办公楼、餐厅、医院门诊部		2.5	0.7	0.6	0.5
		(3) 教学楼及其他可能出现人员密集的情况		3.5	0.7	0.5	0.3
12	楼梯	(1) 多层住宅		2.0	0.7	0.5	0.4
		(2) 其他		3.5	0.7	0.5	0.3
13	阳台	(1) 可能出现人员密集的情况		3.5	0.7	0.6	0.5
		(2) 其他		2.5	0.7	0.6	0.5

注：1. 本表所给各项活荷载适用于一般使用条件，当使用荷载较大、情况特殊或有专门要求时，应按实际情况采用。

2. 第 6 项书库活荷载当书架高度大于 2m 时，书库活荷载尚应按每米书架高度不小于 2.5kN/m^2 确定。

3. 第 8 项中的客车活荷载仅适用于停放载人少于 9 人的客车；消防车活荷载适用于满载总重为 300kN 的大型车辆；当不符合本表的要求时，应将车轮的局部荷载按结构效应的等效原则，换算为等效均布荷载。

4. 第 8 项消防车活荷载，当双向板楼盖板跨介于 3m×3m～6m×6m 之间时，应按跨度线性插值确定。

5. 第 12 项楼梯活荷载，对预制楼梯踏步平板，尚应按 1.5kN 集中荷载验算。

6. 本表各项荷载不包括隔墙自重和二次装修荷载；对固定隔墙的自重应按永久荷载考虑，当隔墙位置可灵活自由布置时，非固定隔墙的自重应取不小于 1/3 的每延米长墙重（kN/m）作为楼面活荷载的附加值（kN/m^2）计入，且附加值不应小于 1.0kN/m^2。

1）设计楼面梁时：

① 第1（1）项当楼面梁从属面积超过25m^2时，应取0.9；

② 第1（2）~7项当楼面梁从属面积超过50m^2时，应取0.9；

③ 第8项对单向板楼盖的次梁和槽形板的纵肋应取0.8，对单向板楼盖的主梁应取0.6，对双向板楼盖的梁应取0.8；

④ 第9~13项应采用与所属房屋类别相同的折减系数。

2）设计墙、柱和基础时：

① 第1（1）项应按表4-2规定采用；

② 第1（2）~7项应采用与其楼面梁相同的折减系数；

③ 第8项的客车，对单向板楼盖应取0.5，对双向板楼盖和无梁楼盖应取0.8；

④ 第9~13项应采用与所属房屋类别相同的折减系数。

表4-2 活荷载按楼层的折减系数

墙、柱、基础计算截面以上的层数	1	2~3	4~5	6~8	9~20	>20
计算截面以上各楼层活荷载总和的折减系数	1.00 （0.90）	0.85	0.70	0.65	0.60	0.55

（3）屋面活荷载。房屋建筑的屋面，其水平投影面上的屋面均布活荷载的标准值及其组合值系数、频遇值系数和准永久值系数的取值，不应小于表4-3的规定。

表4-3 屋面均布活荷载标准值及组合值系数

项次	类别	标准值/kN·m^{-2}	组合值系数 ϕ_c	频遇值系数 ϕ_f	准永久值系数 ϕ_q
1	不上人的屋面	0.5	0.7	0.5	0.0
2	上人的屋面	2.0	0.7	0.5	0.4
3	屋顶花园	3.0	0.7	0.6	0.5
4	屋顶运动场地	3.0	0.7	0.6	0.4

注：1. 不上人的屋面，当施工或维修荷载较大时，应按实际情况采用；对不同类型的结构应按有关设计规范的规定采用，但不得低于0.3kN/m^2。

2. 当上人的屋面兼做其他用途时，应按相应楼面活荷载采用。

3. 对于因屋面排水不畅、堵塞等引起的积水荷载，应采取构造措施施加以防止；必要时应按积水的可能深度确定屋面活荷载。

4. 屋顶花园活荷载不应包括花圃土石等材料自重。

（4）工业建筑楼面活荷载。

1）工业建筑楼面在生产使用或安装检修时，由设备、管道、运输工具及可能拆移的隔墙产生的局部荷载，均应按实际情况考虑，可采用等效均布活荷载代替。对设备位置固定的情况，可直接按固定位置对结构进行计算，但应考虑因设备安装和维修过程中的位置变化可能出现的最不利效应。工业建筑楼面堆放原料或成品较多、较重的区域，应按实际情况考虑；一般的堆放情况可按均布活荷载或等效均布活荷载考虑。

2）工业建筑楼面（包括工作平台）上无设备区域的操作荷载，包括操作人员、一般工具、零星原料和成品的自重，可按均布活荷载2.0kN/m^2考虑。在设备所占区域内可不考虑操作荷载和堆料荷载。生产车间的楼梯活荷载，可按实际情况采用，但不宜小于

3.5kN/m^2。生产车间的参观走廊活荷载，可采用3.5kN/m^2。

3）工业建筑楼面活荷载的组合值系数、频遇值系数和准永久值系数除标准《建筑结构荷载规范》（GB 50009附录D）中给出的以外，应按实际情况采用；但在任何情况下，组合值和频遇值系数不应小于0.7，准永久值系数不应小于0.6。

（5）屋面积灰荷载。

1）设计生产中有大量排灰的厂房及其邻近建筑时，对于具有一定除尘设施和保证清灰制度的机械、冶金、水泥等的厂房屋面，其水平投影面上的屋面积灰荷载标准值及其组合值系数、频遇值系数和准永久值系数，应分别按表4-4和表4-5采用。

表4-4　屋面积灰荷载标准值及其组合值系数、频遇值系数和准永久值系数

项次	类别	标准值			组合值系数 ϕ_c	频遇值系数 ϕ_f	准永久值系数 ϕ_q
		屋面无挡风板	屋面有挡风板				
			挡风板内	挡风板外			
1	机械厂铸造车间（冲天炉）	0.50	0.75	0.30	0.9	0.9	0.8
2	炼钢车间（氧气转炉）	—	0.75	0.30	0.9	0.9	0.8
3	锰、铬铁合金车间	0.75	1.00	0.30			
4	硅、钨铁合金车间	0.30	0.50	0.30			
5	烧结室、一次混合室	0.50	1.00	0.20			
6	烧结厂通廊及其他车间	0.30	—	—			
7	水泥厂灰源车间（窑房、磨房、联合贮存、烘干房、破碎房）	1.00	—	—			
8	水泥厂无灰源车间（空气压缩机站、机修间、材料款、配电站）	0.50	—	—			

注：1. 表中的积灰均布荷载，仅应用于屋面坡度不大于25°；当大于45°时可不考虑积灰荷载；当在25°~45°范围内时，可按插值法取值。

2. 清灰设施的荷载另行考虑。

3. 对1~4项的积灰荷载，仅应用于距烟囱中心20m半径范围内的屋面；当邻近建筑在该范围内时，其积灰荷载对第1、3、4项应按车间屋面无挡风板采用，对第2项应按车间屋面挡风板外的采用。

表4-5　高炉邻近建筑的屋面积灰荷载标准值及其组合值系数、频遇值系数和准永久值系数

高炉容积/m^3	标准值/kN·m^{-2}			组合值系数 ϕ_c	频遇值系数 ϕ_f	准永久值系数 ϕ_q
	屋面离高炉距离/m					
	≤50	100	200			
<	0.50	—	—	1.0	1.0	1.0
255~620	0.75	0.30	—			
>620	1.00	0.50	0.30			

注：1. 表4-4中的注1和注2也适用本表。

2. 当邻近建筑屋面离高炉距离为表内中间值时，可按插入法取值。

2）对于屋面上易形成灰堆处，当设计屋面板、檩条时，积灰荷载标准值宜乘以下列规定的增大系数：

① 在高低跨处两倍于屋面高差但不大于6.0m的分布宽度内取2.0；

② 在天沟处不大于3.0m的分布宽度内取1.4。

3）积灰荷载应与雪荷载或不上人的屋面均布活荷载两者中的较大值同时考虑。

（6）施工和检修荷载及栏杆荷载。

1）施工和检修荷载应按下列规定采用：

① 设计屋面板、檩条、钢筋混凝土挑檐、悬挑雨篷和预制小梁时，施工或检修集中荷载标准值不应小于 1.0kN，并应在最不利位置处进行验算；

② 对于轻型构件或较宽的构件，应按实际情况验算，或应加垫板、支撑等临时设施；

③ 计算挑檐、悬挑雨篷的承载力时，应沿板宽每隔 1.0m 取一个集中荷载；在验算挑檐、悬挑雨篷的倾覆时，应沿板宽每隔 2.5~3.0m 取一个集中荷载。

2）楼梯、看台、阳台和上人屋面等的栏杆活荷载标准值，不应小于下列规定：

① 住宅、宿舍、办公楼、旅馆、医院、托儿所、幼儿园，栏杆顶部的水平荷载应取 1.0kN/m；

② 学校、食堂、剧场、电影院、车站、礼堂、展览馆或体育场，栏杆顶部的水平荷载应取 1.0kN/m，竖向荷载应取 1.2kN/m，水平荷载与竖向荷载应分别考虑；

3）施工荷载、检修荷载及栏杆荷载的组合值系数应取 0.7，频遇值系数应取 0.5，准永久值系数应取 0。

（7）动力系数。

1）建筑结构设计的动力计算，在有充分依据时，可将重物或设备的自重乘以动力系数后，按静力计算方法设计；

2）搬运和装卸重物以及车辆启动和刹车的动力系数，可采用 1.1~1.3；其动力荷载只传至楼板和梁；

3）直升机在屋面上的荷载，也应乘以动力系数，对具有液压轮胎起落架的直升机可取 1.4，其动力荷载只传至楼板和梁。

4.2.2.3 地震作用

调查建筑物所在地区的抗震设防烈度，并检查是否有特殊要求，调查设计基本地震加速度值。

4.3 荷载效应组合

当整个结构或结构的一部分超过某一特定状态，而不能满足设计规定的某一功能要求时，则称此特定状态为结构对该功能的极限状态。设计中的极限状态往往以结构的某种荷载效应，如内力、应力、变形、裂缝等超过相应规定的标志为依据。根据设计中要求考虑的结构功能，结构的极限状态在总体上可分为两大类，即承载能力极限状态和正常使用极限状态。对承载能力极限状态，一般是以结构的内力超过其承载能力为依据；对正常使用极限状态，一般是以结构的变形、裂缝、振动参数超过设计允许的限值为依据。在当前的设计中，有时也通过结构应力的控制来保证结构满足正常使用的要求，例如地基承载应力的控制。

对所考虑的极限状态，在确定其荷载效应时，应对所有可能同时出现的诸荷载作用加以组合，求得组合后在结构中的总效应。考虑荷载出现的变化性质，包括出现与否和不同的作用方向，这种组合可以多种多样，因此还必须在所有可能组合中，取其中最不利的一组作为该极限状态的依据。

荷载基本组合公式为：

$$S_{\mathrm{d}} = \sum_{j=1}^{m} \gamma_{G_j} S_{G_jK} + \gamma_{Q_1}\gamma_{L_1} S_{Q_1K} + \sum_{i=2}^{n} \gamma_{Q_i}\gamma_{L_i}\psi_{C_i} S_{Q_iK} \tag{4-1}$$

式中　G_j——第 j 个永久荷载的分项系数；

Q_i——第 i 个可变荷载的分项系数；

L_i——第 i 个可变荷载考虑设计使用年限的调整系数；

S_{G_jK}——第 j 个永久荷载标准值 G_jK 计算的荷载效应值；

S_{Q_iK}——第 i 个可变荷载标准值 Q_iK 计算的荷载效应值；

C_i——第 i 个可变荷载 Q_i 的组合值系数；

m——参与组合的永久荷载数；

n——参与组合的可变荷载数。

进行承载力验算时，分项系数分别取为 $G=1.2$，$Q_i=1.4$。

考虑地震作用时结构构件的地震作用效应和其他荷载效应的基本组合，荷载效应的基本组合式为：

$$S = \gamma_G S_{GE} + \gamma_{E_h} S_{E_hK} + \gamma_{E_v} S_{E_vK} + \psi_w \gamma_w S_{wK} \tag{4-2}$$

式中　G——重力荷载分项系数；

E_h，E_v——分别为水平和竖向地震作用分项系数；

γ_w——风荷载分项系数；

S_{wK}——风荷载标准值得效应；

S_{GE}——重力荷载代表值；

S_{E_hK}——水平地震作用的标准值；

S_{E_vK}——竖向地震作用的标准值；

ψ_w——风荷载组合值系数，一般结构去 0.0，风荷载起控制作用的建筑应采用 0.2。

计算未考虑竖向地震的作用，分项系数分别取值为：$G=1.2$，$E_h=1.3$。风荷载的组合值系数、频遇值系数和准永久值系数可分别取 0.6、0.4 和 0.0。

4.4　常见结构形式的计算模型

4.4.1　混凝土框架-剪力墙结构计算模型

混凝土框架-剪力墙结构采用空间整体建模进行三维有限元计算分析，简化后的整体模型如图 4-1 所示，计算结果如图 4-2 所示。

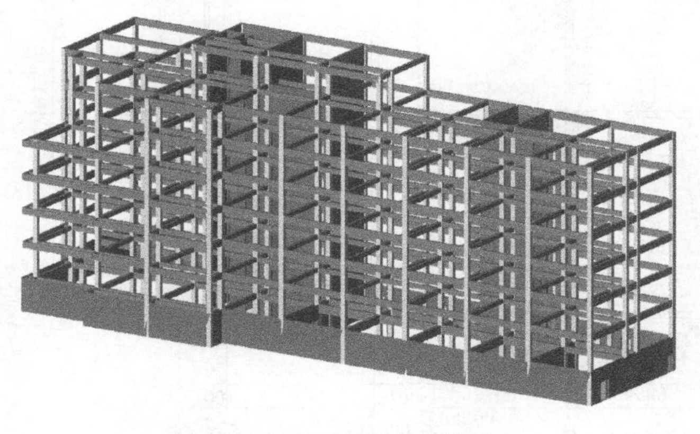

图 4-1　框架结构整体计算模型

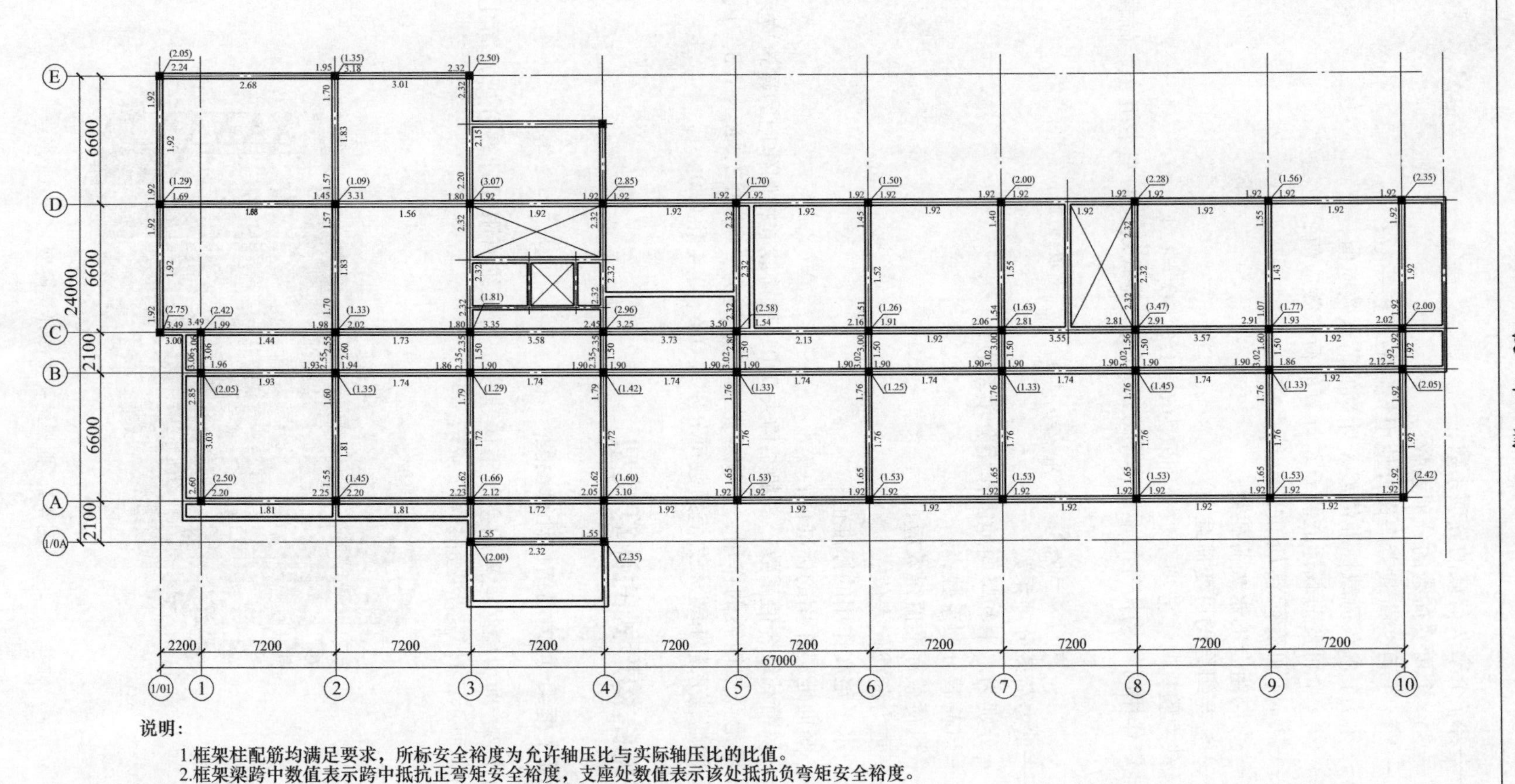

说明：

1.框架柱配筋均满足要求，所标安全裕度为允许轴压比与实际轴压比的比值。

2.框架梁跨中数值表示跨中抵抗正弯矩安全裕度，支座处数值表示该处抵抗负弯矩安全裕度。

图 4-2 部分柱、梁安全裕度计算结果

4.4.2 砖混结构计算模型

砖混结构采用空间整体建模进行三维有限元计算分析，简化后的整体模型如图 4-3 所示。首层计算结果如图 4-4 所示。

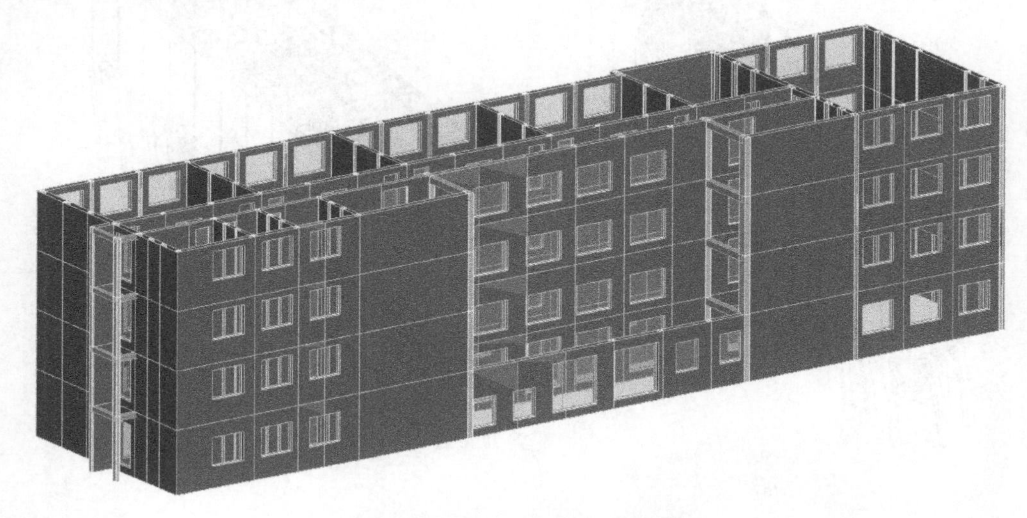

图 4-3 砖混结构整体计算模型

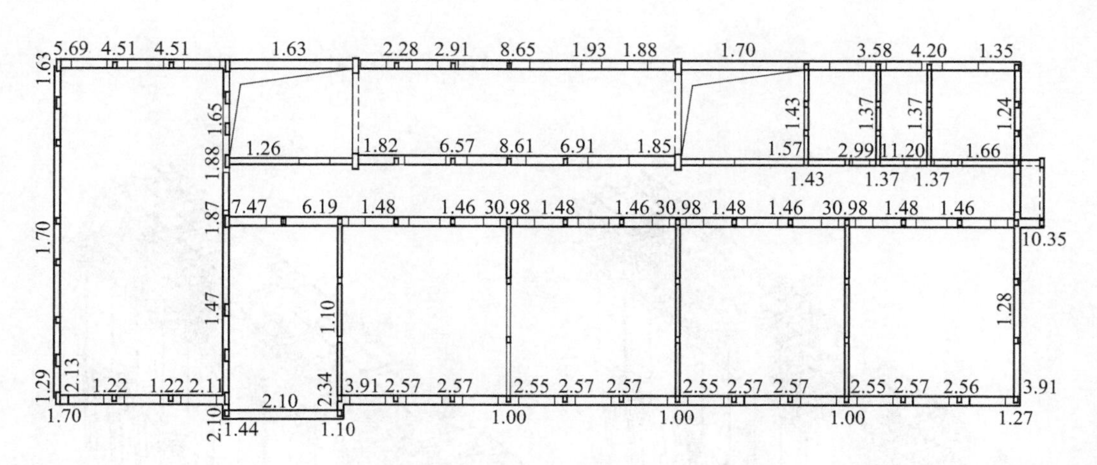

图 4-4 首层计算结果

4.4.3 工业构筑物振动计算模型

采用结构计算软件 PKPM，建立工业构筑物转运站筒仓结构三维计算模型，图 4-5 所示为结构振型图。

4.4.4 工业厂房计算模型

钢结构厂房采用结构计算软件对其进行建模计算，图 4-6 所示为某厂房的计算模型简图及中间跨计算结果。

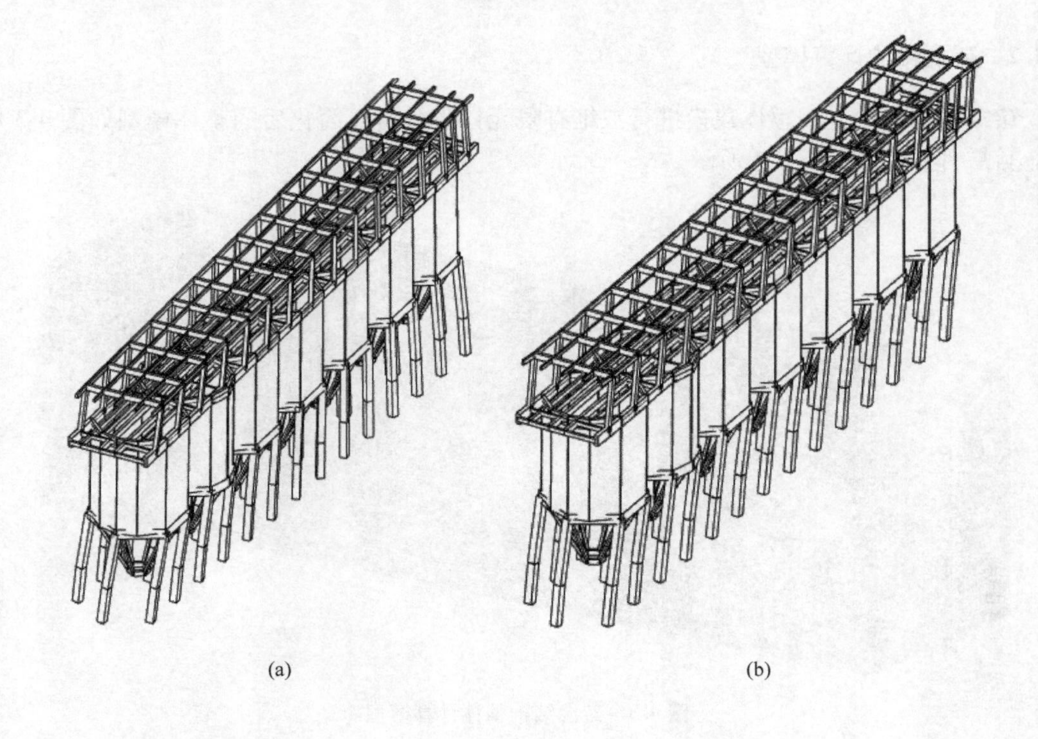

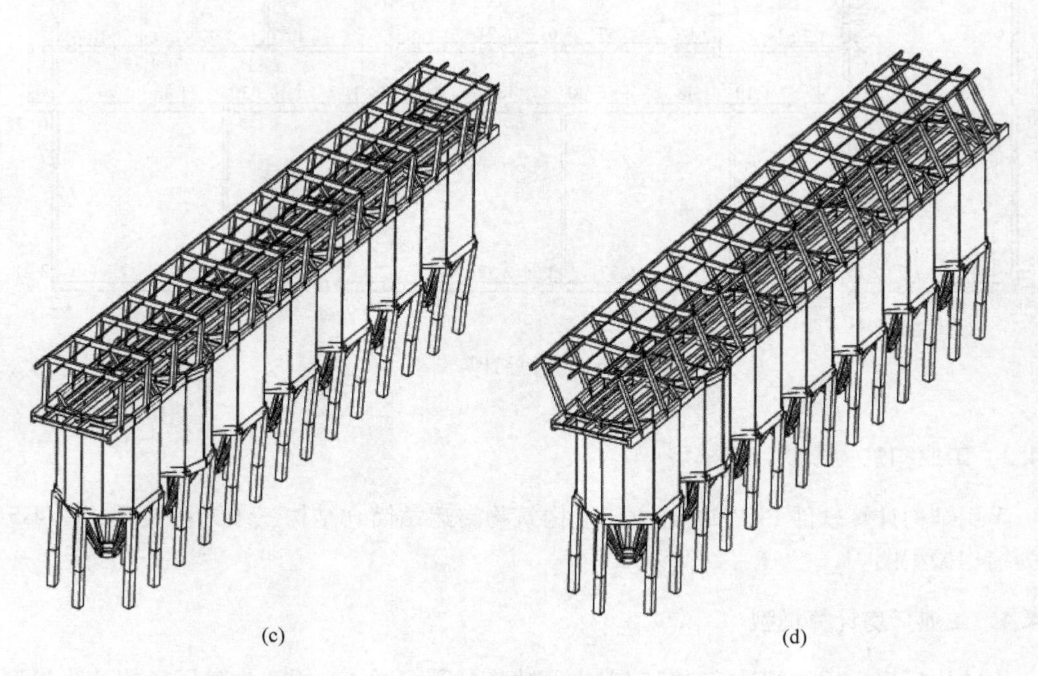

图 4-5　结构振型

（a）第一振型；（b）第二振型；（c）第三振型；（d）第四振型

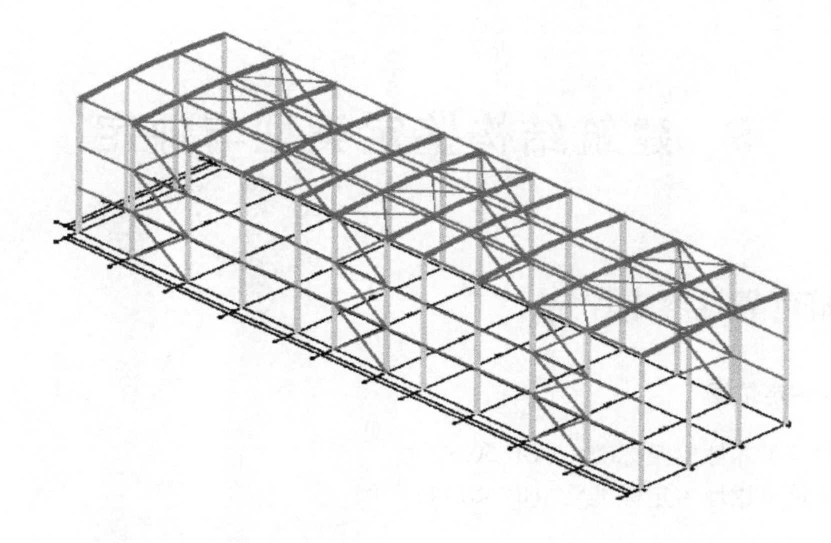

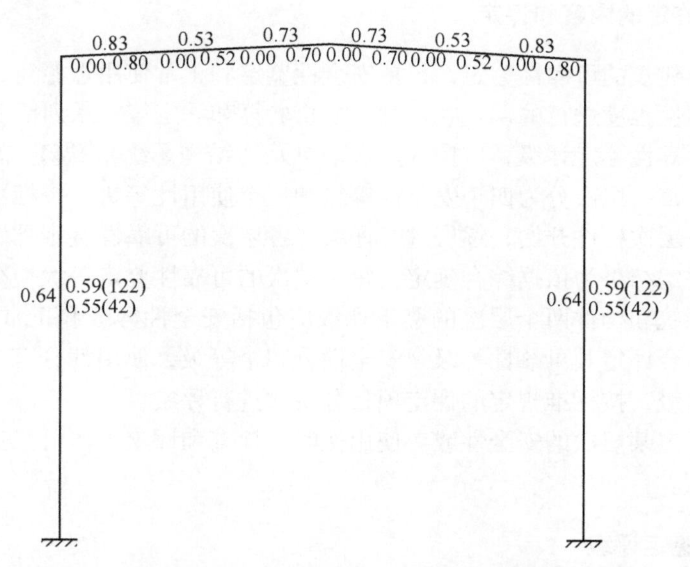

图 4-6 单层门式刚架结构厂房三维计算模型及计算结果

钢结构应力比图说明：
柱左：作用弯矩与考虑屈曲后强度抗弯承载力比值；
右上：平面内稳定应力比（对应长细比）；
右下：平面外稳定应力比（对应长细比）；
梁上：作用弯矩与考虑屈曲后强度抗弯承载力比值；
左下：平面内稳定应力比；
右下：平面外稳定应力比；
中间不带支撑跨计算结果。

5 建筑结构鉴定类型与评定

5.1 建筑可靠性鉴定评定

5.1.1 鉴定评定依据

《民用建筑可靠性鉴定标准》(GB 50292)。
《工业建筑可靠性鉴定标准》(GB 50144)。

5.1.2 可靠性鉴定的内容和评定

民用和工业建筑的可靠性鉴定，包括安全性鉴定和正常使用性鉴定，是为判定建筑物今后使用的可靠性程度进行的调查、检测、分析验算和评定等一系列活动。

建筑物的可靠性鉴定评级，应按构件、子单元（结构系统）、鉴定单元各分三个层次。对于民用建筑，每一层次分为四个安全性等级和三个使用性等级，按标准规定的检查项目和步骤，从第一层次构件开始，逐层进行评级。各层次的可靠性鉴定评级，应以该层次安全性和使用性评定结果为依据综合确定，每一层次的可靠性鉴定等级应分为四级。对于工业建筑，结构系统和构件两个层次的鉴定评级应包括安全性等级和正常使用性等级评定，需要时可由此综合评定其可靠性等级。安全性分四个等级，使用性分三个等级，各层次的可靠性分四个等级，按标准规定的评定项目分层次进行评定。

当仅要求鉴定某层次的安全性或者使用性时，检查和评定工作可只进行到该层次相应程序规定的步骤。

5.1.3 安全性鉴定评级

5.1.3.1 民用建筑安全性鉴定评级

民用建筑的安全性鉴定评级按构件、子单元和鉴定单元划分为 3 个层次。

A 构件安全性鉴定评级

单个构件安全性的鉴定评级，分为 a_u、b_u、c_u、d_u 四个等级。按构件不同种类，可按如下规定执行。

（1）混凝土结构构件。混凝土结构构件的安全性鉴定应按承载能力、构造、不适于承载的位移或变形、裂缝或其他损伤 4 个检查项目分别评定每一受检构件的等级，并取其中最低一级作为该构件安全性等级。

（2）钢结构构件。钢结构构件的安全性鉴定，应按承载能力、构造以及不适于承载的位移或变形等 3 个检查项目分别评定每一受检构件等级；钢结构节点、连接域的安全性鉴定，应按承载能力和构造 2 个检查项目，分别评定每一节点、连接域等级；对冷弯薄壁型钢结构、轻钢结构、钢桩以及地处有腐蚀性介质的工业区，或高湿、临海地区的钢结构，尚应以不适于承载的锈蚀作为检查项目评定其等级；然后取其中最低一级作为该构件的安全性等级。

（3）砌体结构构件。砌体结构构件的安全性鉴定，应按承载能力、构造、不适于承载的位移和裂缝或其他损伤等4个检查项目分别评定每一受检构件等级，并应取其中最低一级作为该构件的安全性等级。

（4）木结构构件。木结构构件的安全性鉴定，应按承载能力、构造、不适于承载的位移或变形、裂缝以及危险性的腐朽和虫蛀等6个检查项目分别评定每一受检构件等级，并应取其中最低一级作为该构件的安全性等级。

B 子单元安全性鉴定评级

民用建筑安全性的第二层次子单元鉴定评级，应按地基基础、上部承重结构和围护结构的承重部分划分为3个子单元，分为A_u、B_u、C_u、D_u四个等级。当不要求评定围护系统可靠性时，可不将围护结构承重部分列为子单元，将其安全性鉴定并入上部承重结构中。

当仅要求对某个子单元的安全性进行鉴定时，该子单元与其他相邻子单元之间的交叉部位也应进行检查，并应在鉴定报告中提出处理意见。

（1）地基基础。地基基础子单元的安全性鉴定评级，应根据地基变形或地基承载力的评定结果进行确定。对建在斜坡场地的建筑物，还应按边坡场地稳定性的评定结果进行确定。地基基础子单元的安全性等级应按地基基础和场地的评定结果中最低一级确定。

（2）上部承重结构。上部承重结构子单元的安全性鉴定评级，应根据其结构承载功能等级、结构整体性等级以及结构侧向位移等级的评定结果进行确定。一般情况下，应按上部结构承载功能和结构侧向位移或倾斜的评级结果，取其中较低一级作为上部承重结构（子单元）的安全性等级。

（3）围护系统的承重部分。围护系统承重部分的安全性，应在该系统专设的和参与该系统工作的各种承重构件的安全性评级的基础上，根据该部分结构承载功能等级和结构整体性等级的评定结果进行确定。

C 鉴定单元安全性鉴定评级

民用建筑第三层次鉴定单元的安全性等级，有A_{su}、B_{su}、C_{su}、D_{su}四个等级。应根据子单元安全性鉴定评定结果，按下列规定评级：（1）一般情况下，应根据地基基础和上部承重结构的评定结果按其中较低等级确定。（2）当鉴定单元的安全性等级按上款评为A_u级或B_u级但围护系统承重部分的等级为C_u级或D_u级时，可根据实际情况将鉴定单元所评等级降低一级或二级，但最后所定的等级不得低于C_{su}级。但当建筑物处于有危房的建筑群中，且直接受到其威胁，或者建筑物朝一方向倾斜，且速度开始变快时，可以直接将鉴定单元评为D_{su}级。

5.1.3.2 工业建筑安全性鉴定评级

A 构件安全性鉴定评级

工业建筑第一层次构件的安全性等级，分为a、b、c、d四个等级。

（1）混凝土构件。混凝土构件的安全性等级应按承载能力、构造和连接两个项目评定，并取其中较低等级作为构件的安全性等级。混凝土构件的构造和连接项目包括构造、预埋件、连接节点的焊缝或螺栓等，应根据其对构件安全使用的影响评定等级，并将其中较低等级作为构造和连接项目的评定等级。

（2）钢构件。钢构件的安全性等级应按承载能力（包括构造和连接）项目评定，并取其中最低等级作为构件的安全性等级。钢构件的承载能力项目在确定构件抗力时，应考虑实际的材料性能和结构构造，以及缺陷损伤、腐蚀、过大变形和偏差对评级的影响。

（3）砌体构件。砌体构件的安全性等级应按承载能力、构造和连接两个项目评定，并取其中的较低等级作为构件的安全性等级。当砌体构件出现受压、受弯、受剪、受拉等受力裂缝时或构件受到较大面积腐蚀并使截面严重削弱时应考虑其对承载能力的影响。砌体构件构造与连接项目的等级应根据墙、柱的高厚比，墙、柱、梁的连接构造，砌筑方式等涉及构件安全性的因素进行评定。

B 结构系统安全性鉴定评级

工业建筑鉴定的第二层次结构系统的安全性鉴定评级，应按地基基础、上部承重结构和围护结构的承重部分划分为三个结构系统，分为 A、B、C、D 四个鉴定等级。

（1）地基基础。地基基础的安全性等级评定应遵循下列原则：1）宜根据地基变形观测资料和建、构筑物现状进行评定。必要时，可按地基基础的承载力进行评定。2）建在斜坡场地上的工业建筑，应对边坡场地的稳定性进行检测评定。3）对有大面积地面荷载或软弱地基上的工业建筑，应评价地面荷载、相邻建筑以及循环工作荷载引起的附加沉降或桩基侧移对工业建筑安全使用的影响。地基基础的安全性等级，按地基基础和场地的评定结果按最低等级确定。

（2）上部承重结构。上部承重结构的安全性等级，应按结构整体性和承载功能两个项目评定，并取其中较低的评定等级作为上部承重结构的安全性等级，必要时应考虑过大水平位移或明显振动对该结构系统或其中部分结构安全性的影响。

（3）围护结构系统。围护结构系统的安全性等级，应按承重围护结构的承载功能和非承重围护结构的构造连接两个项目进行评定，并取两个项目中较低的评定等级作为该围护结构系统的安全性等级。

5.1.4 使用性鉴定评级

5.1.4.1 民用建筑使用性鉴定评级

A 构件使用性鉴定评级

单个构件使用性的鉴定评级，分为 a_s、b_s、c_s三个等级。按构件不同种类，可按如下规定执行。

（1）混凝土结构构件。混凝土结构构件的使用性鉴定，应按位移或变形、裂缝、缺陷和损伤等 4 个检查项目分别评定每一受检构件的等级，并取其中最低一级作为该构件使用性等级。凝土结构构件炭化深度的测定结果，主要用于鉴定分析，不参与评级。但当构件主筋已处于碳化区内时，应在鉴定报告中指出，并应结合其他项目的检测结果提出处理的建议。

（2）钢结构构件。钢结构构件的使用性鉴定，应按位移或变形、缺陷和锈蚀或腐蚀等

3个检查项目分别评定每一受检构件等级，并以其中最低一级作为该构件的使用性等级；对钢结构受拉构件，除应按以上3个检查项目评级外，尚应以长细比作为检查项目参与上述评级。

（3）砌体结构构件。砌体结构构件的使用性鉴定，应按位移、非受力裂缝、腐蚀等3个检查项目分别评定每一受检构件等级，并取其中最低一级作为该构件的安全性等级。

（4）木结构构件。木结构构件的使用性鉴定，应按位移、干缩裂缝和初期腐朽等3个检查项目的检测结果分别评定每一受检构件等级，并取其中最低一级作为该构件的安全性等级。

B 子单元使用性鉴定评级

民用建筑使用性的第二层次子单元鉴定评级，应按地基基础、上部承重结构和围护系统划分为3个子单元，分为A_s、B_s、C_s三个等级。当仅要求对某个子单元的使用性进行鉴定时，该子单元与其他相邻子单元之间的交叉部位，也应进行检查。当发现存在使用性问题时，应在鉴定报告中提出处理意见。

（1）地基基础。地基基础的使用性，可根据其上部承重结构或围护系统的工作状态进行评定。当上部承重结构和围护系统的使用性检查未发现问题，或所发现问题与地基基础无关时，可根据实际情况定为A_s级或B_s级。上部承重结构和围护系统发现的问题与地基基础有关时，可根据上部承重结构和围护系统所评的等级，取其中较低一级作为地基基础使用性等级。

（2）上部承重结构。上部承重结构子单元的使用性鉴定评级，应根据其所含各种构件集的使用性等级和结构的侧向位移等级进行评定，并应取上部结构使用功能和结构侧移所评等级中较低等级作为其使用性等级。当建筑物的使用要求对振动有限制时，还应评估振动的影响。

（3）围护系统。围护系统（子单元）的使用性鉴定评级，应根据该系统的使用功能及其承重部分的使用性等级进行评定；并应根据其使用功能和承重部分使用性的评定结果，按较低的等级确定。对围护系统使用功能有特殊要求的建筑物，除应按本标准鉴定评级外，尚应按国家现行标准进行评定。当评定结果合格时，可维持按本标准所评等级不变；当不合格时，应将按本标准所评的等级降为C_s级。

C 鉴定单元使用性鉴定评级

民用建筑鉴定单元的使用性鉴定评级，有A_{ss}、B_{ss}、C_{ss}三个等级，应根据地基基础、上部承重结构和围护系统的使用性等级，以及与整幢建筑有关的其他使用功能问题进行评定。一般情况下，按3个子单元使用性评定等级中最低等级确定。当鉴定单元的使用性等级根据子单元评级评为A_{ss}级或B_{ss}级，但当遇到房屋内外装修已大部分老化或残损，或者房屋管道、设备已需全部更新的情况时，宜将所评等级降为C_{ss}级。

5.1.4.2 工业建筑使用性鉴定评级

A 构件使用性鉴定评级

工业建筑第一层次构件的使用性等级分为a、b、c三个等级。

（1）混凝土构件。混凝土构件的使用性等级应按裂缝、变形、缺陷和损伤、腐蚀4个项目评定，并取其中的最低等级作为构件的使用性等级。

（2）钢构件。钢构件的使用性等级应按变形、偏差、一般构造和腐蚀等项目进行评定，并取其中最低等级作为构件的使用性等级。

（3）砌体构件。砌体构件的使用性等级应按裂缝、缺陷和损伤、腐蚀3个项目评定，并取其中的最低等级作为构件的使用性等级。

B 结构系统使用性鉴定评级

工业建筑鉴定的第二层次结构系统的使用性鉴定评级，应按地基基础、上部承重结构和围护结构的承重部分划分为3个结构系统，分为A、B、C三个鉴定等级。

（1）地基基础。地基基础的使用性等级宜根据上部承重结构和围护结构使用状况评定，按下列规定评定等级：A级，上部承重结构和围护结构的使用状况良好，或所出现的问题与地基基础无关。B级，上部承重结构或围护结构的使用状况基本正常，结构或连接因地基基础变形有个别损伤。C级。上部承重结构和围护结构的使用状况不完全正常，结构或连接因地基变形有局部或大面积损伤。

（2）上部承重结构。上部承重结构的使用性等级应按上部承重结构使用状况和结构水平位移两个项目评定，并取其中较低的评定等级作为上部承重结构的使用性等级，必要时尚应考虑振动对该结构系统或其中部分结构正常使用性的影响。

（3）围护结构系统。围护结构系统的使用性等级，应根据承重围护结构的使用状况、围护系统的使用功能两个项目评定，并取两个项目中较低评定等级作为该围护结构系统的使用性等级。

5.1.5 可靠性鉴定评级

5.1.5.1 民用建筑可靠性鉴定评级

民用建筑的可靠性鉴定，应按构件、子单元、鉴定单元3个层次，以其安全性和使用性的鉴定结果为依据逐层进行。当不要求给出可靠性等级时，民用建筑各层次的可靠性，宜采取直接列出其安全性等级和使用性等级的形式予以表示；当需要给出民用建筑各层次的可靠性等级时，应根据其安全性和正常使用性的评定结果，按下列规定确定。每一层次的可靠性等级应分为四级：

（1）当该层次安全性等级低于B_u级或B_{su}级时，应按安全性等级确定。

（2）除上款情形外，可按安全性等级和正常使用性等级中较低的一个等级确定。

（3）当考虑鉴定对象的重要性或特殊性时，可对第2款的评定结果作不大于一级的调整。

5.1.5.2 工业建筑可靠性鉴定评级

工业建筑物的可靠性鉴定评级，应划分为构件、结构系统、鉴定单元3个层次。各层次的可靠性分4个等级。其中结构系统和构件2个层次的鉴定评级包括安全性等级和使用性等级评定，并可由此综合评定其可靠性等级。

当评定单个构件的可靠性等级时，应按下列原则确定：

（1）当构件的使用性等级为c级、安全性等级不低于b级时，宜定为c级；其他情况，应按安全性等级确定。

（2）位于生产工艺流程关键部位的构件，可按安全性等级和使用性等级中的较低等级确定或调整。

当评定结构系统的可靠性等级时，按下列原则确定：

（1）当系统的使用性等级为C级、安全性等级不低于B级时，宜定为C级；其他情况，应按安全性等级确定。

（2）位于生产工艺流程重要区域的结构系统，可按安全性等级和使用性等级中的较低等级确定或调整。

鉴定单元的可靠性等级分为一、二、三、四级，应根据其地基基础、上部承重结构和围护结构系统的可靠性等级评定结果，以地基基础、上部承重结构为主，按下列原则确定：

（1）当围护结构系统与地基基础和上部承重结构的等级相差不大于一级时，可按地基基础和上部承重结构中的较低等级作为该鉴定单元的可靠性等级。

（2）当围护结构系统比地基基础和上部承重结构中的较低等级低二级时，可按地基基础和上部承重结构中的较低等级降一级作为该鉴定单元的可靠性等级。

（3）当围护结构系统比地基基础和上部承重结构中的较低等级低三级时，可根据第2款的原则和实际情况，按地基基础和上部承重结构中的较低等级降一级或降二级作为该鉴定单元的可靠性等级。

5.2 建筑抗震鉴定评定

5.2.1 鉴定评定依据

《建筑抗震鉴定标准》（GB 50023）。

5.2.2 抗震性鉴定的内容和评定

抗震鉴定是通过检查现有建筑的设计、施工质量和现状，按规定的抗震设防要求，对其在地震作用下的安全性进行评估。抗震鉴定分为两级。第一级鉴定（抗震措施鉴定）应以宏观控制和构造鉴定为主进行综合评价，包括结构布置、材料强度、结构整体性、局部构造措施方面的鉴定。第二级鉴定（综合抗震能力鉴定）应以抗震验算为主结合构造影响进行综合评价，通过引入整体影响系数和局部影响系数以考虑构造影响，进行结构抗震验算，进而评定结构的综合抗震能力。

现有建筑根据择定的后续使用年限，分别按两级鉴定流程进行抗震鉴定：

（1）对于后续使用年限30年的A类建筑，首先进行第一级鉴定，如果第一级鉴定符合要求，则评定为满足抗震鉴定要求，无需进入第二级鉴定；如果第一级鉴定不符合要求，则需要进入第二级鉴定，进而评定是否满足抗震鉴定要求。

（2）对于后续使用年限40年的B类建筑，首先进行第一级鉴定，然后进行第二级鉴定，最后根据第二级鉴定结果评定是否满足抗震要求。

（3）对于后续使用年限50年的C类建筑，应完全按照现行《建筑抗震设计规范》的各项要求进行抗震鉴定，包括抗震措施鉴定和抗震承载力鉴定。

对房屋建筑进行抗震鉴定时，在对上部建筑结构进行抗震鉴定的同时，还应对建筑所在场地、地基和基础进行抗震鉴定。按建筑结构类型划分，现行的《建筑抗震鉴定标准》（GB 50023）给出了多层砌体房屋、多层及高层钢筋混凝土结构房屋、内框架和底层框架砖房、单层钢筋混凝土厂房、单层砖柱厂房、木结构和土石墙房屋等多类房屋建筑的鉴定技术要求，限于篇幅，仅对几大类房屋的鉴定技术进行阐述和说明，其中包括建筑所在场地、地基和基础的鉴定技术要求。

5.2.3 场地、地基和基础

5.2.3.1 场地

根据建筑所在场地的地形、地貌和地质条件，评估场地对建筑抗震的影响。6 度、7 度时及建造于对抗震有利地段的建筑，可不进行场地对建筑影响的抗震鉴定。对建造于危险地段的现有建筑，应结合规划更新（迁离）；暂时不能更新的，应进行专门研究，并采取应急的安全措施。对建造在不利地段的建筑，特别是抗震设防烈度较高时，场地有可能发生震害，应评估场地的地震稳定性、地基滑移，以及地基对建筑抗震的危害。

5.2.3.2 地基和基础

对符合下列情况之一的现有建筑，可不进行其地基基础的抗震鉴定，直接评定为符合抗震要求：

（1）丁类建筑。

（2）地基主要受力层范围内不存在软弱土、饱和砂土和饱和粉土或严重不均匀土层的乙类、丙类建筑。

（3）6 度时的各类建筑。

（4）7 度时，地基基础现状无严重静载缺陷的乙类、丙类建筑。

其中，评定地基基础无严重静载缺陷的条件是：基础无腐蚀、酥碱、松散和剥落，上部结构无不均匀沉降裂缝和倾斜，或虽有裂缝、倾斜但不严重且无发展趋势。

对于需要对地基基础进行鉴定的建筑，应按如下规定进行鉴定：存在软弱土、饱和砂土和饱和粉土的地基基础，应根据烈度、场地类别、建筑现状和基础类型，进行液化、震陷及抗震承载力的两级鉴定。符合第一级鉴定的规定时，应评为地基符合抗震要求，不再进行第二级鉴定，否则应进行第二级鉴定。地基基础的第一级鉴定和第二级鉴定按照现行《建筑抗震鉴定标准》（GB 50023）规定进行。

静载下已出现严重缺陷的地基基础，应同时审核其静载下的承载力。同一建筑单元存在不同类型基础或基础埋深不同时，宜根据地震时可能产生的不利影响，估算地震导致两部分地基的差异沉降，检查基础抵抗差异沉降的能力，并检查上部结构相应部位的构造抵抗附加地震作用和差异沉降的能力。

5.2.4 多层砌体房屋

进行多层砌体房屋的抗震鉴定时，应重点检查房屋的高度和层数、结构体系的合理性、墙体材料的实际强度、房屋整体性连接构造的可靠性、局部易损易倒部位构件自身及其与主体结构连接构造的可靠性以及墙体抗震承载力的综合分析，对整幢房屋的抗震能力进行鉴定。

当砌体房屋层数超过规定时，应评为不满足抗震鉴定要求；当仅有出入口和人流通道处的女儿墙、出屋面烟囱等不符合规定时，应评为局部不满足抗震鉴定要求。

砌体房屋的抗震鉴定，应区分A类建筑和B类建筑分别进行分级鉴定。

5.2.4.1 A类砌体房屋抗震鉴定

为了便于叙述，第一级鉴定以7度或8度抗震设防区、普通砖实心墙、现浇或装配整体式混凝土楼屋盖为例阐述抗震要求和评定方法，其他设防烈度、墙体、楼屋盖时需查阅现行《建筑抗震鉴定标准》（GB 50023）并相应调整抗震要求。限于篇幅，只对第二级鉴定的评定方法进行说明，综合抗震能力计算公式不在本文赘述。

A 第一级鉴定

A类砌体房屋应按表5-1的内容和要求进行第一级鉴定。

表5-1 鉴定内容与要求

<table>
<tr><th>鉴定内容</th><th colspan="4">《建筑抗震鉴定标准》（GB 50023）抗震要求和限值</th><th>说 明</th></tr>
<tr><td>外观质量</td><td colspan="4">墙体不空鼓、无严重酥碱和明显歪闪；支承大梁、屋架的墙体无竖向裂缝，承重墙、自承重墙及其交接处无明显裂缝；木楼、屋盖构件无明显变形、腐朽、蚁蚀和严重开裂；混凝土构件符合标准要求</td><td></td></tr>
<tr><td rowspan="4">房屋层数和高度</td><td colspan="2">墙体厚度</td><td>7度区</td><td>8度区</td><td rowspan="4">对于横向抗震墙较少的房屋，层数减少一层，高度减少3m，如果横墙很少，应再减少1层</td></tr>
<tr><td colspan="2">墙体厚度≥240mm时</td><td>层数≤7层
高度≤22m</td><td>层数≤6层
高度≤19m</td></tr>
<tr><td colspan="2">墙体厚度=180mm时</td><td>层数≤5层
高度≤16m</td><td>层数≤4层
高度≤13m</td></tr>
<tr><td colspan="4">乙类设防时墙体厚度不应为180mm</td></tr>
<tr><td rowspan="8">结构体系</td><td colspan="2">墙体厚度</td><td>7度区</td><td>8度区</td><td rowspan="3">对于Ⅳ类场地，最大间距应减少3m</td></tr>
<tr><td rowspan="2">抗震横墙间距</td><td>墙体厚度≥240mm时</td><td>间距≤15m</td><td>间距≤15m</td></tr>
<tr><td>墙体厚度=180mm时</td><td>间距≤13m</td><td>间距≤10m</td></tr>
<tr><td colspan="4">房屋的高度与宽度之比不宜大于2.2，且高度不应大于底层平面的最长尺寸</td><td>房屋宽度不包括外廊宽度</td></tr>
<tr><td colspan="4">质量和刚度沿高度分布比较规则均匀，立面高度变化不超过一层，同一楼层的楼板标高相差不大于500mm</td><td></td></tr>
<tr><td colspan="4">楼层质心和计算刚心基本重合或接近</td><td></td></tr>
<tr><td colspan="4">跨度不小于6m的大梁，不宜由独立砖柱支承；乙类设防时，不应由独立砖柱支承</td><td></td></tr>
<tr><td colspan="4">教学楼、医疗用房等横墙较少、跨度较大的房间，宜为现浇或装配整体式楼、屋盖</td><td></td></tr>
<tr><td rowspan="2">材料实际强度等级</td><td colspan="4">普通砖的强度等级不宜低于MU7.5，且不低于砂浆强度等级</td><td rowspan="2"></td></tr>
<tr><td colspan="4">砌筑砂浆强度等级不宜低于M1</td></tr>
</table>

续表 5-1

鉴定内容	《建筑抗震鉴定标准》（GB 50023）抗震要求和限值	说　明
整体性连接构造	墙体平面内布置应闭合，纵横墙交接处应可靠连接，墙体内无烟道、通风道等竖向孔道	
	乙类设防时的构造柱设置要求： （1）应在外墙四角、错层部位横墙与外纵墙交接处、较大洞口两侧、大房间内外墙交接处设置构造柱； （2）应在楼梯间、电梯间四角设置构造柱； （3）7度区五层、六层房屋和8度区四层房屋应在隔开间横墙与外墙交接处、山墙与内墙交接处设置构造柱； （4）8度区五层房屋应在内外墙交接处、局部小墙垛处设置构造柱	丙类设防时无构造柱设置要求
	纵横墙应咬槎较好，应为马咬槎砌筑，或设置构造柱时，沿墙高每10皮砖或500mm应有2ϕ6拉结钢筋	
	楼盖、屋盖的连接要求： （1）楼盖、屋盖构件的最小支承长度：预制进深梁：180mm（墙上且需有梁垫）；混凝土预制板：100mm（墙上）、80mm（梁上）； （2）混凝土预制构件应有坐浆，预制板缝应由混凝土填实	装配式混凝土楼屋盖、木屋盖有圈梁设置要求
易局部倒塌的部件	女儿墙、出屋面烟囱、挑檐、雨罩、楼梯间墙体、阳台等易发生局部倒塌部件应结构完整、稳定性足够，墙体局部尺寸满足相关限值要求、连接支承牢固等	
房屋宽度与横墙间距	满足本表以上各项抗震要求后，尚需根据抗震设防烈度、砌筑砂浆实际强度等级，检查房屋实际的横墙间距与房屋宽度是否满足限值要求（限值详见现行《建筑抗震鉴定标准》（GB 50023）表5.2.9-1），如果满足限值要求，则认为满足墙体承载力验算要求、房屋建筑满足抗震鉴定要求	这是验算墙体承载力的简化方法

多层砌体房屋符合本节各项规定可评为综合抗震能力满足抗震鉴定要求；多层房屋不能满足第一级鉴定的抗震要求时，应进行第二级鉴定。当遇下列情况之一时，可不再进行第二级鉴定，其中属于第（1）、（2）、（3）点房屋评为综合抗震能力不满足抗震鉴定要求，且要求对房屋采取加固或其他相应措施；属第（4）点房屋评为房屋局部不满足抗震鉴定要求：

（1）房屋高宽比大于3，或横墙间距超过刚性体系最大值4m。

（2）纵横墙交接处连接不符合要求，或支承长度少于规定值的75%。

（3）本节的其他规定有多项明显不符合要求。

（4）仅有易损部位非结构构件的构造不符合要求。

B　第二级鉴定

A类砌体房屋采用综合抗震能力指数的方法进行第二级鉴定时，应根据房屋不符合第一级鉴定的具体情况，分别采用楼层平均抗震能力指数方法、楼层综合抗震能力指数方法和墙段综合抗震能力指数方法进行鉴定。

现有结构体系、整体性连接和易引起倒塌的部位符合第一级鉴定要求，但横墙间距和房屋宽度均超过或其中一项超过第一级鉴定限值的房屋，可采用楼层平均抗震能力指数方法进行第二级鉴定。

现有结构体系、楼（屋）盖整体性连接、圈梁布置和构造及易引起局部倒塌的结构构件不符合第一级鉴定要求的房屋，可采用楼层综合抗震能力指数方法进行第二级鉴定。

实际横墙间距超过刚性体系规定的最大值、有明显扭转效应和易引起局部倒塌的结构构件不符合第一级鉴定要求的房屋，当最弱的楼层综合抗震能力指数小于1.0时，可采用墙段综合抗震能力指数方法进行第二级鉴定。

上述的楼层平均抗震能力指数、楼层综合抗震能力指数和墙段综合抗震能力指数应按房屋的纵横两个方向分别计算。当最弱楼层平均抗震能力指数、最弱楼层综合抗震能力指数或最弱墙段综合抗震能力指数大于等于1.0时，应评定为满足抗震鉴定要求；当小于1.0时，应要求对房屋采取加固或其他相应措施。如果房屋的质量和刚度沿高度分布明显不均匀，或7度、8度、9度时房屋层数分别超过六、五、三层，可采用验算抗震承载力的方法进行第二级鉴定（详见B类砌体房屋的抗震承载力验算部分）。

5.2.4.2 B类砌体房屋抗震鉴定

B类房屋的抗震鉴定，分为抗震措施和抗震承载力鉴定两部分。

A 抗震措施鉴定

B类砌体房屋应按表5-2的内容进行抗震措施鉴定。

表5-2 鉴定内容

结构核定项目	
房屋外观及内在质量	
房屋最大高度和层数	
结构体系	横墙最大间距
	高宽比
	平、立面和墙体布置规则性
	楼梯间布局
	不小于6m跨大梁支承
	楼屋盖类型
承重墙体材料强度等级	砖
	砂浆
整体性连接构造	纵横墙交接处连接
	构造柱（B类中的乙类设防）
	圈梁的布置及配筋量
	楼、屋盖构件的支承长度
局部易损易倒塌部件及其连接	

B 抗震承载力验算

除非在抗震措施鉴定阶段已经被鉴定为不满足抗震鉴定要求，否则无论各项抗震措施是否满足要求，B类砌体房屋均应进行第二级鉴定。

B类砌体房屋的抗震分析，可采用底部剪力法，并可按照抗震设计规范规定方法进行，可只选择从属面积较大或者竖向应力较小的墙段进行抗震承载力验算。当抗震措施不满足要求时，可按A类房屋第二级鉴定的方法综合考虑构造的整体影响和局部影响。

各层层高相当且较规则均匀的B类多层砌体房屋，也可不进行抗震承载力验算，而是按照A类砌体房屋的第二级鉴定方法，采用楼层综合抗震能力指数的方法进行综合抗震能力鉴定，只是其中的烈度影响系数的取值需做相应调整。

5.2.5 多层及高层钢筋混凝土房屋

现有钢筋混凝土房屋的抗震鉴定，应按结构体系的合理性、结构构件材料的实际强度、结构构件的纵向钢筋和横向箍筋的配置和构件连接的可靠性、填充墙等与主体结构的拉接构造以及构件抗震承载力的综合分析，对整幢房屋的抗震能力进行鉴定。

当梁柱节点构造和框架跨数不符合规定时，应评为不满足抗震鉴定要求；当仅有出入口、人流通道处的填充墙不符合规定时，应评为局部不满足抗震鉴定要求。

5.2.5.1 A类钢筋混凝土房屋抗震鉴定

A 第一级鉴定

A类钢筋混凝土房屋按表5-3所述内容和项目进行第一级鉴定。

表5-3 鉴定内容

鉴定项目	
建筑类别	
房屋层数	
房屋外观质量	
结构体系	框架体系（双向？非单跨？） 8度、9度时规则性要求 楼屋盖的长宽比 8度时抗侧力黏土砖填充墙的平均间距
材料强度	混凝土强度等级
结构构件的纵向钢筋和横向钢筋箍筋的配置	6度和7度Ⅰ、Ⅱ类场地： 梁纵向钢筋在柱内的锚固长度 6度乙类框架中的中柱和边柱角柱纵向钢筋的总配筋率 8度、9度梁两端箍筋 7度Ⅲ、Ⅳ类场地和8、9度时柱箍筋加密、短柱箍筋、角柱最小配筋率、其他柱最小配筋率 7度以上乙类设防时，框架柱箍筋的最大间距和最小直径 8度、9度框架-抗震墙墙板构造 柱截面宽度（mm） 9度框架柱轴压比
局部易掉落伤人的构件、部件以及楼梯间非结构构件的连接构造	
填充墙等与主体结构的拉接构造	

钢筋混凝土房屋符合上述各项规定可评为综合抗震能力满足要求；当遇下列情况之一

时，可不再进行第二级鉴定，但应评为综合抗震能力不满足抗震要求，且应对房屋采取加固或其他相应措施：

（1）梁柱节点构造不符合要求的框架及乙类的单跨框架结构。

（2）8 度、9 度时混凝土强度等级低于 C13。

（3）与框架结构相连的承重砌体结构不符合要求。

（4）仅有女儿墙、门脸、楼梯间填充墙等非结构构件不符合要求。

（5）本节的其他规定有多项明显不符合要求。

B 第二级鉴定

第二级鉴定可采用楼层综合抗震能力指数或抗震承载力验算的方法，并视第一级鉴定时不符合抗震要求的程度采用不同的体系影响系数，视第一级鉴定时局部连接构造不符合抗震要求的情况采用不同的局部影响系数。

如果楼层综合抗震能力指数≥1.0，或抗震承载力满足要求，应评为满足抗震鉴定要求；否则评定为不满足抗震鉴定要求，应对房屋进行加固或采取其他应对措施。

5.2.5.2 B 类钢筋混凝土房屋抗震鉴定

A 第一级鉴定

现有 B 类钢筋混凝土房屋的抗震鉴定，应先确定鉴定时采用的抗震等级，再按其所属抗震等级的要求核查抗震构造措施。其结构布置和构造检查项目主要有房屋高度、外观和内在质量、结构体系、轴压比限值、材料强度等级、框架梁、柱构造配筋要求、墙体与主体结构的连接、易倒塌的部件。

B 第二级鉴定

除非在抗震措施鉴定阶段已经被鉴定为不满足抗震鉴定要求，否则无论各项抗震措施是否满足要求，B 类钢筋混凝土房屋均应进行抗震承载力验算（第二级鉴定），乙类框架尚应进行变形验算。如果抗震承载力验算满足要求，应评定为满足抗震鉴定要求；否则应评为不满足鉴定要求。

5.2.6 木结构和土石墙房屋

（1）木结构房屋的抗震鉴定。木结构房屋以抗震构造鉴定为主，可不作抗震承载力验算。8 度、9 度时Ⅳ类场地的房屋应适当提高抗震构造要求。抗震鉴定时，承重木构架、楼盖和屋盖的质量（品质）和连接、墙体与木构架的连接、房屋所处场地条件的不利影响应重点检查。

木结构房屋抗震鉴定时，尚应按有关规定检查其地震时的防火问题。

（2）生土房屋的抗震鉴定。生土房屋以抗震构造鉴定为主，可不作抗震承载力验算。抗震鉴定时，对墙体的布置、质量（品质）和连接，楼盖、屋盖的整体性及出屋面小烟囱等易倒塌伤人的部位应重点检查。

（3）石墙房屋的抗震鉴定。石墙房屋以抗震构造鉴定为主，可不进行抗震承载力验算。抗震鉴定时，对墙体的布置、质量（品质）和连接，楼盖、屋盖的整体性及出屋面小烟囱等易倒塌伤人的部位应重点检查。

砂浆砌筑的料石墙房屋，可按照砌体房屋的鉴定原则按专门的规定进行鉴定。

5.3 建筑结构危险性鉴定评定

5.3.1 鉴定评定依据

《危险房屋鉴定标准》(JGJ 125)。

5.3.2 危险性鉴定的内容和评定

建筑结构危险性鉴定，是以被鉴建筑物的地基基础、结构构件危险程度的严重性鉴定为基础，结合历史状态、环境影响以及发展趋势，全面分析，准确判断建筑结构的危险程度，为房屋的安全使用和维护修缮提供依据。

危险等级按两个阶段鉴定：第一是地基危险性鉴定，当地基评定为危险状态时，应将房屋评定为整幢危房；当地基评定为非危险状态时，应进行第二阶段鉴定，鉴定应按三层次进行：第一层次应为构件危险性鉴定，其等级评定应分为危险构件（Td）和非危险构件（Fd）两类；第二层次应为房屋组成部分（地基基础、上部承重结构、围护结构）危险性鉴定，其等级评定应分为 a、b、c、d 四等级；第三层次应为房屋危险性鉴定，其等级评定应分为 A、B、C、D 四等级。

对简单结构房屋，可根据危险构件影响范围直接评定其危险性。

5.3.3 构件危险性鉴定评定

5.3.3.1　地基基础

地基基础危险性鉴定应包括地基和基础两部分。地基基础应重点检查基础与承重砖墙连接处的斜向阶梯形裂缝、水平裂缝、竖向裂缝状况，基础与框架柱根部连接处的水平裂缝状况，房屋的倾斜位移状况，地基滑坡、稳定、特殊土质变形和开裂等状况。

地基部分仅评定危险状态，当房屋地基评定为危险状态时，直接判定为危险房屋。若房屋因地基不均匀沉降导致整体严重倾斜（二层或以下的房屋整体倾斜率超过3%，多层房屋整体倾斜率超过2%），房屋地基应评定为危险状态。基础部分以单个构件存在的损坏进行危险点处评定。

5.3.3.2　砌体结构构件

砌体结构构件的危险性鉴定应包括承载能力、构造与连接、裂缝和变形等内容。砌体结构应重点检查砌体的构造连接部位、纵横墙交接处的斜向或竖向裂缝状况、砌体承重墙体的变形和裂缝状况以及拱脚裂缝和位移状况。注意其裂缝宽度、长度、深度、走向、数量及其分布，并观测其发展状况，按标准规定评定危险点。

5.3.3.3　木结构构件

木结构构件的危险性鉴定应包括承载能力、构造与连接、裂缝和变形等内容。木结构构件应重点检查腐朽、虫蛀、木材缺陷、构造缺陷、结构构件变形、失稳状况，木屋架端节点受剪面裂缝状况，屋架出平面变形及屋盖支撑系统稳定状况，并按标准规定评定危险点。

5.3.3.4　混凝土结构构件

混凝土结构构件的危险性鉴定应包括承载能力、构造与连接、裂缝和变形等内容。混凝土结构构件应重点检查柱、梁、板及屋架的受力裂缝和主筋锈蚀状况，柱的根部和顶部的水平裂缝，屋架倾斜以及支撑系统稳定等，并按标准规定评定危险点。

5.3.3.5　钢结构构件

钢结构构件的危险性鉴定应包括承载能力、构造和连接、变形等内容。钢结构构件应重点检查各连接节点的焊缝、螺栓、铆钉等情况；应注意钢柱与梁的连接形式、支撑杆件、柱脚与基础连接损坏情况，钢屋架杆件弯曲、截面扭曲、节点板弯折状况和钢屋架挠度、侧向倾斜等偏差状况，并按标准规定评定危险点。

5.3.4　建筑结构危险性鉴定评级

根据划分的建筑结构组成部分（地基基础、上部承重结构、围护结构），确定构件的总量，并分别确定其危险构件的数量，得到各建筑结构组成部分的危险构件百分数。

再将危险构件百分数代入建筑结构组成部分 a、b、c、d 等级隶属函数，得到建筑结构组成部分在每个等级的隶属度。然后再按标准中规定的建筑结构等级隶属函数，得到建筑结构在 A、B、C、D 四个等级的隶属度。按如下规定评定建筑结构危险等级：

（1）地基基础 d 级隶属度≥0.75，房屋危险等级为 D 级（整幢危房）。

（2）上部承重结构 d 级隶属度≥0.75，房屋危险等级为 D 级（整幢危房）。

（3）比较房屋在 A、B、C、D 四个等级的隶属度，若最大值为房屋 A 级隶属度，则房屋危险等级为 A 级（非危房）。

（4）比较房屋在 A、B、C、D 四个等级的隶属度，若最大值为房屋 B 级隶属度，则房屋危险等级为 B 级（危险点房）。

（5）比较房屋在 A、B、C、D 四个等级的隶属度，若最大值为房屋 C 级隶属度，则房屋危险等级为 C 级（局部危房）。

（6）比较房屋在 A、B、C、D 四个等级的隶属度，若最大值为房屋 D 级隶属度，则房屋危险等级为 D 级（整幢危房）。

实例篇

SHILI PIAN

6 工 业 建 筑

6.1 厂房安全可靠性鉴定分析

随着冶金企业的发展、生产能力的提高，近些年我国炼钢工业厂房改造的情况频频出现，为了保证改造后的厂房可以安全使用，特对其进行厂房安全可靠性鉴定分析。

6.1.1 工程概况

该炼钢厂房由1975年正式建成投入使用。属于典型的混凝土排架结构厂房，其中AB跨跨度24.0m，BC跨跨度21.0m（厂房剖面图如图6-1所示）。标准轴距6.0m，总长318m（厂房平面布置如图6-2所示）。随着企业发展，生产能力已经由最初设计的12万吨增加到目前的约150万吨。AB跨天车也由过去的4台增加到目前的7台，同时天车运行频率大大增加。为保证安全使用现对该厂房可靠性进行检测鉴定，为今后利用改造提供可靠依据，保证结构新功能的实现和安全正常使用。

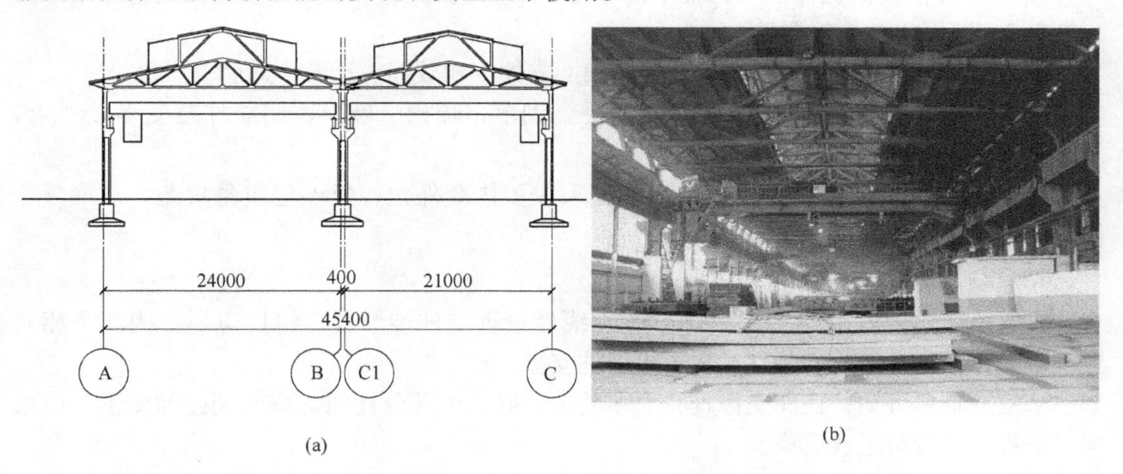

图6-1 厂房剖面图

6.1.2 现场调查、检查

6.1.2.1 地基与基础

该炼钢厂房所在范围的场地工程地质较均匀，绝对标高76.5m以上为黄土状亚黏土（$R=1.8\text{kg/cm}^2$），以下为亚黏土（$R=1.5\text{kg/cm}^2$）。排架柱采用柱下独立扩展基础，混凝土设计标号150号、A3钢筋。垫层采用75号混凝土，基础梁采用200号混凝土。

厂房的测量结果表明，各排架柱牛腿上吊车梁顶面标高出现了较大差别，由于缺少原

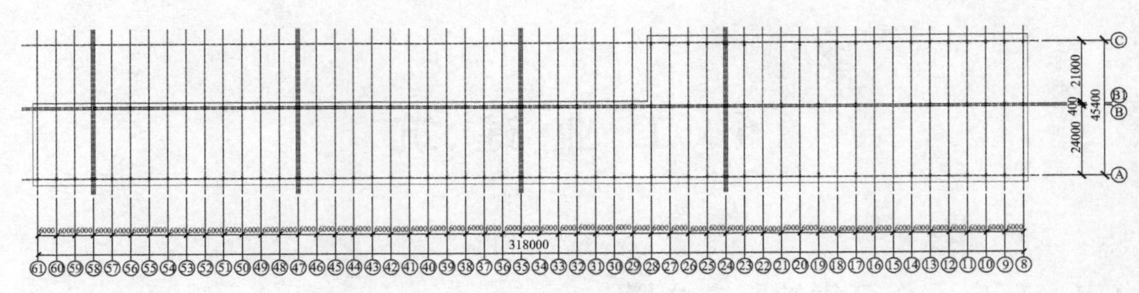

图 6-2 厂房平面布置

始沉降观测资料，无法对其成因作出准确判断。因此应埋设水准基点和工作基点，并在排架柱上固定沉降观测点。对排架柱进行长期沉降观测，以得到排架柱是否沉降以及其相应准确沉降量。

6.1.2.2 排架柱检查

现场对所有排架柱现状进行检查，结果如下：

（1）排架柱基本上未出现显著的锈胀裂缝，根据碳化检测结果可知，排架柱碳化深度约在 15mm，小于混凝土保护层厚度，碳化未抵达主筋位置。

（2）排架柱碰撞掉角破损情况较普遍，现场检查发现，天车吊运钢板起钩时甩动极易对排架柱造成碰撞损伤。

（3）排架柱破损也存在相对集中的部位，如 B 列 50~57 之间排架柱南侧均在距地面 3.0~5.0m 范围内破损较严重。

（4）B 列 9~12 之间上柱过人孔及屋架的支撑牛腿破损、泛碱、露筋较严重。

（5）A 列 19~21 之间排架柱下柱混凝土剥落、疏松、破损、钢筋外露变形较严重，混凝土构件表面被熏黑。

（6）A 列 50~61 之间排架柱牛腿部位采取了构套外包，但外包质量较差，与混凝土构件之间存在很大缝隙，未采取灌浆措施。

6.1.2.3 柱间支撑检查

鉴定范围内厂房在 24、35、47、58 轴线处设置双柱伸缩缝，将厂房划分为 5 个相对独立单元，在每个单元内分别设置了上下柱支撑。

从检查结果可知，柱间支撑现状大多基本完好，但部分柱间支撑受到碰撞变形，应根据严重程度进行矫正或更换。

6.1.2.4 吊车梁检查

现场对全部吊车梁进行检查，结果如下：

（1）混凝土吊车梁大多表观完好，无显著裂缝、破损、酥碱、锈胀等缺陷。吊车梁与排架柱连接牢固，未发现明显焊缝脱开、锚板与混凝土构件脱离的现象。

（2）混凝土走道板出现较普遍的锈胀开裂、露筋现象。

（3）AB 跨 8~14 轴线间吊车梁曾进行粘钢加固，施工质量较好，但钢板防腐层脱落较严重。

（4）AB 跨 A 列 50~61 轴线间吊车梁为后换 6m 跨钢结构吊车梁，吊车梁构件表观完好，焊缝无显著缺陷；但吊车梁上翼缘与排架柱连接存在严重问题。

（5）A 列 20~21 轴线间吊车梁南侧下角距 20 轴线 1.5m 处掉角，钢筋外露锈蚀。

（6）吊车梁上轨道存在型号不同情况，由于高度不同，天车经过时振动很大，对结构非常不利。

（7）吊车梁上轨道压板及螺栓普遍存在松动、缺失现象，轨道固定情况较差，天车经过时轨道相对吊车梁有显著位移。

（8）12m 和 18m 跨度钢吊车梁普遍防腐层剥落，板材出现轻微锈蚀。

6.1.2.5 屋盖系统检查

厂房屋盖采用预应力混凝土屋架、大型屋面板，支撑系统主体采用型钢杆件，屋架两端系杆采取混凝土系杆。

屋盖构件现状如下：

（1）屋盖支撑杆件有所缺失，BC 跨 28 轴线以西拆除重建后未对支撑体系进行相应补充。

（2）屋面板整体情况稍好，但仍有部分屋面板出现了锈胀开裂、钢筋外露。

（3）AB 跨 14 轴线屋架 B 侧端部出现了较严重的钢筋锈胀开裂、保护层隆起疏松现象。

（4）B 列混凝土天沟板锈胀破损非常严重。

（5）屋盖 B 列位置多处开孔穿管，开洞处防水实效，渗水泛碱。

（6）屋面上较整齐，无大量堆物、积灰。

6.1.2.6 围护系统检查

围护系统主要包括屋面围护和墙面围护，屋面围护在屋盖系统检查中已经进行了详细叙述。此次鉴定范围为该厂房的一部分，围护墙体主要为 A 轴线外墙（如表 6-1 所示）。

表 6-1 围护墙检查结果（A 轴）

区间	现状描述
伸缩缝两侧及19~26 轴线间	采用贴砌砖砌体围护墙，表观破旧，缺棱掉角，其中 20、21 轴线墙体存在竖向裂缝
14~19 轴线间	下部为新砌砖砌体围护墙，上部采用采光板，基本完好
8~14 轴线间	新式彩钢板维护墙，现状完好
其余位置	下部采用砖砌体，上部采用大型混凝土墙板围护，表观破旧，但现状仍基本完好，墙板主肋未出现显著锈胀裂缝

6.1.2.7 抗震构造检查

根据《建筑抗震鉴定标准》（GB 5002）的有关规定，该厂房在以下方面不满足或略低于规范抗震要求：

（1）屋面支撑。8 度时厂房单元端开间及有柱间支撑的开间宜各设置一道上弦横向支撑，该厂房多个单元不能满足该要求。

（2）柱间支撑。8 度时单元两端宜各有一道上柱柱间支撑，设有柱间支撑的节间尚应在柱顶设置水平压杆，该厂房各单元均未设置。

（3）排架柱箍筋。8 度时有柱间支撑的排架柱，柱顶以下 500mm 范围内和柱底至设计地坪以上 500mm 范围内，以及柱变位受约束的部位上下各 300mm 的范围内，箍筋直径不宜小于 8mm，间距不宜大于 100mm。该项也不满足规范要求。

6.1.3 现场检测

6.1.3.1　混凝土碳化检测

排架柱平均碳化深度约为 15.6mm，最大碳化深度 20.0mm。吊车梁平均碳化深度为 5.7mm，最大碳化深度 7.5mm。排架柱和吊车梁均未达到主筋保护层厚度（25mm）。现场检查也发现，排架柱、吊车梁并未出现普遍性的主筋锈胀、开裂和露筋现象。但 B 轴线屋盖下方的排架柱上柱、天沟板等出现了较严重的钢筋锈胀开裂、外露，部分屋面板也出现了锈胀裂缝和保护层剥落露筋现象。为了保证下一个目标使用期（15 年）的安全、正常使用，必须采取相应措施控制或减缓混凝土碳化的进一步发展。

6.1.3.2　混凝土强度检测

在抽样检测的 20 根排架柱中，平均强度推定值为 31.26MPa，最小强度推定值为 23.79MPa。略低于原设计排架柱 300 号（C28）混凝土的强度要求，可按照 C25 强度等级进行验算分析。

在抽样检测的 10 根吊车梁中，平均强度推定值为 36.50MPa，最小强度推定值为 30.36MPa。满足原设计吊车梁 300 号（C28）混凝土的强度要求。

6.1.3.3　钢筋锈蚀检测

现场对全部排架柱的 30%进行钢筋锈蚀检测，检测结果为被检混凝土构件钢筋基本上处于锈蚀与未锈蚀之间的临界状态上。为了减少检测对排架柱造成的破损，被检构件均为已遭受碰撞局部钢筋外露构件，腐蚀电位相对偏低。所以，可以认为普通构件尚未出现显著的钢筋锈蚀。现场检查也发现梁柱并未出现显著的钢筋锈胀、保护层剥落、钢筋外露锈蚀等现象。从前面碳化检测结果可知，平均碳化深度尚未达到主筋保护层，所以没有引起普遍的耐久性不足现象，现场对排架柱混凝土保护层进行抽样剔除检查，内部钢筋现状完好，与检测结果基本一致。

6.1.3.4　轨顶标高测量

现场采用水准仪对轨顶标高进行了测量，检测结果为：AB 跨 A 列相邻轴线轨顶标高最大差值（19～20 轴）为 61mm，B 列相邻轴线轨顶标高最大差值（19～20 轴）为 112mm，AB 跨横向轨顶标高最大差值（19 轴）为 148mm。

BC 跨 B 列相邻轴线轨顶标高最大差值（18～19 轴）为 16mm，C 列相邻轴线轨顶标高最大差值（20～21 轴）为 23mm，BC 跨横向轨顶标高最大差值（11 轴）为 47mm。

由于为非停产检测，同时大部分位置未设置走道板，竖放标尺位置紧邻天车，会对测量结果造成一定影响。现场测量数据表明轨顶标高差值偏大，对天车运行造成很大困难。

6.1.4 结构计算分析

6.1.4.1　结构计算说明

鉴定范围内厂房共两跨，属标准单层混凝土排架结构厂房。AB 跨跨度 24.0m，BC 跨跨度21.0m。吊车梁轨顶标高8.5m，排架柱柱顶标高11.4m。

目前AB跨共有7台天车，BC跨（8~28轴线间）2台天车，天车吨位为10~32t不等。天车参数有所缺失，对构件验算造成一定影响，根据条件充分构件的验算结果进行类比偏安全推定。

因结构设计建成年代较早，规范对材料强度的定义有所差别，排架柱验算的构件材料强度按照原设计标号或强度等级，结合现场检测后的推定强度共同确定。结构计算时考虑排架柱偏移、吊车梁偏心等影响因素。

6.1.4.2 计算荷载

（1）荷载种类：

1）恒载。包括结构构件自重、屋面做法自重、轨道自重等。

2）屋面活荷载。

3）风、雪荷载。

4）吊车荷载。

5）地震作用。抗震设防烈度为8度，设计基本地震加速度值为0.2g，设计地震分组为第一组。

（2）荷载取值：

1）屋面恒荷载。2.1kN/m^2（其中屋面板1.3kN/m^2，找平0.4kN/m^2，卷材防水0.35kN/m^2，灌缝0.1kN/m^2，支撑0.05kN/m^2）。

2）屋面活荷载。0.5kN/m^2。

3）风荷载。基本风压0.45kN/m^2。

4）雪荷载。基本雪压0.40kN/m^2。

5）吊车荷载见表6-2及表6-3。

表6-2 AB跨吊车主要技术数据

编号	50号	工作制	A7	起重量	(10+10)t
天车总重	45.2t	小车重	4.93t	最大轮压	235kN
开行范围	AB跨：29~61轴线间				

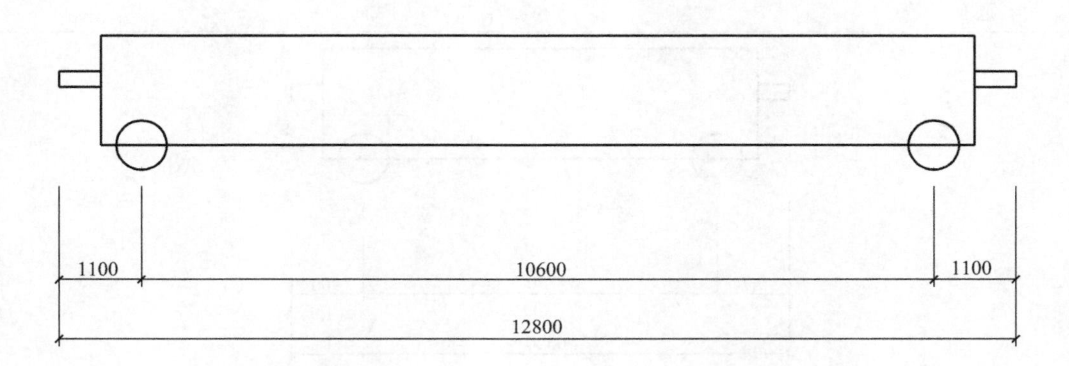

续表 6-2

编号	51 号	工作制	A6	起重量	(10+10) t
天车总重	53. 16t	小车重	4. 89t	最大轮压	未知
开行范围	AB 跨：29~61 轴线间				

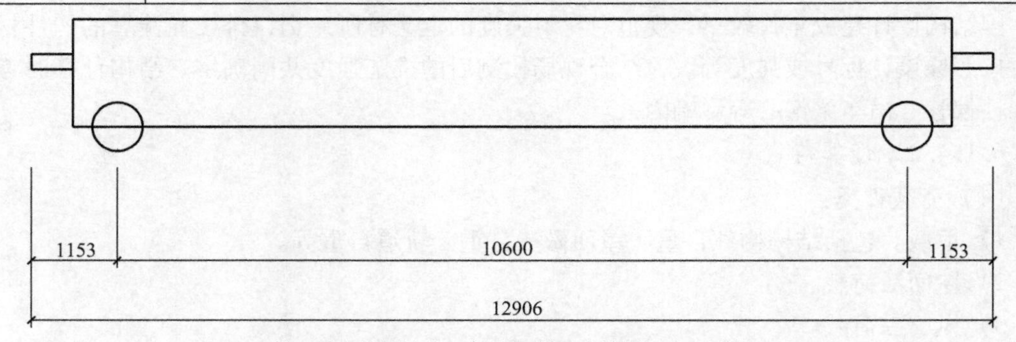

注：最大轮压缺失，参照 52 号天车按照 243kN 计算

编号	52 号	工作制	A6	起重量	(10+10) t
天车总重	51. 85t	小车重	4. 93t	最大轮压	239kN
开行范围	AB 跨：29~61 轴线间				

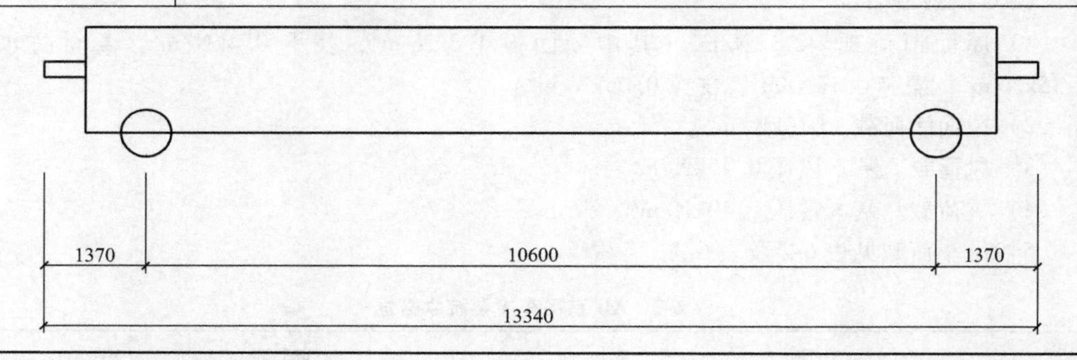

表 6-3　BC 跨吊车主要技术数据

编号	30 号	工作制	A5	起重量	32/5t
天车总重	41. 54t	小车重	未知	最大轮压	292kN
开行范围	BC 跨：28~61 轴线间				

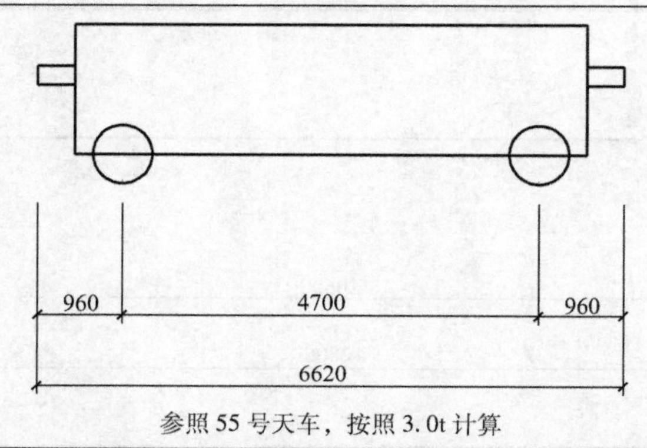

参照 55 号天车，按照 3. 0t 计算

续表 6-3

编号	31 号	工作制	A6	起重量	(10+10)t
天车总重	51.85t	小车重	4.93t	最大轮压	239kN
开行范围	BC 跨：28~61 轴线间				

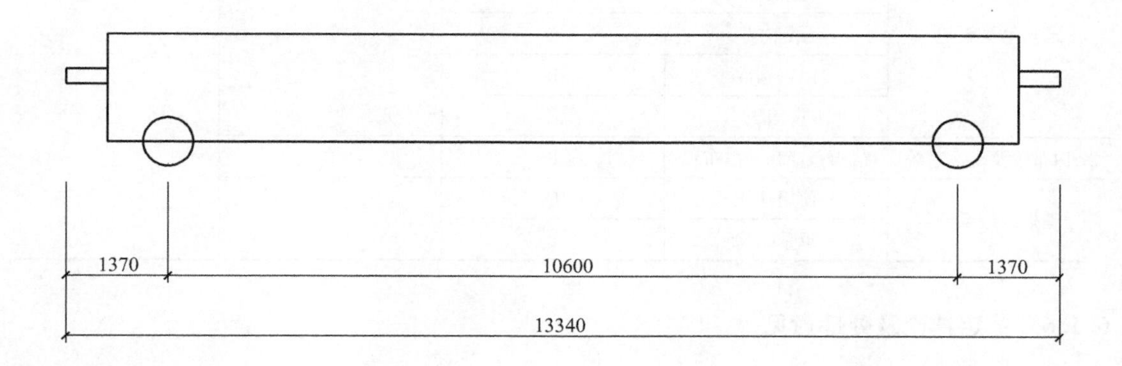

AB 跨现有 7 台天车，但仅有 50 号、51 号以及 52 号 3 台天车参数相对齐全，BC 跨鉴定范围内（8~28）轴线间有 2 台天车，资料均缺失。

6.1.4.3　验算结果

（1）地基基础。根据检测结果可知，6m 柱距排架柱下地基承载力以及基础抗剪、抗弯、抗冲切等承载力均满足要求。考虑到地基承载力随着年代会有所提高，可以认为其余位置地基、基础承载力也能满足要求。

（2）排架柱计算结果。根据检测结果可以看出，6m 柱距排架柱承载力均不满足要求。由于大柱距位置天车资料缺失，采用西侧天车对其进行复核，发现承载力均不满足要求。

（3）吊车梁计算结果。由于天车资料不完整，部分吊车梁无法进行准确核算。但从具备验算条件的吊车梁计算结果可以看出：

1）AB 跨更换的钢吊车梁安全裕度较大，能够满足使用要求；

2）原吊车梁安全裕度均较小，抗弯安全裕度在 1.0 左右，B 列 18m 跨吊车梁抗剪安全裕度 0.94，不能满足要求。

（4）屋盖构件计算结果。根据检测结果可知，屋盖主要承重构件（屋架、托架等）能够满足承载力要求。

6.1.5　厂房可靠性综合评级

依据《工业建筑可靠性鉴定标准》（GB 50144），按承重结构体系的传力树，并按基本构件及非基本构件中 A、B、C、D 级的数量及比例，将整体结构作为单元，评定其可靠性，等级综合评级结果见表 6-4。

根据该厂房的现状检查、检测结果及验算结果，在现有结构体系、现有荷载状况下，该厂房的可靠性评定等级为三级。即其可靠性不满足国家现行规范要求，需要加固、补强。

表 6-4　安钢二轧主厂房（老三辊部分）可靠性综合评级结果

<table>
<tr><th rowspan="2">组合项目名称</th><th rowspan="2">项目</th><th>项目评级</th><th>组合项目评级</th><th>单元评级</th></tr>
<tr><th>A、B、C、D</th><th>A、B、C、D</th><th>一、二、三、四</th></tr>
<tr><td rowspan="5">承重结构系统</td><td>地基基础</td><td>B</td><td rowspan="5">D</td><td rowspan="8">三</td></tr>
<tr><td>排架柱</td><td>D</td></tr>
<tr><td>吊车梁</td><td>C</td></tr>
<tr><td>屋盖构件</td><td>B</td></tr>
<tr><td>屋面板</td><td>C</td></tr>
<tr><td>结构布置及支撑系统</td><td>结构布置和支撑布置</td><td>B</td><td>B</td></tr>
<tr><td rowspan="2">围护结构系统</td><td>使用功能</td><td>C</td><td rowspan="2">C</td></tr>
<tr><td>承重结构</td><td>B</td></tr>
</table>

6.1.6　鉴定结论及处理意见

依据相关规范标准，对此冷却塔进行了现场检查、检测、计算及分析后，得出结论如下：

（1）该厂房的可靠性评定等级均为三级。即其可靠性不满足国家现行规范要求，需要加固、补强。

（2）架厂房可靠性不符合国家现行规范要求的主要原因：1）排架柱普遍承载力不满足要求，同时普遍存在碰撞破损。2）B 列 18m 跨钢吊车梁端部抗剪能力不足。3）A 列 50~61 轴线钢吊车梁上翼缘端部与排架柱上柱无可靠连接。4）部分柱间支撑杆件变形。5）B 轴线东侧混凝土构件包括天沟板、排架柱上柱以及个别屋架等锈胀、露筋情况较严重；屋面穿管处普遍渗水，造成混凝土构件泛碱破损。6）B 轴线走道板存在较严重锈胀、破损露筋情况。7）部分大型屋面板主肋破损露筋。8）屋面支撑系统部分杆件缺失。9）柱间支撑、屋面支撑以及排架柱箍筋加密等方面不满足规范要求。

（3）厂房在结构布置方面基本上满足现行规范要求，地基基础承载力基本满足要求，屋盖主要承重构件（屋架、托架等）能够满足承载力要求。

（4）地基沉降需进行长期观测，以确定是否沉降以及沉降量，从而采取对应措施。

6.2　钢结构框架火灾后安全鉴定分析

现有钢结构框架工程。建筑总高为 32m，建筑面积为 6552.52m^2。因粗乙二醇 A 单元三区（1910A）乙二醇输送管道发生爆炸，同时引燃化学介质引发火灾，致使该装置框架结构局部遭受爆炸冲击和高温灼烧造成较严重破坏，框架柱、框架梁、拉梁等构件的部分防火保护涂层受损，残余变形较大且存在撕裂、屈曲和扭曲现象。为了准确掌握该框架结构的结构安全性，故对其进行火灾后安全性鉴定分析。

6.2.1　工程概况

该框架工程及附属设备工程于 2013 年开工建设，目前主体装置框架及设备安装工程基本完成，但还未进行竣工验收。该装置框架结构为钢框架结构，整体呈矩形，南北长约80.2m，东西宽约16m，共4层，建筑总高为32m，建筑面积为6552.52m²。

因输送管道发生爆炸，同时引燃化学介质引发火灾，致使该装置框架结构局部遭受爆炸冲击和高温灼烧而造成较严重破坏，框架柱、框架梁、拉梁等构件的部分防火保护涂层受损，残余变形较大且存在撕裂、屈曲和扭曲现象。爆炸点附近发生了较大的整体变形和倾斜，部分连接节点也有防火保护受损、连接板残余变形过大、连接板与结构分离、焊缝撕裂等现象。

6.2.2 现场调查

6.2.2.1 结构体系核查及非过火区域外观质量检查

现场按照图纸对该装置框架结构体系、结构布置、层数、构件位置和数量等进行了核查，现场情况与图纸基本相符。该装置框架所处环境为当地正常自然环境，使用环境为室外二b类，无高温、腐蚀作用。该工程结构形式为钢框架结构，结构布置基本为矩形，基础形式为柱下独立基础。

对该装置框架非过火区域的外观质量进行了检查，检查结果表明，非过火区域部分钢构件外观质量较好，构件和节点均无明显损伤和破坏，构件无明显变形，防火保护涂层基本完好无损，基本达到了图纸设计要求。

6.2.2.2 火灾情况调查

（1）起火原因及时间调查。该30万吨/年乙二醇项目粗乙二醇A单元（1910A）乙二醇输送管道发生爆炸，同时引燃化学介质引发火灾。

（2）火灾持续时间调查。火灾于当日10时23分左右完全扑灭，持续时间约为20min（该时间由甲方提供）。

（3）灭火方式调查。该公司组织了公司消防队伍、现场相关人员对装置着火部位进行灭火、洗消、降温处理，20min后现场火势完全扑灭，之后继续用消防水对着火部位的附近设备、管道进行了约20min冷却。

（4）起火位置及燃烧区域调查。乙二醇输送管道爆炸位置为该装置框架三层东南角，爆炸后化学介质泄漏引发的起火地点位于三层东南角的（3-B）轴—（3-C）轴/（3-1）轴—（3-3）轴。火势向下蔓延到第二层，向上蔓延到第四层，屋面基本未受火灾影响。

（5）燃烧介质情况调查。粗乙二醇。

6.2.2.3 结构火灾损伤状况检查

根据《火灾后建筑结构鉴定标准》（CECS 252）的相关检查子项要求，对灾后受损钢构件和连接节点进行详细检查。

A 钢框架柱火灾损伤状况

对1~4层的钢框架柱火灾后损伤状况进行了详细检查，着火区域内的钢框架柱有较大残余变形，防火涂层脱落较严重，离火场较近部位的钢框架柱防火涂层碳化现象明显，离火场较远处钢框架柱受影响较小。检查结果典型记录及对应损伤构件照片见表6-5。

表 6-5 钢框架柱火灾后损伤状况检查结果

构件位置	防火保护受损	残余变形与撕裂	局部屈曲与扭曲	对应照片
2层轴 1/B	防火涂层完全碳化，局部出现开裂，并伴有涂层局部面积脱落	柱顶部残余变形严重，型钢翼缘出现局部弯曲	—	
3层轴 3/C	防火涂层已完全被破坏，钢材碳化严重，顶部保护层出现深度裂缝	柱身有明显残余变形，但未产生钢材撕裂、断裂现象	型钢翼缘发生严重扭曲，并呈麻花状	
4层轴 3/A	柱脚涂层脱落，保护层损伤严重	柱身保护层受损处有明显的残余变形	—	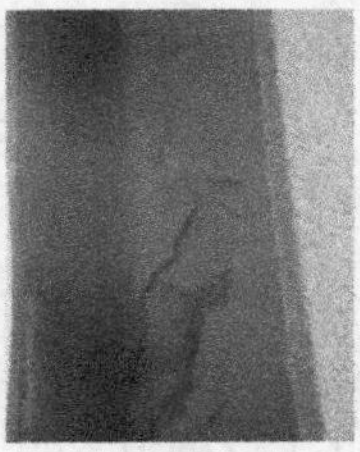

B 钢框架梁火灾损伤状况

对2~4层的钢框架梁火灾后损伤状况进行了详细检查，着火区域内的钢框架梁残余变形较大，防火涂层脱落较严重，局部屈曲与扭曲较大，离火场较近部位的钢框架梁防火涂层碳化现象明显，基本没有残余变形和屈曲扭转现象，离火场较远处钢框架梁影响较小。检查部分典型及对应构件损伤照片见表6-6。

表 6-6 钢框架梁火灾后损伤状况检查结果

层数	构件位置	防火保护受损	残余变形与撕裂	局部屈曲与扭曲	对应照片
三层	(2~3)/B	梁下翼缘局部面积涂层脱落，脱落面积较小	与次梁连接处残余变形较大，梁身向上弯曲	与次梁连接处有明显的扭曲现象	

续表 6-6

层数	构件位置	防火保护受损	残余变形与撕裂	局部屈曲与扭曲	对应照片
四层	(B~C)/3	防火涂层发生严重碳化，局部涂层小面积脱落	梁跨中截面处向上弯曲	梁跨中下翼缘扭曲现象严重	
楼梯间 22m 标高处	(3~4)/F	—	梁右端与柱连接处发生撕裂破坏	梁右端与柱连接处发生扭曲变形	

C 主要钢拉梁火灾损伤状况

对 2~4 层的钢拉梁火灾后损伤状况进行详细检查，着火区域内的主要钢拉梁残余变形较大，防火涂层脱落较严重，局部屈曲与扭曲较大，离火场较近部位的拉梁防火涂层碳化现象明显，有残余变形和屈曲扭转现象。

D 一般钢拉梁火灾损伤状况

对 2~4 层的钢拉梁火灾后损伤状况进行详细检查，着火区域内的一般钢拉梁残余变形严重，防火涂层脱落较严重，局部屈曲与扭曲较大，离火场较近部位的一般拉梁防火涂层碳化现象明显，有残余变形和屈曲扭转现象。

E 钢板火灾损伤状况

对 2~4 层的钢板火灾后损伤状况进行了详细检查，爆炸及火灾中心部位区域内的钢板变形严重，现场建设单位已将钢板剥离，离火场较近部位的钢板残余变形和屈曲扭转现象严重，灾后钢板典型损伤照片见表 6-7。

表 6-7 火灾后钢板典型损伤照片

2 层 (2~3)/(B~C) 区域，可以看出该区域钢板已经全部被剥离	2 层 (2~3)/(C~D) 区域，可以看出该区域钢板锈蚀严重

F 钢结构连接火灾损伤状况

对2~4层的钢结构连接火灾后损伤状况进行详细检查，着火区域内的钢结构连接区残余变形较大，防火涂层脱落明显，部分位置有螺栓滑移和焊缝撕裂现象，离火场较近部位的钢结构连接区防火涂层碳化现象严重，有残余变形和屈曲扭转现象。

6.2.2.4 现场检查小结

经对该装置框架结构整体进行了系统、全面检查，结论如下：

(1) 非过火区域。非过火区域钢构件外观质量较好、构件和节点均无明显损伤和破坏，构件无明显变形，防火保护涂层基本完好无损，基本达到了图纸设计要求。

(2) 火灾情况。起火地点位于三层东南角的（3-B）轴~(3-C）轴/（3-1）轴~(3-3）轴。火势向下蔓延到第二层，向上蔓延到第四层，屋面基本未受火灾影响；火灾区域（3-2~3-3)/(3-B~3-C）范围内的二层、三层及四层构件的受火温度均达到700℃，其余临近火灾区域构件的受火温度基本在600℃以下。

(3) 结构火灾损伤状况。过火区域内钢框架柱、钢框架梁、钢拉梁、钢板以及构件连接点的防火涂层有不同程度的损伤，部分有较大残余变形和屈曲扭转现象，部分连接节点有螺栓滑移和焊缝撕裂现象。

6.2.3 现场检测结果

6.2.3.1 主要承重钢构件钢材强度检测

现场使用里氏硬度计对主要承重钢构件进行金属硬度的抽样无损检测。采用表面硬度法对钢材强度进行检测，即直接测试钢材上的里氏硬度，根据《金属里氏硬度试验方法》(GB/T 17394.3）对该装置钢框架抽查构件钢材里氏硬度进行检测，并依据《黑色金属硬度及强度换算值》(GB/T 1172）钢材里氏硬度与抗拉强度的换算关系换算出所测钢材的抗拉强度值。

(1) 钢框架柱钢材强度检测。根据设计图纸，该装置框架结构钢框架柱材质均为Q235B，抗拉强度 σ_b 范围在370~500MPa。由检测结果可知，所测构件里氏硬度（HL）换算强度值均在370~500MPa之间，达到原设计Q235B钢的强度值，满足设计要求。

(2) 钢框架梁钢材强度检测。根据设计图纸，该装置框架结构钢框架梁材质均为Q235B，抗拉强度 σ_b 范围在370~500MPa。由检测结果可知，所测构件里氏硬度（HL）换算强度值均在370~500MPa之间，达到原设计Q235B钢的强度值，满足设计要求。

(3) 钢拉梁钢材强度检测。根据设计图纸，该装置框架结构钢框架拉梁材质均为Q235B，抗拉强度 σ_b 范围在370~500MPa。由检测结果可知，所测构件里氏硬度（HL）换算强度值均在370~500MPa之间，达到原设计Q235B钢的强度值，满足设计要求。

6.2.3.2 主要承重钢构件截面尺寸检测

(1) 钢框架柱截面尺寸检测。根据《钢结构工程施工质量验收规范》(GB 50205）的相关规定，柱截面偏差允许值连接处为±3，非连接处为±4。根据检测结果，所检测的钢框架柱构件尺寸、钢材厚度与设计基本相符。

(2) 钢框架梁截面尺寸检测。根据《钢结构工程施工质量验收规范》(GB 50205）的相关规定，H型钢截面偏差允许值 $h<500$ 时为±2，$500<h<1000$ 时为±3。根据检测结果，

所检测的钢框架主梁构件尺寸、钢材厚度与设计基本相符。

(3) 钢框架拉梁截面尺寸检测。根据《钢结构工程施工质量验收规范》(GB 50205)的相关规定，H 型钢截面偏差允许值 $h<500$ 时为 ±2，$500<h<1000$ 时为 ±3。根据检测结果，所检测的钢框架主梁构件尺寸、钢材厚度与设计基本相符。

6.2.3.3 主要承重钢构件连接焊缝检测

现场对主要承重构件连接焊缝进行了超声探伤检测，并辅以磁粉探伤。

根据《钢结构焊接规范》(GB/T 50661) 的要求，现场抽检焊缝无缺陷及损伤，满足规范要求。

6.2.3.4 主要承重钢构件螺栓连接检测

根据《钢结构现场检测技术标准》(GB/T 50621) 及《钢结构工程施工质量验收规范》(GB 50205) 的要求，对螺栓外观质量进行检测，经现场检测，大部分螺栓连接牢固、可靠，无松动滑移，外露丝扣数满足规范要求，过火区域内个别螺栓连接脱落。

6.2.3.5 装置框架结构变形检测

(1) 装置框架整体垂直度检测。现场用经纬仪对该装置框架进行了垂直度测量，分别在角部设立观测点。

根据《钢结构施工质量验收规范》(GB 50205) 的相关规定，垂直度偏差允许值为 ($H/2500+10.0$)，且 $\leqslant$50mm。从测量结果可以看出，A/3 最大垂直度偏差测量值为 50mm，在允许范围之内，满足规范要求。

(2) 装置框架层间变形检测。现场用经纬仪对该装置框架层间变形进行测量，选取层间变形较大的柱构件设立观测点。

(3) 框架柱垂直度检测。现场采用垂直检测尺对框架柱的垂直度进行检测。

根据《钢结构施工质量验收规范》(GB 50205) 的相关规定，垂直度偏差允许值为 $H/1000$，且 $\leqslant$10mm。从测量结果可以看出，过火区域内部分柱垂直度偏差超出了允许范围，需进行加固或者拆除处理。

(4) 框架梁挠度检测。现场采用水准仪选定相对高度基准的方法，对部分框架梁的挠度进行检测。

根据《钢结构施工质量验收规范》(GB 50205) 的相关规定，框架梁挠度变形允许值为 $L/1500$，且 $\leqslant$25mm；根据上述抽检结果，过火区域内部分框架梁挠度变形超出允许误差范围，需进行加固或者拆除处理。

6.2.3.6 现场检测小结

(1) 根据设计图纸，该装置框架结构钢框架柱、主梁、拉梁材质均为 Q235B，抗拉强度 σ_b 范围在 370~500MPa。由检测结果可知，所测构件里氏硬度 (HL) 换算强度值均在 370~500MPa 之间，达到原设计 Q235B 钢的强度值，满足设计要求。

(2) 根据《钢结构工程施工质量验收规范》(GB 50205) 的相关规定，所测框架柱、主梁和拉梁构件尺寸、钢材厚度与设计基本相符。

(3) 根据《钢结构焊接规范》(GB/T 50661) 的要求，所抽检焊缝无缺陷及损伤，满足规范要求。

(4) 根据《钢结构现场检测技术标准》(GB/T 50621) 及《钢结构工程施工质量验收

规范》(GB 50205)的要求，大部分螺栓连接牢固、可靠，无松动滑移，外露丝扣数满足规范要求，过火区域内螺栓连接质量较差。

(5)根据《钢结构工程施工质量验收规范》(GB 50205)的相关规定，从所测装置框架的整体垂直度、层间变形、框架柱垂直度和框架梁挠度等的测量结果可以看出，过火区域内部分构件偏差超出了允许范围，需进行加固或者拆除处理。

6.2.4 钢构件及连接安全性分析与评定

6.2.4.1 火灾后钢结构构件的鉴定评级

依据《火灾后建筑结构鉴定标准》(CECS 252)，对火灾后的钢构件进行鉴定评级，应根据构件防火保护受损、残余变形与撕裂、局部屈曲与扭曲、构件整体变形4个子项进行评定，并取按各子项所评定的损伤等级中的最严重级别作为构件损伤等级，评定级别分为Ⅱa、Ⅱb、Ⅲ级和Ⅳ级。当构件火灾后严重烧灼损坏、出现过大的整体变形、严重残余变形、局部屈曲、扭曲或部分焊缝撕裂导致承载力丧失或大部丧失，应采取安全支护、加固或拆除更换措施时评为Ⅳ级，当火灾后钢结构构件严重破坏，难以加固修复，需要拆除或更换时该构件可评为Ⅳ级，其余评级标准详见《火灾后建筑结构鉴定标准》(CECS 252)。

6.2.4.2 火灾后钢结构连接的鉴定评级

依据《火灾后建筑结构鉴定标准》(CECS 252)，对火灾后的钢结构连接进行鉴定评级，应根据防火保护受损、连接板残余变形与撕裂、焊缝撕裂与螺栓滑移及变形断裂3个子项进行评定，并取按各子项所评定的损伤等级中的最严重级别作为构件损伤等级，评定级别分为Ⅱa、Ⅱb、Ⅲ级和Ⅳ级。当火灾后钢结构连接大面积损坏、焊缝严重变形或撕裂、螺栓烧损或断裂脱落，需要拆除或更换时，该构件连接鉴定科评为Ⅳ级，其余评级标准详见《火灾后建筑结构鉴定标准》(CECS 252)。根据火灾后钢结构连接损伤状况检查结果和现场检测结果，按照《火灾后建筑结构鉴定标准》(CECS 252)的相关规定对钢结构连接损伤等级评定。

6.2.5 装置框架结构危险性鉴定及处理意见

6.2.5.1 装置框架结构危险性鉴定

按照《火灾后建筑结构鉴定标准》(CECS 252)、《危险房屋鉴定标准》(JGJ 125)及国家有关规范要求，并依据现场检查、检测及分析结果，对该装置框架结构构件、上部承重结构、房屋整体的安全性进行综合鉴定评价，提出评价结论。

(1)装置框架结构构件危险性鉴定。构件危险性鉴定，其等级评定可分为危险构件Td和非危险构件Fd两类。根据损伤等级来评定危险等级。其中危险框架柱数16个，危险框架梁数24个，危险主要拉梁数15个，危险一般拉梁区域数6个，危险板区域数10个。

(2)装置框架结构整体危险性鉴定。依据《危险房屋鉴定标准》(JGJ 125)，综合判断装置框架结构危房等级为C级，即部分承重结构承载力不能满足正常使用要求，局部出现险情，构成局部危房。

6.2.5.2 结论及建议

（1）装置框架结构安全性鉴定结论。依据《火灾后建筑结构鉴定标准》（CECS 252）及《危险房屋鉴定标准》（JGJ 125）等相关标准、规范，经对该装置框架架构的现场检查、检测及分析，得出安全性鉴定结论如下：

1）该装置框架结构部分承重结构承载力不能满足正常使用要求，局部出现险情，构成局部危房，危险性鉴定等级为C级，显著影响结构整体承载及安全性能，应采取措施。

2）该装置框架结构受损构件按损伤等级评为Ⅱa级、Ⅱb级、Ⅲ级和Ⅳ级。其中受损钢框架柱数Ⅱa级7个，Ⅱb级4个，Ⅲ级12个，Ⅳ级3个；受损钢框架梁数Ⅱa级3个，Ⅱb级8个，Ⅲ级10个，Ⅳ级14个；受损主要钢拉梁数Ⅱa级1个，Ⅱb级7个，Ⅲ级9个，Ⅳ级6个；受损一般钢拉梁区域数Ⅱa级4个，Ⅱb级5个，Ⅲ级1个，Ⅳ级10个；受损钢板区域数Ⅳ级10个。

（2）装置框架结构处理意见及建议：

1）对鉴定等级为Ⅱa级的构件可不采取措施或仅采取提高耐久性的措施。

2）对鉴定等级为Ⅱb级的构件采取提高耐久性或局部处理和外观修复措施。

3）对鉴定等级为Ⅲ级的构件采取加固措施。钢柱可以采用补强柱截面、增设支撑等方法进行加固；钢梁可以采用补增梁截面、增设下支撑等方法进行加固；钢结构连接节点可以采用补焊、更换高强度螺栓连接等方法进行加固。

4）对鉴定等级为Ⅳ级的构件采取拆除并更换。

6.3 钢结构煤气柜安全检测鉴定实例分析

该钢结构煤气柜位于我国南方沿海城市，建造于20世纪90年代。该煤气柜已使用20多年，先后出现脱轨、卡轨、柜壁穿孔等现象，特别是近年来，漏气点的出现越来越频繁，煤气柜由于其储存物质的高危险性，其安全性关系到周围大面积建筑物及人员的安全，为了检验该煤气柜是否可以继续安全使用，特对其整体结构进行检测鉴定。

6.3.1 工程概况

该煤气柜共分五节塔，每层塔高11.00m，水柜高11.28m，水柜直径为67.00m，各节塔直径依次减小1.0m，至一塔直径减至62.0m，一塔拱顶高5.0m，各塔节间设导轨螺旋上升或下降，各节塔上挂圈设有楼梯（如图6-3所示）。

图6-3 15万m^3煤气柜

6.3.2 现场调查

6.3.2.1 地基与基础调查

该煤气柜基础采用450mm×450mm方桩，300号混凝土，接桩为硫磺砂浆锚固，共441根，间距3.0m，单桩允许承载力165t，最后贯入度小于等于 2mm/锤（10t 气锤，落距 0.6m）。现场检查没有发现由于地基沉降引起的上部结构异常，说明地基及基础现状良好。

6.3.2.2 上部结构调查

该煤气柜均属于湿式煤气柜，共分五级塔，每节塔高 11.0m，各塔间采用上挂圈和下挂圈相互连接，各塔上挂圈上表面设有钢梯，塔壁设导轨，煤气柜主体为钢结构。煤气柜上部各节塔结构现状出现柜体表面有较大面积凹进变形、轨道锈蚀较严重、柜壁锈蚀严重，出现多处漏气点等现象（如图 6-4 所示）。

(a) (b) (c) (d)

图 6-4 现场检查缺陷

（a）脱轨情况；（b）柜体表面锈蚀；（c）柜底外圈混凝土开；（d）漏气点

6.3.3 现场检测

6.3.3.1 柜体变形测量

根据检测数据可以看出：

（1）煤气柜 2 塔的垂直度在 10~20mm 之间，3 塔垂直度平均值达到 33.74mm。

（2）煤气柜各塔间距离平均值均较小，在 -4.47~2.81mm 之间，标准差数量级相同，最小值 11.05mm，最大值 31.68mm。

（3）煤气柜 3 塔垂直度平均值达到 33.74mm，这是由于检测时 3 塔未完全升起，检测位置距离完全升起尚有2.0m，由于柜体上下挂圈之间没有横向骨架，柜体均有外鼓趋势，所以检测点距离上下挂圈位置越远偏差越大，从上面测量数据可以看出，各塔节间距是在上下挂圈位置测量，所以均值最大仅为-4.47mm，垂直度大多是在距离下节塔上挂圈1.5m处检测，偏差均值最大值-18.49mm，而15万m^3煤气柜3塔由于检测位置距离上下挂圈最远，所以偏差均值也最大，达到33.74mm。

6.3.3.2 柜体钢板厚度检测

采用超声波对柜体钢板厚度进行检测，检测结果见表6-8。

表6-8 煤气柜壁厚测量数据分析

煤气柜	腐蚀平均值/mm	标准差/mm
15万m^3	-0.34	0.29

从以上数据及分析结果可以看出，煤气柜的柜壁普遍腐蚀变薄，15万m^3煤气柜柜壁腐蚀量90%位于-0.82~0.00mm之间。考虑到检测选点时有意避开了腐蚀严重部位，不属于完全随机抽样，结果偏于危险，即实际情况要比检测结果更为不利。15万m^3煤气柜测厚数据腐蚀量散点图如图6-5所示。

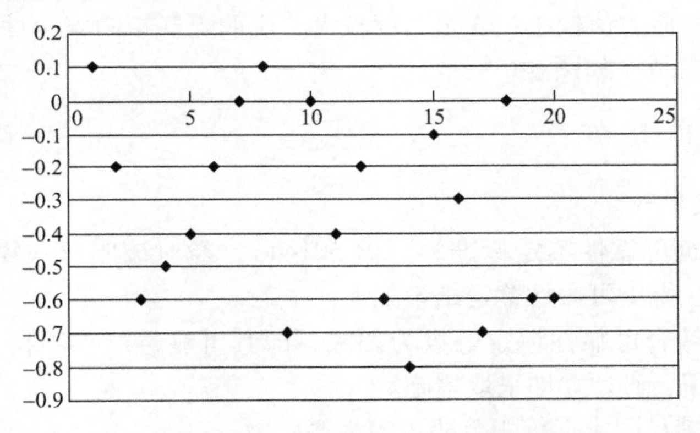

图6-5 15万m^3煤气柜测厚数据腐蚀量散点图（mm）

6.3.3.3 柜体钢结构硬度检测

采用数显智能HLN-11型硬度计对钢材硬度进行检测，从测试数据和数据分析结果可以看出，柜体钢结构强度普遍满足Q235钢的要求，标准差分别为9.34MPa，说明钢材强度离散性小、强度性能稳定，均达到了设计要求。

6.3.4 结构验算

6.3.4.1 结构计算模型及基本假定

（1）计算模型。柜体由水柜和多级塔节组成，均为圆柱形壳体结构，塔节前通过上下挂圈连接，壳体周圈设有立柱作为骨架，立柱按杆单元，柜体按壳单元进行验算，壁厚按实测数据进行验算分析。

（2）基本假定：

1）塔节间轨道、导轮连接按铰接考虑。

2）杆单元、壳单元之间连接按刚接考虑。

3）杆单元计算长度按连接情况根据规范要求选取。

6.3.4.2 计算荷载

（1）荷载种类：

1）恒载：主要为柜体钢结构自重，在计算中按照实际情况取值。

2）活荷载：包括水柜内水重、柜内气压、走道活荷载、风荷载等。

3）地震作用：地震作用按规范反应谱计算，抗震设防烈度为7度，设计基本地震加速度值为0.10g，设计地震第一组，Ⅱ类场地土，场地卓越周期 T_g=0.35s，重力荷载代表值为自重与各可变荷载组合值之和，即（恒载+0.5活荷载）。

（2）荷载取值：

1）走道活荷载：2.00kN/m^2。

2）柜内气压：3000Pa。

3）基本风压：0.50kN/m^2，地面粗糙程度按B类。

6.3.4.3 验算结果

煤气柜均采用有限元法进行计算，从计算结果可以看出，柜体承载力均满足规范要求，柜体框架和柜壁应力值较小，安全裕度较大，说明煤气柜的安全性主要是由柜体腐蚀而不是截面承载力控制（如图6-6所示）。

6.3.5 综合评估及建议

6.3.5.1 鉴定结论

依据《工业建筑可靠性鉴定标准》（GB 50144），经对该座湿式煤气柜的现场检查、检测，计算及分析，得出可靠性鉴定结论如下：

（1）煤气柜的综合可靠性评定等级为四级，即其可靠性严重不符合国家现行规范要求，已不能正常使用，必须立即采取措施。

（2）可靠性不满足国家现行规范要求的主要原因：

1）15万m^{3}煤气柜的4、5塔多处出现穿孔漏气，15万m^{3}煤气柜的1、2、3塔腐蚀也非常严重，同时柜体钢板变形严重，多处出现凸起或凹陷。虽然对漏气点采取了补焊钢板和密封胶封堵等措施，但多处堵漏点已再次出现漏气，煤气柜已不具备继续作为密封压力容器的条件。

2）对煤气柜耐久性进行评估，评定等级为d级，即不满足继续使用的要求。

3）根据《工业建筑可靠性鉴定标准》（GB 50144）关于钢结构构件的安全性不适于继续承载的锈蚀评定标准，柜体钢板评级为D级，即极不符合规范要求，已严重影响安全。

4）柜壁腐蚀程度评价为最差级——穿孔级。

5）防腐层状况评定等级——差。

6）寿命预测——零，已达到使用年限。

7）柜体腐蚀损伤评价——第五类腐蚀，即腐蚀程度很严重，应尽快更换。

8）煤气柜各塔变形均较明显，从现场检测结果可以看出，各塔节普遍存在“鼓肚”

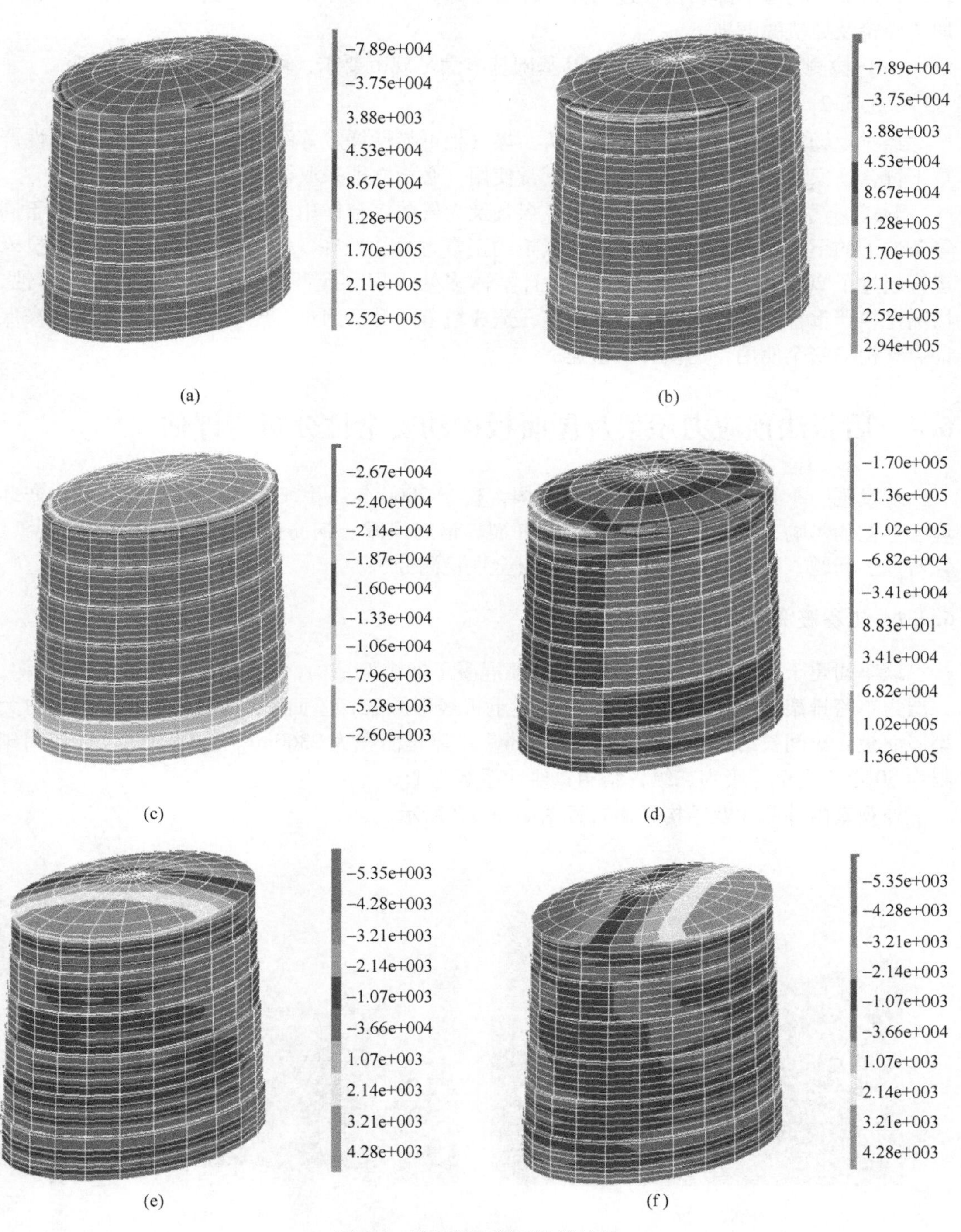

图 6-6 煤气柜有限元计算结果

(a) 煤气柜 σ_x 最大应力云图；(b) 煤气柜 σ_y 最大应力云图；(c) 煤气柜 σ_z 最大应力云图；(d) 煤气柜 σ_{xy}最大应力云图；(e) 煤气柜 σ_{xz}最大应力云图；(f) 煤气柜 σ_{yz}最大应力云图

现象，造成各轨道中部磨损痕迹明显，并引起部分导轮与导轨脱开，升降阻力加大，且增加了导轮及导轨的磨损。

（3）检测及计算分析表明，地基基础基本满足规范要求，可不必进行处理。

6.3.5.2 处理意见

经对现场检查、检测、计算、分析，煤气柜可靠性评定等级为第四级，即其可靠性严重不符合国家现行规范要求，已不能正常使用，必须立即采取措施。

湿式煤气柜由于采取水封，在水、煤气及大气的综合作用下，腐蚀速度要远远大于同等条件下的干式煤气柜，国内湿式煤气柜的正常寿命一般在 5~15 年，这两座煤气柜投入运行超过了 20 年，已属于超期服役，且柜体多处出现穿孔漏气，柜体表面大面积腐蚀，情况比较严重，同时柜体变形非常明显，造成塔节间升降困难，已不能通过正常维护来保证煤气柜的安全使用，建议拆除重建。

6.4 后张法预应力屋架及屋面板振动安全性分析与评估

现发现一车间为钢筋混凝土排架结构，建于 2000 年，由于使用年限已久，受生产环境、工艺的影响，该车间局部屋架出现开裂、钢筋裸露、钢筋锈蚀、屋面板渗漏等现象。针对以上问题，决定对该车间厂房进行安全性检测分析。

6.4.1 工程概况

该车间建于 2000 年。结构形式为钢筋混凝土框排架结构，共两层，一层为框架结构，二层为单跨排架结构，屋顶为预应力混凝土折线形屋架，屋面采用 1.5m×6.0m 预应力大型屋面板。车间长约 131.1m，宽约 18.0m，总建筑面积为 2360m^2。该建筑的设计使用年限为 50 年，安全等级为二级，结构重要性系数为 1.0。

外观室内外照片及结构平面布置图如图 6-7 所示。

(a)

(b)

图 6-7 现状照片

（a）背立面外观；（b）屋面现状

车间结构平面图如图 6-8 所示。

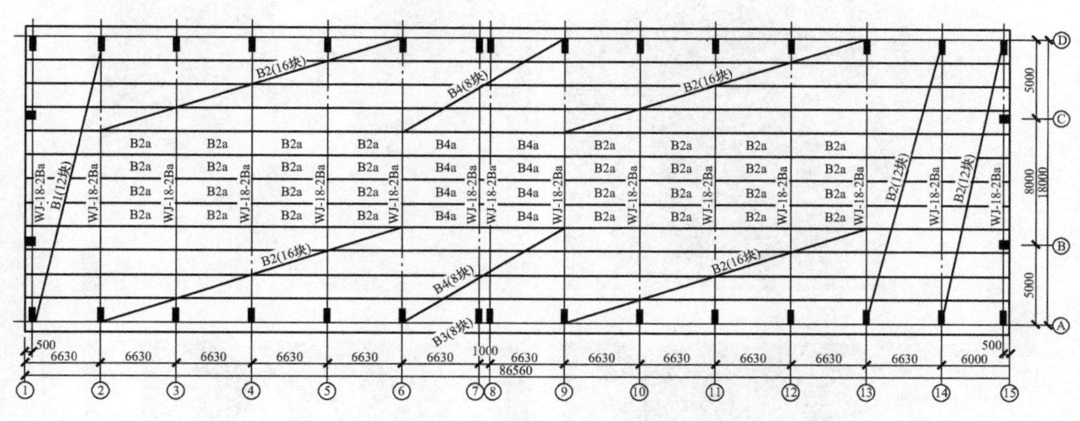

图 6-8 车间屋面平面图

6.4.2 检测鉴定目的

该车间建于 2000 年。由于使用年限已久，受生产环境、工艺的影响，该车间局部屋架出现开裂、钢筋裸露、钢筋锈蚀、屋面板渗漏等现象。我单位派员工对该车间屋架及屋面进行检测，以保证车间今后的安全使用，掌握当前车间结构安全使用状况，并提供后期修复处理的建议。

6.4.3 现场调查的结果

6.4.3.1 屋架及屋面外观情况

屋架采用钢筋混凝土折线形屋架，屋盖设置有上弦支撑，未设置下弦支撑，支撑均为角钢，现场检查发现，角钢锈蚀较为严重。屋面板采用 1.5m×6.35m 预应力混凝土大型屋面板，局部屋面板存在较为严重的渗漏、泛碱现象严重，部分屋架存在混凝土保护层脱落、钢筋锈蚀现象。部分混凝土线性屋架的腹杆已开裂，建设单位已委托加固单位局部进行了包钢加固或修复。具体情况如图 6-9 所示。

6.4.3.2 屋架裂缝检查

现场检查发现，该屋架腹杆及下弦杆均出现不同程度的开裂现象，裂缝最大宽度为 2.24mm。各屋架裂缝如图 6-10 所示。

6.4.4 检测结果

6.4.4.1 氯离子含量检测

（1）氯离子含量测定。此次混凝土试样均取自预应力线性屋架。对混凝土氯离子含量的测定是在现场取样，在试验室进行测定的。

（2）测定结果分析。从检测结果可以看出，氯离子含量为 2.32%~3.40%，均大于规范规定的限值要求 0.06%，可认为对钢筋的腐蚀有严重影响。屋架的混凝土强度等级为 C25，不满足设计要求的 C30。

图 6-9 屋架及屋面板外观检查照片
(a) 尾架现状(一);(b) 尾架现状(二);(c) 尾架现状(三);(d) 尾架现状(四)

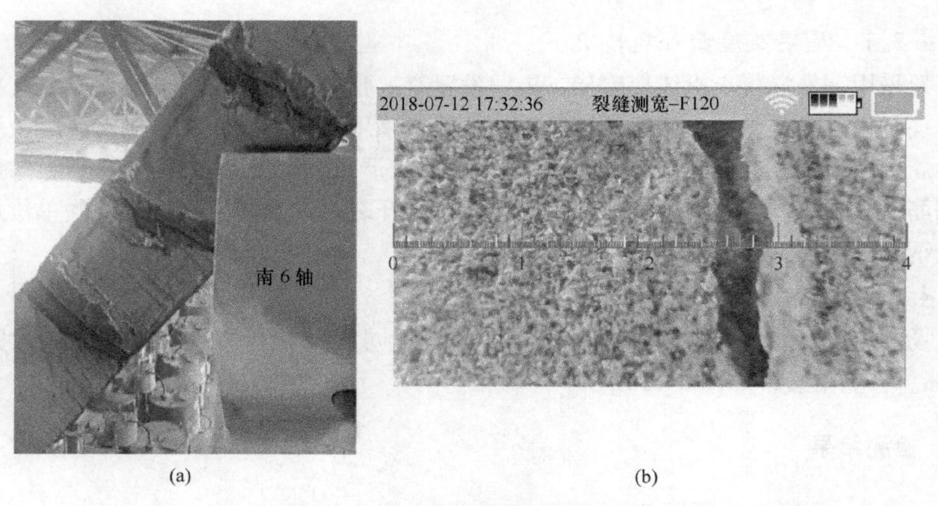

图 6-10 裂缝检查照片
(a) 6 轴屋架腹杆开裂;(b) 6 轴屋架缝宽 1.13mm

6.4.4.2 震动测试

A 测试工况

测试工况:在屋面风机全部运转时,在屋面进行振动速度测试。

屋面板平面分别布置测点：

（1）分别在 5 轴、11 轴有风机的跨中位置布置水平和垂直两组拾振器。

（2）在无风机的 14 轴跨中位置布置水平和垂直两组拾振器。

B　A302 型无线加速度传感器

（1）此次测振采用 A302 型无线加速度传感器（如图 6-11 所示）。无线加速度传感器节点使用简单方便，可极大地节约测试中由于反复布设有线数据采集设备消耗的人力和物力，广泛应用于振动加速度数据采集和工业设备在线监测。系统节点结构紧凑，体积小巧，由电源模块、采集处理模块、无线收发模块组成，内置加速度传感器，封装在 PPS 塑料外壳内。其中无线收发模块的使用，使无线加速度器的通信距离大大增加，省去了接线的限值和麻烦，提供高了工作效率。

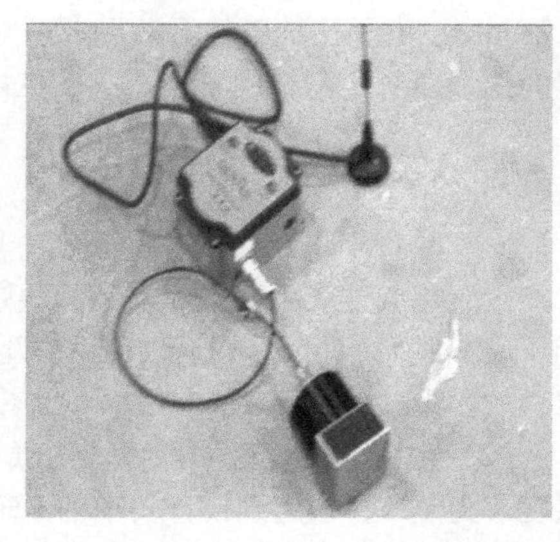

图 6-11　A302 型无限加速度传感器

（2）振动容许标准。振动容许标准主要基于两方面的考虑：1）动力设备的振动不应对操作人员造成不良影响；2）避免振动过大对设备支承结构及邻近建筑物造成损害。

（3）操作区的允许振动限值（基于人的考虑）。表 6-9 是原冶金工业部为防止操作区振动超过人们的容许振动指标而制订的振动容许标准。

表 6-9　允许振动速度

振动方向	振动频率 $f_{\odot}$/Hz	允许振动速度 v/mm·s^{-1}
垂　直	8~100	3.2
	1~8	25.6/$f_{\odot}$
水　平	1~100	6.4

注：本表为《机器动荷载作用下建筑物承重结构的振动计算和隔振设计规程》（YS J009）规定的限值，指操作人员在一班内连续工作 8h，受同强度稳态振动时，操作人员健康不受损害，正常工作不受影响的限值。当间歇受振时，该值相应修正。

（4）ISO 推荐的建筑振动标准（基于建筑物的考虑）如图 6-12 所示。

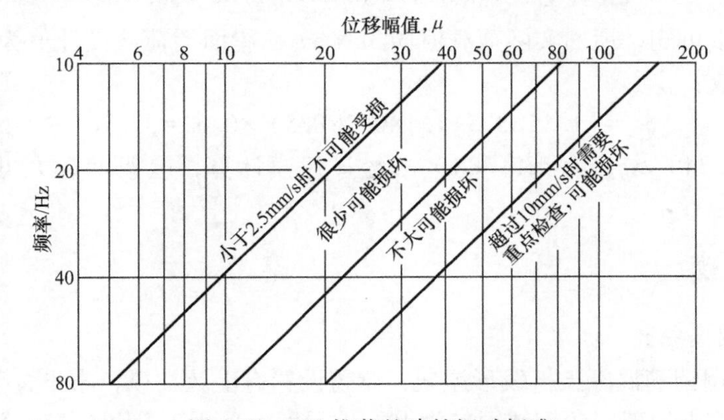

图 6-12　ISO 推荐的建筑振动标准

C 测试结果汇总

根据检测结果可知，布置在屋面板上的 6 个测点垂向速度峰值超过《机器动荷载作用下建筑物承重结构的振动计算和隔振设计规程》（YS J009）规定的操作区的允许振动限值 3. 2mm/s；由 ISO 推荐的振动标准可知，各点最大振动速度均超过 5mm/s，说明由风机引起的振动会对厂房结构安全造成不良影响。

6. 4. 5 计算分析结果

6. 4. 5. 1 计算说明

按照承载能力极限状态对该建筑进行分析验算。计算方法的要点如下：

（1）构件尺寸按照检测结果和设计值综合推定，取最不利值。构件尺寸满足设计要求，故取设计值。

（2）混凝土强度按照原设计图纸和检测结果综合推定，取最不利值。该屋架的混凝土强度仅为 C25，未达到设计要求的 C30，故取检测值 C25。

分析软件采用北京盈建科软件股份有限公司编制结构计算软件 YJK 对该屋架在正常使用条件下进行承载力验算。

6. 4. 5. 2 计算模型及结果

（1）屋架计算模型如图 6-13 所示。

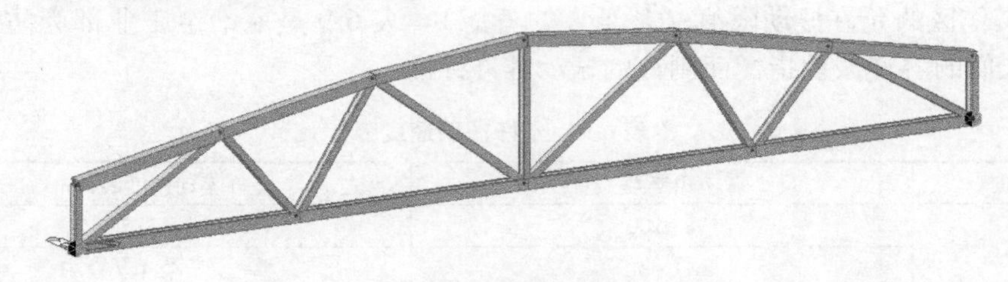

图 6-13 屋架计算模型

（2）屋架计算结果。根据设计图纸可知，该屋面选用自图集《钢筋混凝土折线形屋架》95（03）G314 中的 WJ-18-2Ba，屋面荷载设计值 4. 0kN/m^2，屋面活荷载设计值为 0. 5kN/m^2，屋架间距 6. 0m，故：

$$q_{设} = (1.35 \times 4.0 + 1.4 \times 0.7 \times 0.5) \times 6 = 35.34$$

根据设计图纸可知，屋面实际荷载值 3. 3kN/m^2，屋面活荷载设计值为 0. 5kN/m^2，屋架间距 6. 63m，故：

$$q_{实} = (1.35 \times 3.5 + 1.4 \times 0.7 \times 0.5) \times 6.63 = 32.78$$

因 $q_{设}$（=35. 34）>$q_{实}$（=32. 78），故经过建模计算，屋架承载力可满足正常使用要求。

6. 4. 6 结论与建议

6. 4. 6. 1 调查结论

（1）屋架采用钢筋混凝土折线形屋架，屋盖设置有上弦支撑，未设置下弦支撑，支撑均为角钢，现场检查发现，角钢锈蚀较为严重。屋面板采用 1. 5m×6. 35m 预应力混凝土大型屋面板，局部屋面板存在较为严重的渗漏、泛碱现象严重，部分屋架存在混凝土保护层脱落、钢筋锈蚀现象。部分混凝土线性屋架的腹杆已开裂，建设单位已委托加固单位局部进行了包钢加固或修复。

（2）现场检查发现，该屋架腹杆及下弦杆均出现不同程度的开裂现象，最大裂缝为2.24mm。

6.4.6.2 检测结论

（1）抽检的屋架混凝土的氯离子含量为2.32%~3.40%，均大于规范规定的限值要求0.06%，可认为对钢筋的腐蚀有严重影响。屋架的混凝土强度等级为C25，不满足设计要求的C30。

（2）布置在屋面板上的6个测点垂直向速度峰值超过《机器动荷载作用下建筑物承重结构的振动计算和隔振设计规程》（YS J009）规定的操作区的允许振动限值3.2mm/s；由ISO推荐的振动标准可知，各点最大振动速度均超过5mm/s；说明由风机引起的振动会对厂房结构安全造成不良影响。

6.4.6.3 分析结论

在现有使用情况和荷载作用下，该屋架的承载力满足结构安全使用要求。

6.4.6.4 建议

（1）对屋架及屋面板进行更换处理。

（2）对屋面系统采取减振措施。

6.5 双曲线冷却塔鉴定分析

该双曲线冷却塔现结构破损严重，并且原设计在计算和构造上与现行混凝土结构、抗震规范亦有较大区别。为保证该冷却塔可以达到下一个目标使用年限，必须对其进行安全性、耐久性、适用性及抗震性能鉴定分析，通过鉴定分析结果提出加固意见及处理措施。

6.5.1 工程概况

该双曲线冷却塔于20世纪70年代后期建成投产，塔高105m，基础底面直径84.590m；通风筒喉部直径43.8m。由于冷却塔已使用30年左右，结构现状与设计情况已有所不同，人字柱、风筒环梁、筒身出现钢筋锈蚀、混凝土破损现象，并且筒身外壁出现多条裂缝。为保证安全使用现对该构筑物可靠性进行检测鉴定，为今后利用改造提供可靠依据，保证结构实现新功能和安全正常使用。

6.5.2 现场调查、检查

6.5.2.1 地基与基础

地基基础的承载能力和施工质量直接影响着冷却塔的安全。该冷却塔为钢筋混凝土环型基础，基础底面中心线直径84.590m，基础顶面直径（标高0.20m）82.726m；环型基础底部宽度6000mm，基础设计标号200号（C18），基础底面埋深-2.500m，环型基础下部100号混凝土垫层至压实土层上，地基承载力特征值为200kPa，土壤弹性模量$E=60\text{kg/m}^2$，不考虑地下水。检查未发现有基础不均匀沉降产生的柱倾斜变形和开裂。对地基土土壤酸碱度进行测试，pH=6.7 左右，基本上中性，对结构或基础混凝土无侵蚀性。

6.5.2.2 柱子

冷却塔下由 44 对钢筋砼人字柱支撑，人字柱混凝土设计强度 300 号（C28），断面尺寸为 550mm×550mm。现场调查发现该冷却塔人字柱的现状较差，钢筋保护层厚度不均匀。人字柱钢筋保护层厚度未能按设计要求，其中许多柱正面主筋保护层厚度较大，在 60mm 左右，部分侧面和大多数背面的主筋保护层厚度较小，许多不足 20mm。以至普遍出现钢筋外露生锈、混凝土锈胀裂缝等缺陷。冷却塔人字柱包括裂缝等的现状综合评级为 C 级。

6.5.2.3 环梁

通风筒下部钢筋砼环梁底部标高 7.800m，高 3000mm，混凝土设计强度 300 号（C28），环梁设计保护层厚度 30mm。现场调查发现 4 号塔环梁较多混凝土保护层脱落、钢筋外露锈蚀，顺主筋锈胀裂缝，较多实际保护层薄引起的梁底钢筋外露现象。冷却塔风筒环梁包括裂缝等的现状综合评级为 C 级。

6.5.2.4 通风筒

通风筒外壁的水平筋在竖向筋的外侧，水平筋的设计保护层厚度为 25mm，由于施工控制的不严，实际钢筋保护层厚度离散性较大，大量钢筋保护层厚度严重不足，钢筋锈胀外露，严重影响冷却塔的结构耐久性。冷却塔通风筒现状调查见表 6-10。

表 6-10 冷却塔通风筒现状

塔号及位置	现 状	构件裂缝现状评级
塔筒外壁	混凝土保护层薄，较大范围钢筋锈胀至表面混凝土酥裂，大量钢筋外露锈蚀，出现多条裂缝，现状很差，外壁混凝土碳化深度 15~20mm	C
塔筒内壁	有涂料保护，现状较好，内壁混凝土碳化深度 4~6mm	B

6.5.2.5 其他

淋水装置成方格状，支柱有 100 余根，截面尺寸 350mm×350mm，主梁截面 250mm×500mm，次梁截面 150mm×350mm。主梁和支柱、次梁和主梁间用预埋铁件焊接连接，缝隙用 C28 混凝土填充。

淋水装置下的支柱、主次梁有少量缺陷，基本完好。4 个竖井及若干主水槽和分水槽基本完好。淋水板上下层均采用憎水、憎泥的塑料格板，目前格板基本良好，个别格板有缺损。

6.5.2.6 构件尺寸检查及偏差

根据建设时期的《电力建设施工及验收技术规范（建筑工期程篇）》（SDJ 69）建筑工程篇对冷却塔模板安装允许偏差要求，实际测量构件尺寸及偏差，基本满足验收规范要求。

6.5.3 现场检测

6.5.3.1 混凝土碳化检测

碳化深度测量结果具体数值见表 6-11。

表 6-11 碳化深度测量结果

位置		碳化深度/mm	备注
冷却塔	人字柱	10~16	
	风筒内侧	4~6	
	风筒外侧	15~20	

6.5.3.2 混凝土强度检测

采用回弹、取芯、回弹超声综合法测得的各构件混凝土强度计算均满足设计强度C28，计算时可以按照原设计强度考虑。

6.5.3.3 氯离子含量检测

对混凝土氯离子含量的测定是在现场取样，在试验室进行测定的。测定结果氯离子含量平均值为0.1%（水泥含量）。《混凝土结构设计规范》（GB 50010）第3.4条规定，在非严寒和非寒冷地区的露天环境下，最大氯离子含量（占水泥用量）不得大于0.3%。可见测定的混凝土中氯离子的含量小于规范规定的最大氯离子含量（占水泥用量）0.3%，对照上述描述，该含量对钢筋的腐蚀影响不大。

6.5.3.4 钢筋位置、直径、数量及保护层厚度检测

现场实测和剖开检查结果表明人字柱、风筒钢筋直径、间距和数量基本与原设计图符合。人字柱钢筋实际保护层厚度未能按设计要求：纵筋保护层为30mm。其中许多柱正面主筋保护层厚度较大，在60mm左右，部分侧面和大多数背面的主筋保护层厚度较小，许多不足20mm。通风筒外壁的水平筋在竖向筋的外侧，水平筋的设计保护层厚度为25mm，由于施工控制的不严，实际钢筋保护层厚度离散性较大，大量钢筋保护层厚度不足10mm，钢筋锈胀外露，严重影响冷却塔的结构耐久性。

6.5.3.5 混凝土内钢筋锈蚀程度检测

采用半电池电位法对冷却塔人字柱、内外筒壁进行钢筋锈蚀程度检测，检测结果表明，人字柱、外筒壁钢筋处于腐蚀活化的概率为50%；内筒壁钢筋处于腐蚀活化的概率为10%。

6.5.4 结构计算分析

6.5.4.1 结构计算模型及基本假定

此次鉴定取空间整体模型进行验算。风筒部分采用壳单元，其他构件在结构静力、动力计算时，按三维杆系力学模型进行简化。即结构的各杆件均为空间杆单元，其他边界条件、荷载条件和截面特性等按实际情况确定。淋水装置单独进行分析。结构计算模型如图6-14所示。

6.5.4.2 计算荷载

（1）恒载。包括结构自重、平台荷载及设备自重（按工艺提供的改造后的荷载）。

（2）活荷载。基本风压取0.64kN/m^2，地面粗糙程度按B类。

（3）地震作用。地震作用按规范反应谱计算，设防烈度为6度，地震分组为第二组，设计基本加速度值为0.05g，场地土为Ⅱ类场地土。

6.5.4.3 验算结果

根据前述的前提条件和分析方法，用SAP2000程序对本冷却塔各构件进行了计算。

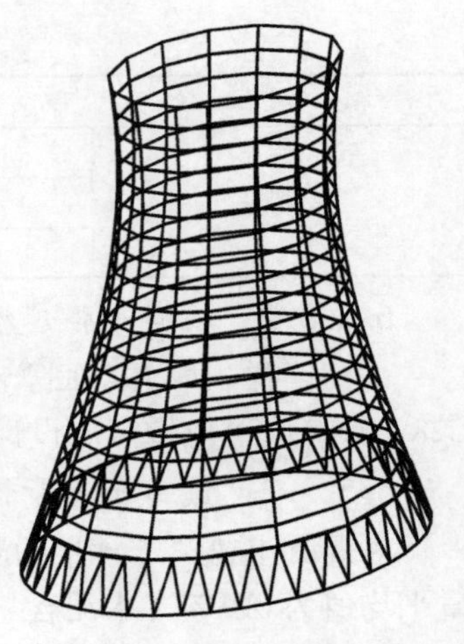
图 6-14 冷却塔结构计算模型

根据《构筑物抗震设计规范》(GB 50191)，当采用振型分解反应谱法计算抗震承载力时，对淋水面积为4500m^{2}的塔筒宜取不少于3个振型。

冷却塔有部分人字柱的主筋锈蚀较严重，钢筋截面积有损失，结构承载能力受到削弱，需要进行加固处理。

已有建筑物在静荷载的长期作用下，基础下的地基土会产生不同程度的压密并固结，土体的强度有一定程度的提高，一般情况下，砂性土强度主要依靠地基土的压密作用，使内摩擦角 φ 增大，从而提高地基承载力。黏性土由于压密和固结作用使黏聚力 c 值改变，从而使承载力增大。

因上部结构自重未增加，考虑地基长期作用强度增长，地基基础承载力满足要求。

6.5.5 冷却塔可靠性综合评级

依据《工业建筑可靠性鉴定标准》(GB 50144)，按承重结构体系的传力树，并按基本构件及非基本构件中A、B、C、D级的数量及比例，将整体结构作为单元评定其可靠性等级综合评级，结果见表6-12。

表 6-12 冷却塔可靠性综合评级

<table>
<tr><th rowspan="2">塔号</th><th rowspan="2" colspan="2">项 目 名 称</th><th colspan="3">项目各子项评定</th><th rowspan="2">系统评定</th><th rowspan="2">综合评定</th></tr>
<tr><th>承载力</th><th>构造连接</th><th>裂缝等现状</th></tr>
<tr><td rowspan="10">4号塔</td><td colspan="2">结构布置</td><td>—</td><td>—</td><td>—</td><td>A</td><td rowspan="10">三级</td></tr>
<tr><td rowspan="2">地基基础</td><td>地 基</td><td>A</td><td>A</td><td>A</td><td rowspan="2">A</td></tr>
<tr><td>基础</td><td>A</td><td>A</td><td>A</td></tr>
<tr><td rowspan="5">结构</td><td>混凝土人字柱</td><td>B</td><td>A</td><td>C</td><td rowspan="5">C</td></tr>
<tr><td>混凝土环梁</td><td>A</td><td>A</td><td>C</td></tr>
<tr><td>混凝土风筒</td><td>A</td><td>A</td><td>C</td></tr>
<tr><td>淋水构架柱及主次梁</td><td>A</td><td>B</td><td>A</td></tr>
<tr><td>竖井</td><td>A</td><td>A</td><td>A</td></tr>
<tr><td rowspan="2">淋水装置</td><td>水槽</td><td>A</td><td>B</td><td>B</td><td rowspan="2">B</td></tr>
<tr><td>淋水板</td><td>A</td><td>B</td><td>B</td></tr>
</table>

根据评级结果，此冷却塔综合评定为三级，即建（构）筑物的可靠性在未来目标使用期内不满足国家现行规范要求，需要加固、补强，个别项目必须立即采取措施。

6.5.6 鉴定结论及处理意见

6.5.6.1 结论

依据相关规范标准，对此冷却塔进行了现场检查、检测、计算及分析后，得出结论如下：

(1) 冷却塔综合评定均为三级，即这两座冷却塔的可靠性不满足国家现行规范要求，需要采取加固、补强措施。

(2) 人字柱、风筒外壁的结构耐久性情况较差。原因是结构在经过若干年的使用后混凝土的碳化深度普遍已达到或超过实际的钢筋保护层厚度，钢筋周围失去碱性保护而出现大量锈蚀。

风筒内壁有防腐涂料的保护，现状较好，碳化深度为4.0mm左右，但涂料处于半失效状态，需要重刷。

风筒外壁既无防腐涂料保护，钢筋的保护层厚度又偏小，因此锈胀比较严重，内外比较相差悬殊。

冷却塔结构整体的耐久性等级很低，针对这些情况，应采取措施对结构进行耐久性加固处理，改善其耐久性，提高剩余使用寿命。人字柱、风筒外壁、内壁等构件表面处理的防腐涂料需要定期涂刷。

(3) 可靠性不满足国家现行规范要求的主要原因是：冷却塔的环梁、风筒外壁、人字柱的缺陷较多并且有的相当严重，个别人字柱有施工缺陷，上下部均有人为后补施工缝的痕迹，修补没有深入到内部，留有安全隐患。而且部分在结构传力树中占主要地位的柱、梁等重要构件耐久性不足，应采取措施进行加固处理。

(4) 测及检查表明，该建筑原结构混凝土强度等级基本达到原设计要求。

(5) 冷却塔有部分人字柱的主筋锈蚀较严重，钢筋截面积有损失，结构承载能力受到削弱，承载力安全裕度低于1.0的人字柱分别约占一半，需要进行加固处理。

(6) 经检测鉴定分析，地基基础、环梁、风筒筒身结构承载力满足要求，但环梁、风筒外壁的结构耐久性较差。

(7) 淋水装置中支柱、主次梁、水槽的结构承载力满足要求，但结构耐久性较差；淋水板有缺失和破损，需要恢复或全数更换。

6.5.6.2 处理意见

(1) 对于人字柱中的抗震构造和耐久性不足的问题，对少量破损较严重的人字柱应预先进行临时支顶，然后对所有有缺陷的人字柱外面腐蚀疏松的混凝土凿除，外露钢筋彻底除锈，对少数纵向主筋锈蚀较严重的部分采取补焊钢筋增强的加固办法。清理干净后涂刷界面剂，用高标号的修补砂浆修补。待修补砂浆的强度达到要求时进行根部和上部1000mm范围内外包碳纤维加固，挂钢丝网或碳纤维表面抹胶、撒砂，然后将全部表面抹水泥砂浆面层保护，再刷混凝土防腐涂料，以解决如下问题：1) 解决箍筋未加密、偏少的不足；2) 由于约束作用，提高柱混凝土的轴心受压强度；3) 解决耐久性的问题。

对角部的锈胀裂缝，应先进行凿除疏松混凝土和钢筋除锈清理干净后刷界面剂，用修补砂浆进行修补；对蜂窝麻面部位，先凿除清净，再用修补砂浆处理，之后进行碳纤维加固。

(2) 对风筒内壁定期清理、涂刷防腐涂料。冷却塔外壁，先对露筋、破损部位进行除锈清理，然后用修补砂浆处理。再在表面整体涂刷混凝土防腐涂料，并每隔10年重刷一次。

(3) 对风筒环梁的混凝土破损、露筋锈蚀应先剔除疏松混凝土，钢筋除锈清理干净后抹修补砂浆修补。

(4) 重新使用前，应对建筑和淋水装置做一次全面检查修复，并使之满足工艺要求及抗震要求。水槽外缘距塔筒内壁应留有间隙，距离不小于50mm。对塔内预制混凝土水槽表面存在的少量破损要用砂浆修复并刷防腐涂料。

（5）对淋水装置支柱及主次梁的缺陷进行修补。破损露筋的进行除锈后抹修补砂浆处理。对支柱表面进行彻底打磨清理后对表面重新涂刷环氧煤焦油两遍。重新使用前，应对淋水装置主梁与支柱、主梁与次梁的连接预埋件进行检查，如有锈蚀，应重新补焊或加固固定。

（6）冷却塔淋水装置柱顶支承着主水槽、分水槽、配水槽体系，下一层支承着主梁、次梁，在主次梁上托着塑料网隔板。冬季运行有时会结冰，应注意及时清理。应选用优质塑料淋水填料。

（7）塔内生锈钢栏杆的更换及塔顶处的生锈钢栏杆等钢构件的更换及新老连接加固和刷防锈漆。考虑到塔内的环境，拆除后更换为镀锌钢管栏杆，与埋件焊接锚固牢靠，刷红丹底漆、灰色面漆。

爬梯、9m平台进入洞钢门等外露金属构件定期除锈，刷底、面漆，如有破坏严重应重新锚固或更换。

6.6 重型钢结构厂房局部改造主体结构可靠性鉴定分析

钢结构工业厂房是指主要的承重构件是由钢材组成的，主要承重构件包括钢柱子、屋架梁、吊车梁、支撑构件。钢结构工业厂房有施工方便、抗震性能优越、跨度大等诸多优点，所以钢结构厂房在很多工业企业中得到应用。根据工业生产的需要，在实际生产中，很多工业企业都存在对厂房进行改造的情况。如何使厂房在改造后能够安全正常使用，是每一个工业企业管理者必须首先解决的问题，因此在进行工业厂房改造前期对厂房进行涉及改造方面的安全性鉴定尤为重要。

6.6.1 工程概况

该厂房建筑结构形式为多跨单层门式刚架结构，基础采用柱下独立基础，由于生产需要，现对该厂房进行局部改造。

改造内容为：

（1）J~M轴原有两台16t天车，现均更换成32t天车。

（2）F~J轴原有一台16t天车、一台25t天车，现将16t天车更换成32t天车，25t天车暂不更换（但受力分析按照更换成32t天车考虑）。

（3）R~M/17~21原有一台5t天车，现更换为50t天车，改造后的吊车梁轨顶标高变更为13.5m。

根据相关规范要求，使用荷载产生较大变化时应对结构进行安全鉴定，因此对该厂房涉及改造的区域进行了检测鉴定。此次鉴定工作主要是基于委托方改造方案以及厂房的现状、实际的承载能力进行检测、鉴定、分析，确定其安全裕度并提出鉴定结论及加固或更换的建议。

6.6.2 现场检查结果

6.6.2.1 地基基础检查

该厂房基础采用独立承台基础。现场在对厂房上部结构进行检查时未发现由于地基不均匀沉降造成的上部结构明显的倾斜、变形、裂缝等缺陷，建筑地基和基础无静载缺陷，地基基础基本完好。对柱基础进行开挖，对开挖的基础进行尺寸复核，结果与原设计基本相符。

现场采用 pH 试纸对土壤酸碱度进行测试，3 个测定点的 pH 值见表 6-13。

表 6-13 基础回填土酸碱度测试结果

项目	测点一	测点二	测点三	备注
pH 值	6.9	6.9	7.0	中性
	6.9	6.8	7.0	
	6.8	7.0	6.9	

从测试结果可以看出，土壤酸碱度基本为中性，对混凝土基础基本无影响。

6.6.2.2 柱系统检查

现场对该厂房钢柱现状进行检查，柱身完整无破损、变形现象，但从整体来看，仍存在以下几个问题：

（1）部分柱根部防锈涂料脱落，个别柱出现轻微锈蚀现象。

（2）17/J 柱牛腿的安装螺栓缺失。

（3）所有钢柱均通过后期焊接在钢柱上的支架悬挂管道，现场检查发现管道直径在 100~400mm 之间，部分位置的钢柱上放置多达 4 根管道，且管道荷载较大，由于后期临时增加的焊接支架对钢柱本身造成烧蚀损伤，且管道荷载影响了钢柱的正常设计受力情况，建议拆除另行放置。

6.6.2.3 柱间支撑系统检查

柱间支撑均采用交叉支撑。目前厂房实际柱间支撑布置与设计相符。柱间支撑现场缺陷检查结果显示 14~15/F 轴间的柱间支撑出现轻微锈蚀，其余柱间支撑基本完好，未发现明显的碰撞损伤情况。

6.6.2.4 屋面板及刚架梁

厂房刚架梁、屋面支撑的布置符合设计图纸要求，在 R~M/17~21 之间有两处屋面支撑出现变形，其余基本完好。屋面板与设计相符，同时现场未见明显的破损和锈蚀现象发生，积灰较少。

6.6.2.5 吊车系统检查

钢结构吊车梁选用 Q345 钢，钢吊车梁的截面尺寸、厚度及强度检测见“现场检测结果”。在现场检查中未发现吊车梁有明显的破损和锈蚀现象发生，仅个别吊车梁与牛腿的连接螺栓发生脱落，F 轴、E 轴大部分吊车梁上后期焊接有 L 形角铁，角铁下方悬挂线槽。现场可见焊接已经对吊车梁下翼缘造成了烧蚀损伤。

6.6.2.6 构造检查

（1）结构形式和布置。当有桥式吊车时，门式刚架的平均高度不宜大于 12m。该厂房已超过门式刚架规范要求，但符合《钢结构设计规范》（GB 50017）要求。

（2）构件形式及连接构造。在刚架转折处（单跨房屋边柱柱顶和屋脊），应沿房屋全长设置刚性系杆，该厂房满足。

（3）屋盖系统。屋盖支撑布置在以下几个方面不满足《建筑抗震设计规范》（GB

50011）9.2.12 条的要求：

1）对于高低跨厂房，在低跨屋盖横梁端部支撑处，应沿屋盖全长设置纵向水平支撑。现场检查发现厂房在低跨屋盖横梁端部支撑处未设置全长纵向水平支撑。

2）当设置沿结构单元全长的纵向水平支撑时，应与横向水平支撑形成封闭的水平支撑体系；高低跨宜按各自的标高组成相对独立的封闭支撑体系。现场检查发现厂房未设置封闭的水平支撑体系。

3）设防烈度 8 度时，有檩屋盖应在厂房单元端开间及上柱柱间支撑开间各设一道横向支撑。现场检查发现厂房单元端开间及上柱柱间支撑开间未设置足够的横向支撑。

（4）刚架构造。经现场检查，门式钢架的构造基本满足规范要求。

（5）吊车系统。当桥式吊车起重量较大时，尚应采取措施增加吊车梁的侧向刚度。该厂房后期局部改造时增设了制动桁架。

（6）围护结构。经现场检查，该厂房的围护结构设置基本满足规范要求。

由以上检查结果可知，该厂房在结构布置、结构构件连接构造、屋盖系统、吊车梁系统等方面有个别项目未满足《门式刚架轻钢房屋钢结构技术规程》（CECS 102）的相关要求，但大部分符合《钢结构设计规范》（GB 50017）的要求。

6.6.2.7 现场检查照片

现场检查照片如图 6-15 所示。

6.6.3 现场检测

此次检测主要包括材料强度、厚度、构件尺寸复核、轨距、轨顶标高、刚架柱侧移、地基沉降等项目，经对厂房结构全面检测，主要有以下几条结论：

（1）钢构件强度。由检测结果汇总可知：1）钢吊车梁腹板、翼缘的实测强度在 471~551MPa 之间，达到原设计 Q345 钢的强度值，计算时可以按照 Q345 级别钢验算其承载力能力和疲劳强度。2）刚架柱的实测强度在 421~491MPa 之间，达到原设计 Q235 钢的强度值，计算时可以按照 Q235 级别钢验算其承载力能力。

（2）钢构件厚度。从检测数据的汇总结果可以看出，R 轴吊车梁钢板厚度与设计基本相符，刚架柱腹板厚度与结洽-1 说明不符，部分吊车梁钢板厚度与设计不相符，计算时按照现场检测厚度进行验算。

（3）防腐涂层厚度检测。根据现场检测钢构件的防腐层厚度发现，现役钢构件防腐层薄厚不均，现场检查发现部分钢柱根部防腐层已经脱落，且发生了轻微锈蚀。

（4）钢柱侧移检测。根据测量结果可以看出，此次抽检测量的钢柱未超出规范要求，纵向倾斜最大位置在 4/J 柱，倾斜量为 8mm，倾斜度为 0.89/1000；横向倾斜最大位置在 11/J 柱，倾斜量为 8mm，倾斜度为 0.89/1000。

（5）轴线复核。现场对部分轴线进行复核，复核结果表明现场实际轴线与原设计相符。

（6）构件尺寸复核。此次对钢柱、吊车梁进行了尺寸复核，复核结果显示，部分构件尺寸与原设计不符，在计算时按照现场检测尺寸进行验算分析。

（7）柱基础混凝土强度检测。现场采用回弹法检测柱基础混凝土强度，检测结果为混

(a) (b) (c) (d) (e) (f)

图 6-15 现场检查照片

（a）F~J 跨内部情况；（b）J~M 跨内部情况；（c）R~M/17~21 之间屋面支撑变形；（d）钢柱上焊接支架；（e）M/6 柱下部锈蚀、潮湿；（f）17/J 牛腿螺栓缺失

凝土推定强度为 29.7MPa，满足原设计 C25 混凝土的强度要求，计算时可以按照原设计值验算其承载力能力。

6.6.4 结构验算结果

6.6.4.1 计算说明

厂房主体为单层门式刚架结构，对改造后厂房的安全性进行计算分析。

根据原设计图纸及改造资料，结合现场检查、检测结果，采用 PK-PM 系列软件对结构进行验算。建筑的材料标准强度取实测材料强度推定值，构件截面尺寸以实测为准，荷载根据使用要求按现行国家标准《建筑结构荷载规范》规定取值。吊车荷载按照甲方提供的改造后吊车相关参数进行计算。厂房整体模型如图 6-16 所示。

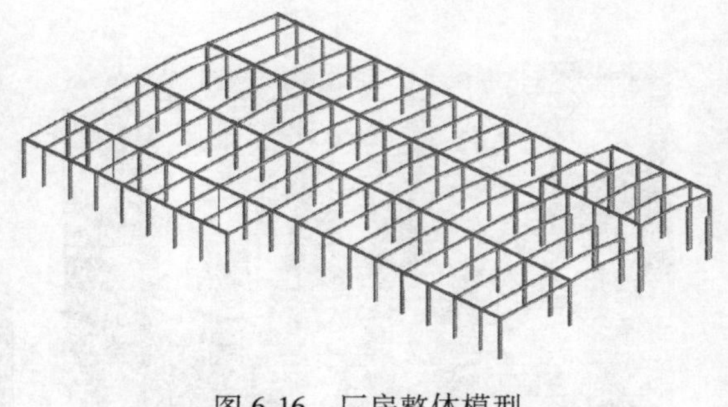

图 6-16　厂房整体模型

6.6.4.2　计算荷载

（1）荷载种类：

1）恒载：包括结构构件自重、围护墙板和屋盖自重等。

2）活荷载：包括屋面活荷载、吊车荷载等。

3）风荷载和雪荷载。

4）吊车荷载。

5）地震作用：地震作用按规范反应谱计算。

（2）荷载取值：

1）屋面活荷载：0.5kN/m^2。

2）风荷载：按照《建筑结构荷载规范》的规定取基本风压为 0.45kPa。

3）雪荷载：按照《建筑结构荷载规范》的规定取基本雪压为 0.4kPa。

4）吊车荷载：根据甲方提供的改造资料，厂房各跨吊车布置如图 6-17 所示，各吊车参数见表 6-14。

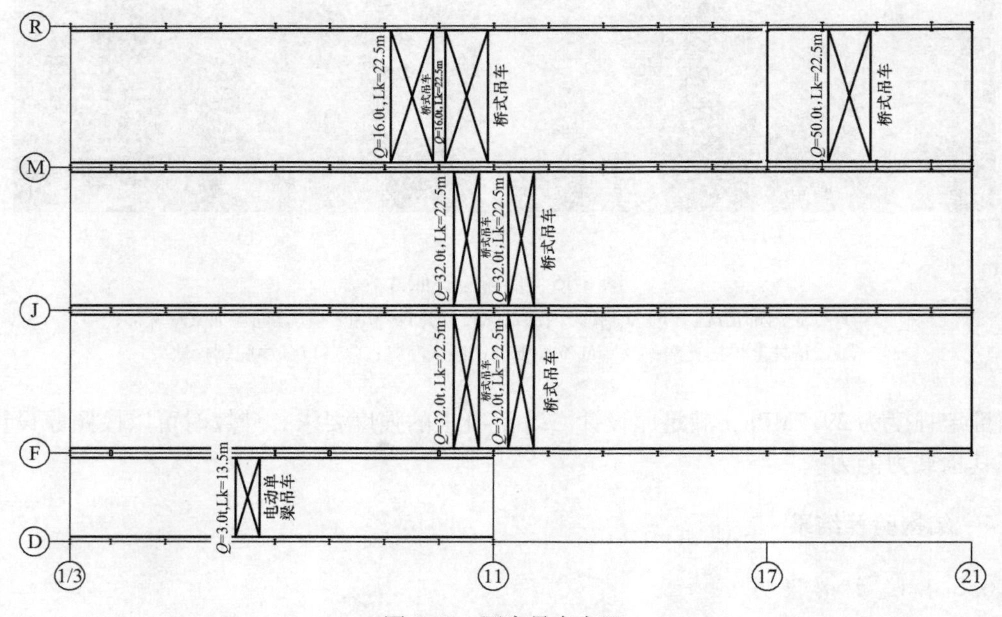

图 6-17　厂房吊车布置

表 6-14 吊车参数

起重量/t	跨度/m	一侧轮子数	最大轮压/t	最小轮压/t	工作制
16	13.5	2	20.3	3.0	A6
32	22.5	4	11.35	1.91	A5
50	22.5	4	16.63	2.7	A5

6.6.4.3 验算结果

A 地基基础验算结果

根据设计图纸，均采用钢筋混凝土独立柱基，地基持力层的地基承载力特征值为130kPa。对鉴定范围内地基基础进行验算可知，改造后各地基基础承载能力满足要求。

B 刚架构件验算结果

对各刚架进行承载能力验算，其中，GJ-3 和 GJ-3a 上下柱均按现有截面进行计算，牛腿顶面及厂房净高按改造要求取值，屋面梁按现有截面进行验算。

由表 6-15 可知，改造后，厂房刚架柱承载能力满足要求，部分刚架梁承载能力不满足要求。

表 6-15 刚架构件安全裕度验算结果

序号	刚架编号	刚架柱最小安全裕度	刚架梁最小安全裕度
1	GJ-1	1.11	0.91
2	GJ-1a	1.14	0.92
3	GJ-1b	1.14	0.85
4	GJ-2	1.06	0.80
5	GJ-3	1.19	0.98
6	GJ-3a	1.20	0.93

C 吊车梁计算结果

该厂房采用钢吊车梁。

根据改造方案，M~R/17~21 轴间吊车起重量由 5t 增至 50t，吊车荷载增加幅度大，原有吊车梁建议更换。

对鉴定范围内其余各吊车梁进行承载能力验算可知，各吊车梁安全性均满足要求，但 J~M 跨 GDL-16Z 吊车梁计算竖向相对挠度 1/938，超出规范限值（1/1000）。建议对该跨吊车梁进行更换。

D 牛腿验算结果

根据改造方案，M~R/17~21 轴间吊车起重量由 5t 增至 50t，且牛腿标高下移，需重新设计牛腿。

根据计算结果可知，F~M 轴各牛腿承载能力均不满足要求，最小安全裕度 0.72。

E 柱间支撑验算结果

厂房在 7~8 轴、14~15 轴、17~18 轴设置上下柱支撑，在温度区段端部第一个开间（1/3）~4 轴和 20~21 轴设上柱支撑。

M/17~21、R/17~21 范围，由于刚架柱高度变化，需重做上柱支撑。其余各柱间支撑承载能力均满足要求。

F 屋面支撑验算结果

厂房屋面各水平支撑长细比超限，平面内计算长细比最大值达 455；平面外计算长细比最大值达 386（有重级工作制吊车的厂房，拉杆长细比不宜大于 350）。

6.6.5 可靠性等级的评定

6.6.5.1 结构系统评级

（1）地基基础系统。在改造后荷载作用下，地基基础的承载力满足现行国家标准《建筑地基基础设计规范》（GB 50007）的要求，且上部结构不存在由于地基不均匀沉降造成的结构构件倾斜或开裂，可靠性评定等级为 A。

（2）上部承重结构系统。在改造后荷载作用下，上部结构构件部分刚架梁承载能力不满足要求，其余构件承载能力满足要求，屋盖支撑布置不满足要求，上部承重结构系统可靠性评定为 D 级。

（3）围护结构系统。围护结构的可靠性等级为 A 级。

6.6.5.2 可靠性综合评级

该厂房可靠性综合评级结果见表 6-16。

表 6-16 厂房可靠性综合评级结果

<table>
<tr><td colspan="2">层 次</td><td>Ⅱ</td><td>Ⅰ</td></tr>
<tr><td colspan="2">层 名</td><td>结构系统评定</td><td>鉴定单元综合评定</td></tr>
<tr><td rowspan="4">可靠性鉴定</td><td>等级</td><td>A、B、C、D</td><td rowspan="4">四</td></tr>
<tr><td>地基基础</td><td>A</td></tr>
<tr><td>上部承重结构</td><td>D</td></tr>
<tr><td>围护结构</td><td>A</td></tr>
</table>

根据对厂房的现状检查、检测结果，并按照改造后的荷载状况考虑，现有厂房结构体系可靠性评定等级为四级，即不符合国家现行标准规范的可靠性要求，已严重影响整体安全，必须立即采取措施。

6.6.6 可靠性鉴定结论及处理意见

6.6.6.1 可靠性鉴定结论

依据《工业建筑可靠性鉴定标准》（GB 50144），经对厂房的现场检查、检测、计算及分析，得出可靠性鉴定结论如下：

根据对厂房的现状检查、检测结果，并按照改造后的荷载状况考虑，现有厂房结构体系可靠性评定等级为四级，即不符合国家现行标准规范的可靠性要求，已严重影响整体安全，必须立即采取措施。

6.6.6.2 处理意见

（1）刚架梁。对承载能力不满足要求的刚架梁采取加大截面方式加固共 17 根。

(2) 刚架柱。厂房刚架柱承载能力满足要求，不需加固。

(3) 吊车梁。M~R /17~21 区域吊车梁更换；其余吊车梁安全性均满足要求，但 J~M 跨 GDL-16Z 吊车梁计算竖向相对挠度 1/938，超出规范限值（1/1000），建议对该跨吊车梁进行更换。

(4) 牛腿。F~J 跨、J~M 跨牛腿采取加大截面方式进行加固；M~R/17~21 区域牛腿重新设计。

(5) 原有屋面水平支撑重新设计更换，增设屋盖纵向及横向支撑。

(6) 对于钢构件出现锈蚀的应打磨重新涂刷防腐涂料。

(7) 吊车梁上后期焊接有 L 形角铁，角铁下方悬挂线槽焊有线盒应进行拆除。

(8) M/17~21、R/17~21 范围需重做上柱支撑。

7　民　用　建　筑

7.1　玻璃幕墙施工质量检测鉴定分析

某办公楼为框架结构，西面和南面部分区域采用框架式幕墙，幕墙铝合金型材采用建筑行业用6063-T5和6063-T6铝合金型材。由于近年来国内玻璃幕墙因施工质量问题导致的安全事故频频发生，考虑到该建筑的使用环境可能对其耐久性的影响，故对其玻璃幕墙施工质量进行检测鉴定分析。

7.1.1　工程概况

该办公楼位于我国南部沿海城市开发区，该办公楼共4层，为框架结构，二类建筑。结构平面为矩形，长边长度约36m，短边长度约16m，高度约16.8m，总建筑面积约1993.67m^2。

该办公楼西面和南面部分区域采用框架式幕墙，幕墙的抗震设防烈度为6度，地震动峰值加速度为0.05g，幕墙年温度变化为80℃，基本风压0.5kN/m^2，地面粗糙度为B类，风压重现期为50年。

幕墙铝合金型材采用建筑行业用6063-T5和6063-T6铝合金型材，尺寸精度按超高精级，符合国家标准（GB/T 5237）的有关规定。幕墙结构用型钢采用Q235B低碳钢，Q235B低碳钢表面做热浸锌工艺处理，浸锌层厚度≥45μm。立面主体采光区幕墙采用6mm厚钢化中空玻璃。铝板选用国产优质2.5mm厚铝单板。低发泡间隙双面胶带选用中等硬度的聚氨基甲酸乙酯低发泡间隙双面胶带。螺栓、螺钉、固定件、连接件及所有与铝构件直接接触的五金件均为316不锈钢材，与钢构件接触的五金件均为优质镀锌件。门窗五金配件为成品小五金及316不锈钢制成。

该建筑耐火等级为一级。抗震设防烈度为6度，结合工程建筑结构的特点，在满足主体结构抗震构造方面，设计中幕墙与主体结构的连接均采用可位移连接，即在发生地震破坏时，幕墙结构不会约束主体结构的位移变形，而是可以与主体结构发生相对位移或变形。该办公楼南立面平面图及外立面照片如图7-1所示。

7.1.2　检测内容

检测内容见表7-1。

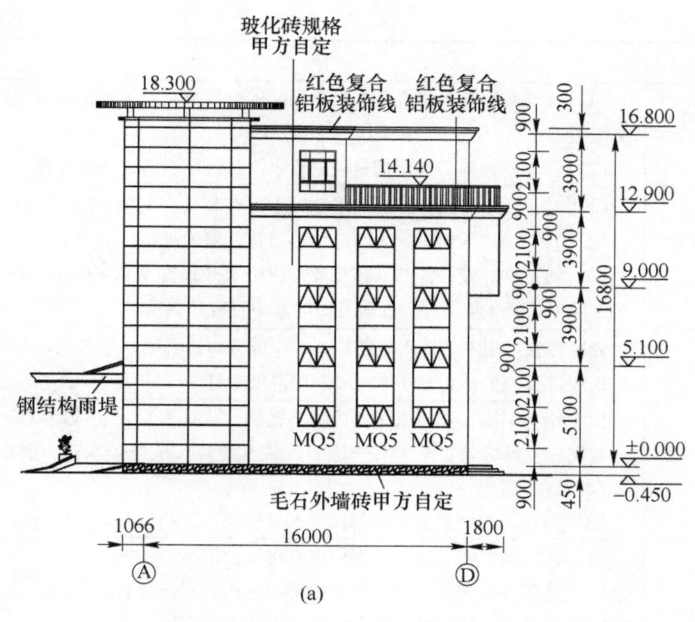

(a)

(b)

图 7-1 该化工企业办公楼

（a）南立面示意图；（b）外立面照片

表 7-1 检测内容

检查类别	检查项目	检查内容
型材	锈蚀腐蚀检查	检查金属腐蚀情况，重点检查螺栓连接处、与主体结构连接处、防雷连接点处等位置，检查型材截面主要受力部位的变形、损坏情况，检查钢型材和金属板材表面防腐处理层的损坏和基材锈蚀情况
面板	玻璃应力检查	用偏振片检查玻璃是否经钢化处理，钢化玻璃表面应力 $\sigma \geqslant 95$MPa
硅酮胶及密封材料	硅酮耐候密封胶	（1）表面光滑，不得有裂缝现象，接口处厚度和颜色应一致； （2）注胶应饱满、平整、密实、无缝隙； （3）密封胶黏结形式、宽度应符合设计要求，厚度不应小于 3.5mm

续表 7-1

检查类别	检查项目	检　查　内　容
五金件及其他配件	五金件外观	(1) 玻璃幕墙中与铝合金型材接触的五金件应采用不锈钢材料或铝制品，否则应加设绝缘垫片； (2) 除不锈钢外，其他钢材应进行表面热镀锌或其他防腐处理
	转接件连接件	(1) 转接件、连接件外观应平整，不得有裂纹、毛刺、凹坑、变形等缺陷； (2) 当采用碳素钢时，表面应作热镀锌防腐处理； (3) 转接件、连接件的开孔长度不应小于开孔宽度加 40mm，孔边距离不应小于开孔宽度的 1.5 倍，转接件、连接件的厚度不得有负偏差
	紧固件	紧固件宜采用不锈钢六角螺栓，并应带有弹簧垫圈；当未采用弹簧垫圈时，应有其他防松脱措施；主要受力杆件不应采用自攻螺钉
	滑撑、限位器	(1) 滑撑、限位器应采用奥氏体不锈钢，表面光洁，不应有斑点、砂眼及明显划痕，金属层应色泽均匀，不应有气泡、露底、泛黄、龟裂等缺陷，强度、刚度应符合设计要求； (2) 滑撑、限位器的紧固铆接处不得松动，转动和滑动的连接处应灵活、无卡阻
结构和构造	预埋件和幕墙连接	(1) 连接件应安装牢固，螺栓应有防松脱措施； (2) 连接件可调节构造应用螺栓牢固连接并有防滑动措施； (3) 预埋件、连接件表面防腐层应完整、不破损
	幕墙底部连接	(1) 镀锌钢板的连接件不得与铝合金立柱直接接触； (2) 立柱、底部横梁及幕墙板块与主体结构之间应有不小于 15mm 的伸缩空隙，并用弹性密封材料嵌填，不得使用水泥砂浆或其他硬性材料； (3) 密封胶应平顺严密、黏结牢固
	幕墙与周边密封连接	(1) 幕墙四周与主体结构的缝隙，应采用防火保温材料严密填塞，水泥砂浆不得与铝型材直接接触；内外表面应采用密封胶连续封闭，接缝应严密不渗漏，密封胶不应污染周围相邻表面； (2) 幕墙转角、上下、侧边、封口与周边墙体的连接构造应牢固并满足密封防水要求，外表应整齐美观； (3) 幕墙玻璃与室内装饰物的间隙不宜少于 10mm
	立柱连接	(1) 芯管材质规格应符合设计要求； (2) 芯管插入上下立柱的长度均不得小于 200mm； (3) 上下立柱间的空隙不应小于 10mm； (4) 幕墙的上端应与主体结构固定连接，下端应为可上下活动的连接
	开启部位	(1) 开启窗应固定牢固，附件齐全，窗及门框固定螺丝间距应符合设计要求且不宜大于 300mm，与端部距离不应大于 180mm，开启窗开启角度不宜大于 30°，开启距离不宜大于 300mm； (2) 开启窗应启闭灵活，关闭严密，间隙均匀，关闭后四周密封条均处于压缩状态，密封条接头应完好整齐，窗扇与窗框搭接宽度差不应大于 1mm
	防火构造	(1) 防火材料的品种材质、耐火等级和铺设厚度，必须符合设计规定； (2) 玻璃幕墙与各层楼板、隔墙间的缝隙用岩棉或矿棉封堵时，其厚度是否小于 100mm，防火材料是否用厚度不小于 1.5mm 的镀锌钢板承托； (3) 防火材料铺设应饱满连续、均匀无遗漏，不得与幕墙玻璃直接接触
	防雷构造	(1) 幕墙所有金属框架应相互连接，形成导电通路； (2) 连接材料的材质、截面尺寸、连接长度必须符合设计要求； (3) 连接接触面应紧密可靠、不松动； (4) 幕墙金属框架与防雷装置的连接应紧密可靠，应采用焊接或机械连接，形成导电通路

7.1.3 检测结果

7.1.3.1 型材

现场选取5处检测点对型材进行检查，检查结果见表7-2。

表7-2 型材检查结果

检查位置	检 查 结 果
1层/西1~2轴	型材整体外观良好，螺栓连接处、与主体结构连接处、防雷连接点处等重点部位均无锈蚀；型材主要受力部位无变形和损坏；表面防腐处理层无损坏，基材无锈蚀
1层/西4~5轴	
1层/西5~6轴	
1层/南B~C轴	
1层/南C~D轴	

7.1.3.2 面板

现场对幕墙玻璃进行整体普查，普查发现2层/西4~5轴、3层/西4~5轴各缺少一块玻璃；现场抽取5个检测点进行玻璃应力检测，其中，南面测点所在的楼层为2、3层，西面测点所在的楼层为2、3、4层。面板检查结果见表7-3。

表7-3 面板检查结果

检查位置	检 查 结 果
2层/南A~B轴	玻璃均经过钢化处理，表面应力大于95MPa
2层/西5~6轴	玻璃均经过钢化处理，表面应力大于95MPa
3层/南B~C轴	玻璃均经过钢化处理，表面应力大于95MPa
3层/西2~3轴	玻璃均经过钢化处理，表面应力大于95MPa
4层/西4~5轴	玻璃均经过钢化处理，表面应力大于95MPa

7.1.3.3 硅酮胶及密封材料

现场选取5处检测点对硅酮胶及密封材料进行检查。检查发现，硅酮耐候密封胶表面光滑，无裂缝，接口处厚度和颜色一致。注胶饱满、平整、密实、无缝隙。黏结形式符合设计要求。

现场对5处注胶宽度、厚度进行检测，由检测结果可以看出，硅酮耐候密封胶的宽度符合设计要求，厚度均不小于3.5mm。

7.1.3.4 五金件及其他配件

A 五金件

现场选取5处检测点对五金件进行检查，检查结果见表7-4。

表7-4 五金件外观检查结果

检查位置	检 查 结 果
1层/西1~2轴	（1）圆弧形幕墙中玻璃托采用普通碳素钢已明显锈蚀； （2）其他与铝合金型材接触的五金件均采用不锈钢材料或铝制品，表面完好，未发现明显缺陷
1层/西4~5轴	
1层/西5~6轴	
1层/南B~C轴	
1层/南C~D轴	

B　转接件连接件

现场选取 5 处检测点对转接件连接件进行检查，检查结果见表 7-5 和表 7-6。

表 7-5　转接件连接件检查结果

检查位置	检　查　结　果
1 层/西 1~2 轴	转接件、连接件表面均做热镀锌防腐处理，但部分转接件外观不平整，存在毛刺、凹坑等缺陷，有轻微锈蚀
1 层/西 4~5 轴	
1 层/西 5~6 轴	
1 层/南 B~C 轴	
1 层/南 C~D 轴	

表 7-6　转接件连接件检测结果

检查位置	检测结果				规范要求	
	开孔长度 /mm	开孔宽度 /mm	孔边距离 /mm	厚度 /mm	孔边距离 ≥1.5 倍开孔宽度	开孔长度 ≥开孔宽度+40mm
1 层/西 1~2 轴	55	8	13	6.5	满足	满足
1 层/西 4~5 轴	56	9	15	6.2	满足	满足
1 层/西 5~6 轴	53	8	14	6.5	满足	满足
1 层/南 B~C 轴	54	9	14	6.3	满足	满足
1 层/南 C~D 轴	55	8	13	6.3	满足	满足

C　紧固件

现场选取 5 处检测点对紧固件进行检查，紧固件均采用不锈钢六角螺栓，并带有弹簧垫圈，外观良好。

D　滑撑、限位器

现场选取 5 处检测点对滑撑、限位器进行检查，检查结果见表 7-7。

表 7-7　滑撑、限位器检查结果

检查位置	检　查　结　果
1 层/南 C~D 轴	（1）滑撑、限位器表面光洁，无斑点、砂眼及明显划痕；金属层色泽均匀，无气泡、露底、泛黄、龟裂等缺陷； （2）滑撑、限位器的紧固铆接处无松动，转动和滑动的连接处灵活，无卡阻
2 层/南 B~C 轴	
2 层/西 4~5 轴	
3 层/西 3~4 轴	
4 层/西 1~2 轴	

现场使用里氏硬度计检测滑撑、限位器强度，由检测结果可知，滑撑、限位器强度均满足设计要求。

7.1.3.5　结构及构造

A　预埋件和幕墙连接

现场选取 5 处检测点对预埋件和幕墙连接进行检查，检查结果见表 7-8。

表 7-8 预埋件和幕墙连接检查结果

检查位置	检查结果
1层/西1~2轴	(1) 西面预埋件、连接件表面防腐层完整、基本无破损；南面部分预埋件存在锈蚀； (2) 连接件安装牢固，螺栓有防松脱措施
1层/西4~5轴	
1层/西5~6轴	
1层/南B~C轴	
1层/南C~D轴	

B 幕墙底部连接

现场选取5处检测点对幕墙底部连接进行检查，检查结果见表7-9。

表 7-9 幕墙底部连接检查结果

检查位置	检查结果
1层/西1~2轴	镀锌钢板的连接件与立柱未直接接触，立柱、幕墙板块与主体结构之间设有伸缩空隙，空隙大于15mm，伸缩空隙未填充，密封胶平顺严密，黏结牢固
1层/西4~5轴	镀锌钢板的连接件与立柱未直接接触，立柱、幕墙板块与主体结构之间设有伸缩空隙，空隙大于15mm，伸缩空隙未填充，密封胶平顺严密，黏结牢固
1层/西5~6轴	镀锌钢板的连接件未与立柱直接接触，立柱、幕墙板块与主体结构之间设有伸缩空隙，空隙大于15mm，伸缩空隙未填充，密封胶平顺严密，黏结牢固
1层/南B~C轴	镀锌钢板的连接件未与立柱直接接触，立柱、幕墙板块与主体结构之间嵌入砂浆，无伸缩缝隙，密封胶平顺严密，黏结牢固
1层/南C~D轴	镀锌钢板的连接件未与立柱直接接触，立柱、幕墙板块与主体结构直接接触，无伸缩缝隙，密封胶平顺严密，黏结牢固

C 幕墙与周边连接

现场选取5处检测点对幕墙与周边连接进行检查，检查结果见表7-10。

表 7-10 幕墙与周边连接检查结果

检查位置	检查结果
2层/西2~3轴	(1) 幕墙四周与主体结构的缝隙，未采用防火保温材料严密填塞，水泥砂浆与铝型材未直接接触，内外表面均采用密封胶连续封闭，接缝严密无渗漏，密封胶无污染周围相邻表面； (2) 幕墙与周边墙体的连接构造牢固，且满足密封防水要求，外表整齐美观
2层/西4~5轴	
3层/西1~2轴	
3层/南B~C轴	
4层/南C~D轴	

D 立柱连接

现场选取5处检测点对立柱连接进行检查，检查结果见表7-11。

表 7-11　立柱连接检查结果

检查位置	检　查　结　果
1层/西A~B轴	(1) 芯管均采用铝合金材质； (2) 芯管插入上下立柱的长度均大于200mm； (3) 上下立柱间的空隙均不小于10mm
2层/西4~5轴	
3层/西1~2轴	
3层/西5~6轴	
3层/南A~B轴	

E　开启部位

根据《玻璃幕墙工程质量检验标准》(JGJ/T 139)，玻璃幕墙开启部位检查应按各种类各抽查5%，且每一种类不应少于3樘。广东鑫国泰化工有限公司云浮工厂办公楼幕墙的开启部位均为相同类别，南面约有18扇窗，西面约有30扇窗。按照规范规定，现场检查数量均不应少于3个。现场实际检查开启部位5个，南面检查2个，西面检查3个。经现场检查，开启窗均固定牢固、附件齐全、启闭灵活、关闭严密、间隙均匀，关闭后四周密封条均处于压缩状态，密封条接头完好整齐，窗扇与窗框搭接宽度差小于1mm。

对开启部位的窗框固定螺丝间距、开启窗开启角度和开启距离进行检测，由检测结果可以看出，螺丝间距的数值比较离散，相差较大。大部分螺丝间距都大于300mm，开启距离绝大多数不大于300mm，开启角度基本满足规范要求。

F　防火构造

现场选取5个测点对防火构造进行检查。检查结果表明，测点处设置有镀锌钢板，厚度均不小于1.5mm，但未铺设防火材料。

G　防雷构造

现场对防雷构造进行检查。检查结果表明，金属框架均相互连接，形成导电通路。连接材料符合设计要求，连接接触面紧密可靠、不松动。幕墙金属框架与防雷装置的连接紧密可靠，采用焊接连接，形成导电通路。

7.1.4　检测结论

(1) 型材。型材整体外观良好，螺栓连接处、与主体结构连接处、防雷连接点处等重点部位均无锈蚀。型材主力受力部位无变形和损坏。表面防腐处理层无损坏，基材无锈蚀。

(2) 面板。经现场检测，抽检的玻璃均经过钢化处理，表面应力大于95MPa。

(3) 硅酮胶及密封材料。耐候密封胶表面光滑、无裂缝，接口处厚度和颜色一致，注胶饱满、平整、密实、无缝隙。硅酮耐候密封胶的宽度及厚度符合设计要求。

(4) 五金件及其他配件。

1) 一层圆弧形幕墙中玻璃托采用普通碳素钢，已明显锈蚀；其他与铝合金型材接触的五金件均采用不锈钢材料或铝制品，表面完好，未发现明显缺陷。

2) 转接件、连接件表面经热镀锌防腐处理，但部分转接件外观不平整，存在毛刺、凹坑等缺陷，有轻微锈蚀；转接件、连接件的开孔长度、开孔宽度、孔边距均满足规范要求。

3) 紧固件均采用不锈钢六角螺栓，并应带有弹簧垫圈，外观良好。

4) 滑撑、限位器表面完好、无缺陷；紧固铆接处无松动，转动和滑动的连接处灵活、无卡阻，强度满足设计要求。

（5）结构及构造。

1）西面预埋件及连接件表面防腐层完整、基本无破损，南面部分预埋件存在锈蚀；连接件安装牢固，螺栓有防松脱措施。

2）镀锌钢板的连接件与立柱均未直接接触；幕墙西面立柱与主体结构之间设有伸缩空隙，空隙大于15mm，伸缩空隙未填充，幕墙南面立柱与主体结构直接接触，无伸缩缝隙；密封胶平顺严密，黏结牢固。

3）幕墙四周与主体结构的缝隙未采用防火保温材料填塞，水泥砂浆与铝型材未直接接触。内外表面均采用密封胶连续封闭，接缝严密无渗漏；幕墙与周边墙体的连接构造牢固，且满足密封防水要求，外表整齐美观。

4）立柱连接满足规范要求。

5）开启窗均固定牢固、附件齐全、启闭灵活、关闭严密、间隙均匀；关闭后四周密封条均处于压缩状态，密封条接头完好整齐，窗扇与窗框搭接宽度差小于1mm；窗框螺丝间距多数大于300mm，开启距离基本不大于300mm，开启角度均满足规范要求。

6）现场抽取的测点处设置有镀锌钢板，厚度均大于1.5mm，但未铺设防火材料。

7）经现场检查，幕墙防雷装置的设置满足规范要求。

综上所述，该化工厂办公楼幕墙的工程质量基本满足《玻璃幕墙工程质量检验标准》（JGJ/T 139）的要求。

7.1.5 处理建议

（1）一层圆弧形幕墙中玻璃托采用普通碳素钢，已明显锈蚀，建议进行更换。

（2）南面部分预埋件存在锈蚀，建议进行除锈。

（3）幕墙四周与主体结构的缝隙应使用防火保温材料填塞。

7.2 大型预应力混凝土空心板荷载现场试验应用实例分析

预应力混凝土空心板的使用在国外出现于20世纪30年代，目前已达到了一个相当高的水平。当前，我国随着经济的不断发展，基础设施的大规模建设，大型预应力混凝土空心板得到了更为广泛的使用。大型预应力混凝土空心板由于承载能力不足导致的安全事故在国内外屡见不鲜，因此对其进行安全测试是必要的。其中，静载试验是安全测试的重要内容之一。大型预应力混凝土空心板不易运输，采取在现场进行静载试验。

7.2.1 工程概况

原桥建于1998年，桥面净宽9.0m+2×1.5m人行横道，设计荷载标准：汽-20、挂-100，洪水频率1/50，上部采用13+11-16+13m（正交）普通钢筋混凝土简支T梁：下部结构为桩柱式墩台，钻孔灌注桩基础。

改造方案为在旧桥西侧（下游）进行加宽，拆除原桥全部上部构造，在西侧旧桥桩柱对应位置采用独柱形式接长盖梁（桥台为双肋肋板形式），通过垫石调整形成整体的双侧1.5%路拱横坡，选用16m后张法预应力连续空心板及13m普通钢筋混凝土空心板搭建上部，最后整体浇注桥面系及附属工程。

由于旧桥上部结构及布载位置发生改变，原有盖梁的承载能力已无法满足原设计的汽-20、挂-100 等级，按照新荷载标准计算，可以满足按 0.75 系数折减的公路—Ⅱ级标准。桥梁使用过程中需要严格控制超载车辆的行驶。对新增设的预应力混凝土空心板进行静载试验。预应力空心板立面图和截面图如图 7-2 和图 7-3 所示。

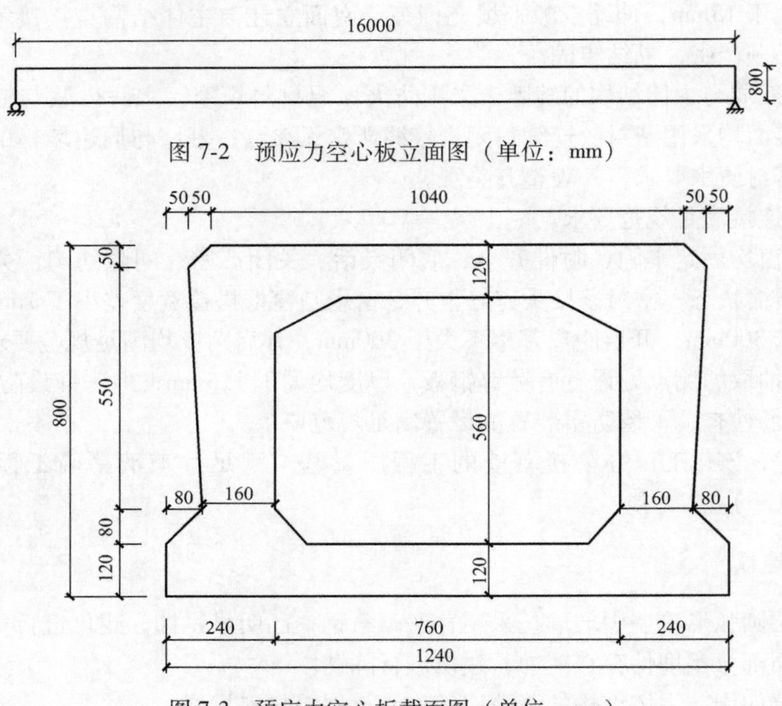

图 7-2　预应力空心板立面图（单位：mm）

图 7-3　预应力空心板截面图（单位：mm）

7.2.2　检测方法

静力荷载试验，主要是通过测量桥面预应力空心板结构在静力试验荷载作用下的挠度和开裂情况，检验结构的实际工作状态与设计期望值是否相符。它是检验结构实际工作性能（如强度、刚度等）最直接和有效的手段和方法。

本试验主要通过静力加载的试验方法，对两块跨度 16m 预应力预制空心板施加试验荷载，实测在试验荷载作用下预应力空心板的挠度和开裂情况。测试的项目设为挠度、混凝土的开裂及裂缝发展情况。根据实测荷载-挠度关系及裂缝的发展情况判断结构的安全性能。

7.2.3　测试项目

选择两块预制空心板，施加试验荷载，实测在试验荷载作用下的预制空心板的挠度和混凝土上的裂缝的发展情况。根据实测荷载-挠度关系及裂缝的发展情况判断结构的安全性能。测试的项目设为挠度（位移）、混凝土的裂缝宽度。

7.2.4　试验荷载

7.2.4.1　设计荷载标准值

其中沥青混凝土的容重 23.0～24.0kN/m³；钢筋混凝土或预应力混凝土的容重是

25.0~26.0kN/m³。恒载（空心板的自重除外）：

3cm 中粒式沥青混凝土　　0.03×1.24×23＝0.8556kN/m

5cm 粗粒式沥青混凝土　　0.05×1.24×23＝1.426kN/m

12cm C50 混凝土　　0.12×1.24×25＝3.72kN/m

小计　　6.0kN/m

7.2.4.2　基本可变荷载

车道荷载的计算如图 7-4 所示。

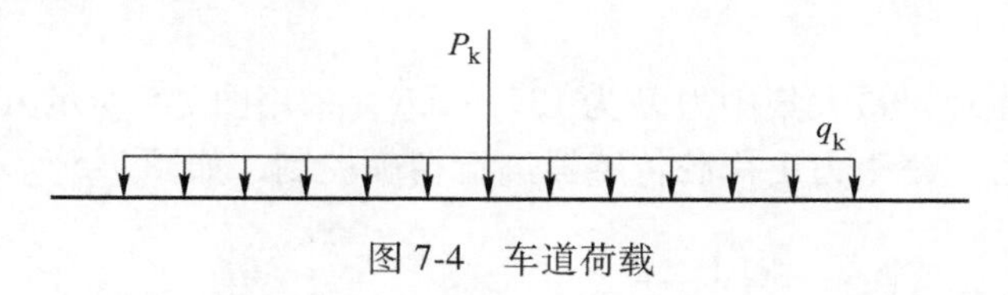

图 7-4　车道荷载

公路—Ⅰ级车道荷载的均布荷载标准值为 $q_k=10.5$kN/m；集中荷载标准值按以下规定选取：桥梁计算跨径小于或等于 5m 时，$P_k=180$kN；桥梁计算跨径小于或等于 50m 时，$P_k=360$kN；桥梁计算跨径在 5~50m 之间时，P_k 值采用直线内插求得。计算剪力效应时，上述集中荷载标准值 P_k 应乘以 1.2 的系数。

公路—Ⅱ级车道荷载的均布荷载标准值 q_k 和集中荷载标准值 P_k 按公路—Ⅰ级车道荷载的 0.75 倍采用。

因此经计算得车道荷载：均布荷载　　7.875kN/m

集中荷载　　168kN

车道荷载冲击系数　　$\mu=0.05$。

7.2.4.3　其他可变荷载

制动力 10%车道荷载且不小于 90kN，通过计算分析取 90kN。

7.2.4.4　荷载组合

依据《公路钢筋混凝土及预应力混凝土桥涵设计规范》（JTG D62）6.5.3 条规定，在进行受弯构件的挠度验算时，应该按照荷载正常使用极限状态的短期效应组合进行计算，并考虑相应的挠度的长期增长系数 η_θ。

因此，在进行此次静力荷载试验时，相关的静力计算也是按照预应力空心板的正常使用极限状态的短期荷载组合进行静力等效计算。其中二期铺装的恒载 6kN/m；车道荷载：均布荷载为 7.875kN/m，集中荷载为 224kN。根据该预应力空心板的设计图纸，其在地面上做相关的静力加载试验的跨径是 7.98+8−0.33−0.45＝15.2m。

再由《公路桥涵设计通用规范》（JTG D60）短期效应组合，永久作用标准值效应与可变作用频遇值效应相组合，其效应组合表达式为：

$$S_{sd}=\sum S_{G_iK}+\sum \psi_{1j}S_{Q_jK}$$

式中　S_{sd}——作用短期效用组合设计值；

ψ_{1j}——第 j 个可变作用效应的频遇值系数，汽车荷载（不计冲击力）$\psi_1=0.7$，人群荷载 $\psi_1=1.0$，风荷载 $\psi_1=0.75$，温度梯度作用 $\psi_1=0.8$，其他作用 $\psi_1=1.0$；

S_{Q_jK}——第 j 个可变作用效应的频遇值。

故有：

恒载作用下弯矩：$M_{恒}=6\times15.22\div8=173.28\text{kN}\cdot\text{m}$

汽车荷载作用下弯矩：$M_{汽}=7.875\times15.22\div8+168\times15.2\div4=865.83\text{kN}\cdot\text{m}$

短期荷载效应组合为：

$$M_{极}=173.28+0.7\times865.83=779.361\text{kN}\cdot\text{m}$$

最大弯矩控制值为：779.361kN · m。

7.2.5 加载方法

利用弯矩等效原理，最大集中力 P 为 137.94kN，采用图 7-5 所示方式加载。采用反力架，千斤顶加集中力，集中力由荷载传感器进行精确控制，如图 7-5 所示。

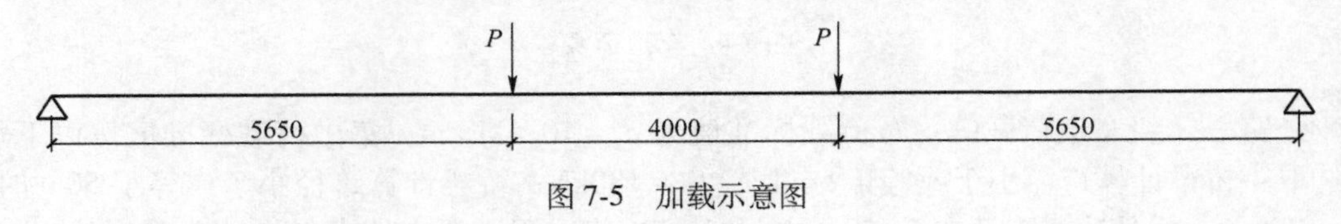

图 7-5　加载示意图

7.2.6 测点布置和测试仪器

挠度测点 5 个，采用电子位移计测量，均布置在梁的中间轴向截面上，具体位置如图 7-6 和图 7-7 所示，其中，位移计为 100mm 量程。

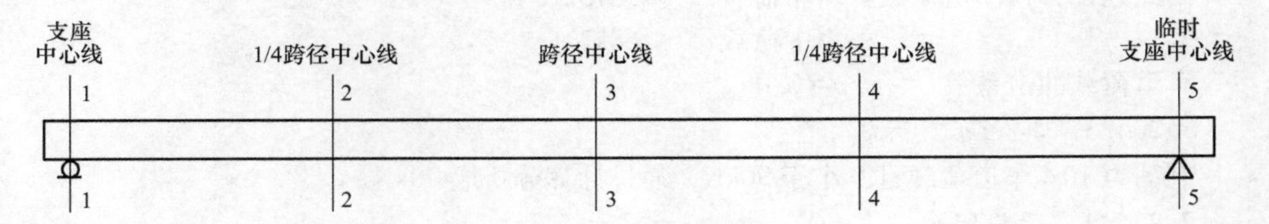

图 7-6　测试截面布置

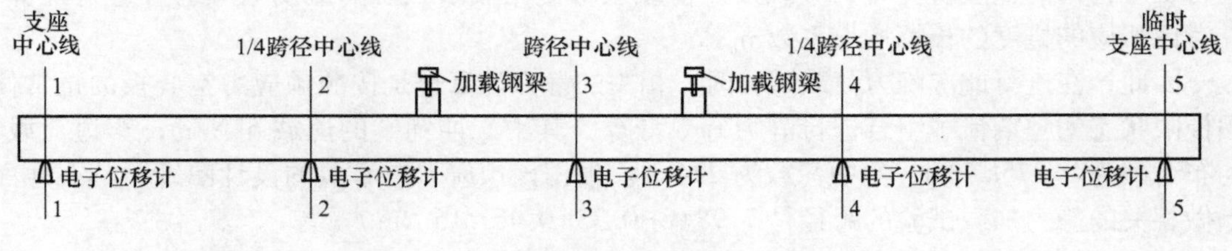

图 7-7　仪器布置

荷载传感器为 200kN 力传感器，采用 500kN 油压传感器加荷，通过传感器来精确控制力的加载。

力传感器和位移传感器均通过 SW-20W 分线箱，由 TC-31K 读数仪来显示读数。

混凝土裂缝宽度，试验前在板两侧面刷一层大白，位置在距中心线各 5m 处，在加载过程中如发现有裂缝，须监测裂缝的发展情况，记录裂缝位置和宽度，通过刻度放大镜来测量裂缝宽度。卸载完成变形恢复后测绘裂缝的闭合情况。

7.2.7 试验程序

7.2.7.1 反力架锚固体系

（1）每个反力架端部垂直正下方有平行于试验梁的锚坑（长×宽×深=3m×0.5m×3m）。

（2）坑内布置 3 层钢筋笼（有 4 道箍筋）。

（3）反力架每端设有 4 根 ϕ28 钢筋作为锚杆，每根长 6.5m（下部能弯起勾住钢筋笼），上端闪光对焊 ϕ28 的螺丝杆（用于与反力梁顶面的槽钢连接）。

（4）反力架上每端布置槽钢一根（长度 0.5m），打孔 4 个。

（5）试验用材料：ϕ28 螺纹钢筋：26m×4.83kg/m×4=502kg

ϕ12 变形钢筋：36m×0.888kg/m×4=128kg

ϕ8 箍筋：24m×0.395kg/m×4=38kg

槽钢 20B，0.5m×4×25.77kg/m=52kg

C20 混凝土 4.5m^3×4=18m^3

（6）场施工图如图 7-8 和图 7-9 所示。

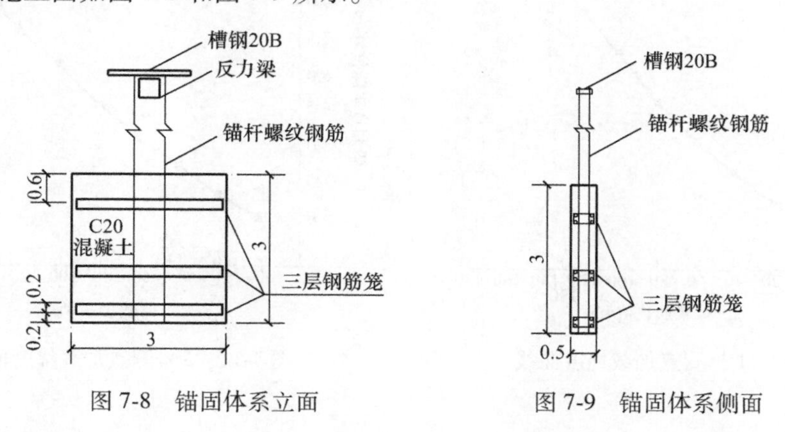

图 7-8 锚固体系立面　　图 7-9 锚固体系侧面

7.2.7.2 现场试验

（1）安装加载构件，支好反力架，安装传感器和千斤顶，传感器与构件之间须加钢垫块。

（2）安装位移计和测量仪表。

（3）预试验施加 30kN 集中力，检验测试系统；一切正常后，卸除荷载，开始正式试验。

（4）加载。按 20kN、40kN、60kN、80kN、100kN、120kN、130kN、140kN 荷载分级施加荷载（荷载值是按实际加载值换算而得到），每级荷载到达后，稳定 10min，记录各测点的读数。

（5）卸载和变形恢复。卸载完毕 2h 后记录残余变形，测绘裂缝的分布和闭合情况。

7.2.8 检测结果

7.2.8.1 挠度检测结果

（1）中板测点位移结果见表 7-12。

表 7-12　中板测点位移结果　（mm）

测点＼位移	荷载值/kN								
	20	40	60	80	100	120	130	140	0
1	0.096	0.230	0.364	0.537	0.757	0.939	1.054	1.217	0.450
2	1.050	2.233	3.300	4.705	6.431	7.854	8.752	10.060	1.192
3	1.348	2.968	4.353	6.226	8.507	10.480	11.602	13.367	1.394
4	1.333	2.632	3.756	5.263	7.102	8.705	9.568	10.997	1.316
5	0.114	0.276	0.448	0.676	0.952	1.190	1.343	1.571	0.543

（2）测点荷载-挠度曲线如图 7-10~图 7-14 所示。

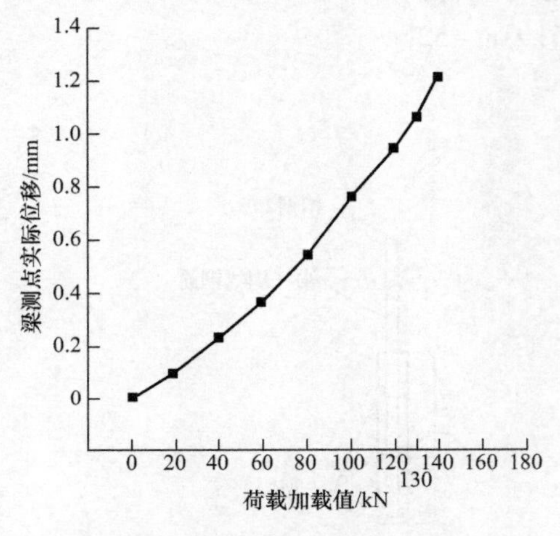

图 7-10　1 号测点加载挠度曲线

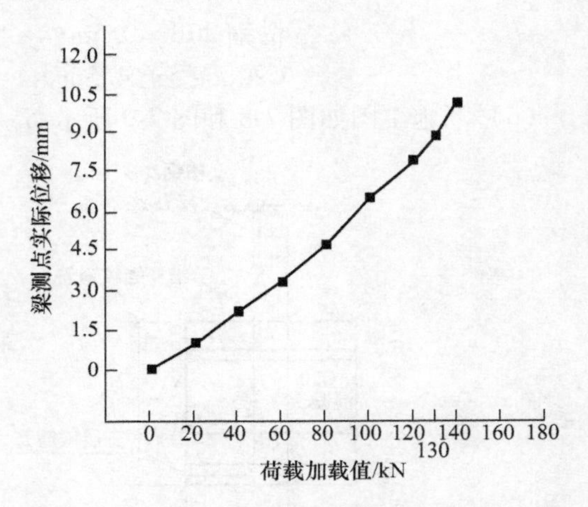

图 7-11　2 号测点加载挠度曲线

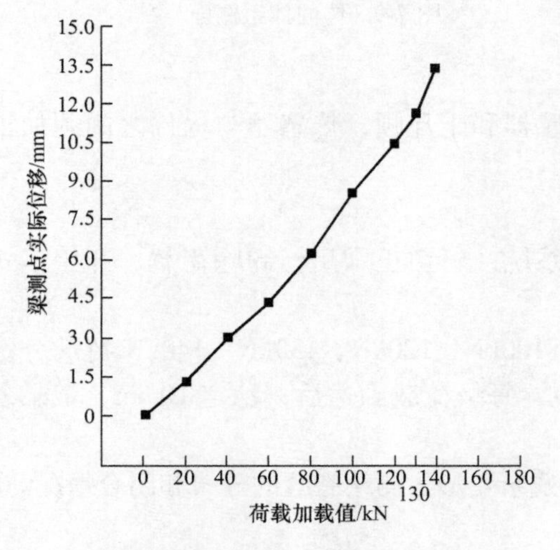

图 7-12　3 号测点加载挠度曲线

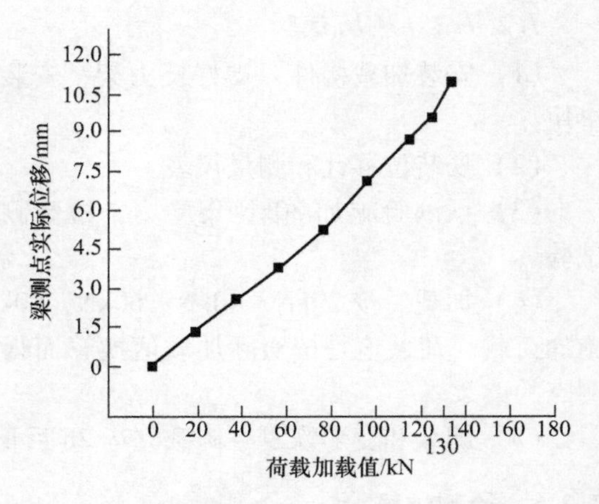

图 7-13　4 号测点加载挠度曲线

（3）挠度测试结果。从以上图表中可以看出，位移测点的荷载-曲线在荷载下为线性，测点位移最大在跨中，荷载增加至 140kN 时最大位移为 14.007mm，小于《公路钢筋混凝

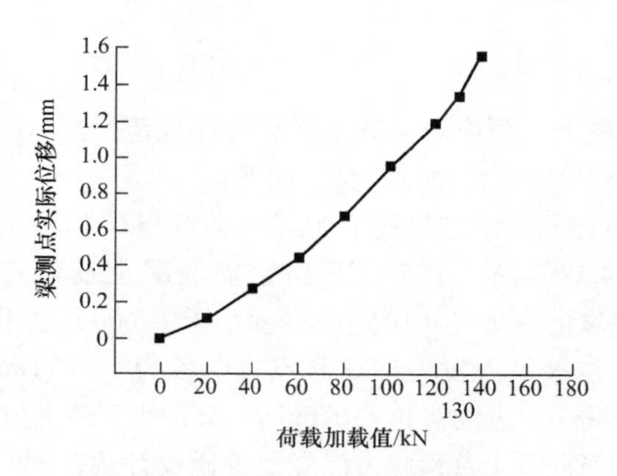

图 7-14　5 号测点加载挠度曲线

土及预应力混凝土桥涵设计规范》（JTG D62）中对挠度的规定（跨中竖向挠度小于 $L/600$，这里 $L=15300$mm，挠度控制值为 25.5mm）；测点位移最大发生在 3 号点，中板为 12.871mm，边板为 14.007mm；卸载后中板位移为 0.898mm，边板位移为 1.076mm，分别小于最大位移的 20%。综上所述，挠度控制满足规范要求。

7.2.8.2　裂缝检查结果

试验结构构件开裂后应立即对裂缝的发生发展情况进行详细观测，并应量测使用状态试验荷载值作用下的最大裂缝宽度及各级荷载作用下的主要裂缝宽度、长度及裂缝间距，并应在试件上标出、绘制裂缝展开图。垂直裂缝的宽度应在结构构件的侧面相应于受拉主筋高度处量测；斜裂缝的宽度应在斜裂缝与箍筋交汇处或斜裂缝与弯起钢筋交汇处量测。对无腹筋的结构构件应在裂缝最宽处量测斜裂缝宽度。在各级荷载持续时间结束时，应选 3 条或 3 条以上较大裂缝宽度进行量测，取其中的最大值为最大裂缝宽度。最大裂缝宽度应在使用状态短期试验荷载值持续作用 30min 结束时进行测量。

试验前观察中板，发现在梁下翼靠端部 4m 位置有一条竖向裂缝，此裂缝为试验吊装时引起的，裂缝宽度 0.05mm，长 108mm。加载至 140kN 时裂缝宽度为 0.09mm，长度未发生变化，当卸载后裂缝宽度为 0.05mm，如图 7-15 所示。试验过程中均未发现有裂缝出现；边板在实验前后均未发现有裂缝出现。

图 7-15　宽度 0.05mm 裂缝情况

7.2.9 试验测试结果

依据《公路钢筋混凝土及预应力混凝土桥涵设计规范》（JTG D62）等，经对此预应力混凝土空心板进行荷载试验，得出试验结论如下：

（1）位移测点的荷载-曲线在荷载下为线性，测点位移最大在跨中，荷载增加至140kN时最大位移为14.007mm，小于《公路钢筋混凝土及预应力混凝土桥涵设计规范》（JTG D62）中对挠度的规定（跨中竖向挠度小于$L/600$，这里$L=15300$mm，挠度控制值为25.5mm）；测点位移最大发生在3号点，中板为12.871mm，边板为14.007mm；卸载后中板位移为0.898mm，边位移为1.076mm，分别小于最大位移的20%。

（2）依据《公路钢筋混凝土及预应力混凝土桥涵设计规范》（JTG D62）中对裂缝宽度的规定，应小于0.2mm，所以此次试验裂缝满足规范要求。

综合实测荷载-位移关系及挠度值，以及对裂缝的宽度、长度、走向及闭合情况的分析，中板中心点挠度最大值为12.871mm，边板中心点挠度最大值为14.007mm，小于规范值，裂缝在荷载值到140kN时的最大宽度为0.09mm，卸载后裂缝恢复为原宽度，且未发现有其他裂缝出现。因此，预制空心板在正常使用状态下是安全的。

7.3 城市地下热水管网施工质量评价实例分析

现有集中供热工程热水管管线槽长16.55km，主管道管材类型共5种规格。该热水管网已使用近2年，由于该地下管网工程在施工完毕后未进行整体竣工验收，就开始使用，为了保证该地下热水管网可以正常安全使用，特对其现状进行检测鉴定。

7.3.1 工程概况

该供热工程热水管网始建于2000年，供、回水一次管网管线槽长16.55km，主管道管材类型共5种规格。该热水管网已使用15年，管道井内出现了管道锈蚀、渗水、阀门锈蚀、防腐保温层脱落等情况。

7.3.2 重点部位检查

受现场开挖条件限制，现场采取局部坑探和阀门井检查相结合的方法，对管道现状及施工质量等情况进行检查，现场坑探部位及阀门井照片如图7-16所示。

7.3.3 管道回填土质量检查

根据设计要求，管底应铺设200mm厚的中砂，管道胸腔部位填砂或过筛细土。填土颗粒应小于10mm，回填砂或细土的范围为保温管顶以上200mm以下的部位，上面铺设热力标识带。其他部位可回填原土夯实。胸腔部位回填土密实度应达到95%，管顶或结构顶上500mm范围内应达到85%。

现场回填土检查未发现杂物、空洞等现象，符合设计要求，与施工验收资料相符，经资料验查回填土密实度符合设计要求。

图 7-16 现场检查照片

7.3.4 管道外保温、聚乙烯外护管检查

管道外保温、聚乙烯外护管的施工质量检查分现场检查及资料核查两部分进行。

经现场验查，未发现聚乙烯外护管有破损、腐蚀等状况，泡沫塑料保温层完好、密实，未发现有空鼓、破损、不均匀等不良现象。

根据《高密度聚乙烯外护管硬质聚氨酯泡沫塑料预制直埋保温管及管件》（GB/T 29047）中对聚乙烯外护管及保温层的要求，外护管应使用高密度聚乙烯塑料制成，外护管的密度不应小于 940kg/m^3，外护管任意位置的拉伸屈服强度不应小于 19MPa，断裂伸长率不应小于 350%，外护管任意管段的纵向回缩率不应大于 3%等；保温层任意位置的泡沫密度不应小于 60kg/m^3，保温层泡沫径向压缩强度或径向相对变形为 10%时的压缩应力不应小于 0.3MPa，未进行老化的泡沫保温层 50℃状态下导热系数不应大于 0.033W/(m · K)，在常压沸水中浸泡 90min 后，泡沫的吸水率不应大于 10%。按照设计及验收规范要求，应对接头处的保温严密性进行试压。结果表明，聚乙烯外护管及保温层的性能均满足上述要求。

7.3.5 管道连接方式及连接质量、管道焊缝质量、腐蚀检查

管道连接方式及连接质量、管道焊缝质量、腐蚀检查分现场检查及资料核查两部分进行。

经现场验查，管道连接部位基本完好，连接方式与设计相符，焊缝质量外观良好，未发现有影响管道使用功能的严重锈蚀状况。

根据设计要求，管道连接时应锯掉连接两端保温管管头各 50mm 宽的外护管，焊接完成后，钻出发泡用的小孔，安装接头套管，安装接头热收缩带（试压），进行发泡，封闭发泡孔，该工程≥DN250 的管道均采用 Q235B 钢，采用 E4303 焊条，其规格、焊接电流及焊接层数、手工电弧焊对口形式及组对要求均符合设计要求。焊接全部为对接坡口焊缝。工作钢管的焊口要做 20%射线探伤，主要路口和特殊地段应进行 100%X 射线探伤检测。

7.3.6 检查室（阀门井）检查

现场对 10 处检查室（阀门井）进行了检查，对于工程地下水位较高的地段，未发现阀门井内墙壁及顶板有渗漏现象，未发现阀门井内有因渗漏引起的积水现象。管道穿越井壁处的密封措施完好，未发现穿越处有渗漏现象。经检查，阀门井内工程做法与设计相符，未发现结构变形或开裂部位。建议加强日常巡逻力度，检查阀门井、放水井或排气井等内有无异常现象，以便及时发现险情并处理，检查期间发现个别阀门井内有由于下雨造成的积水状况，建议委托方应及时进行排水，防止积水对管道造成腐蚀等不良影响。

7.3.7 直埋保温管热工检查

现场采用红外热像仪对直埋保温管进行整体热工检测，检测结果如图 7-17 所示。

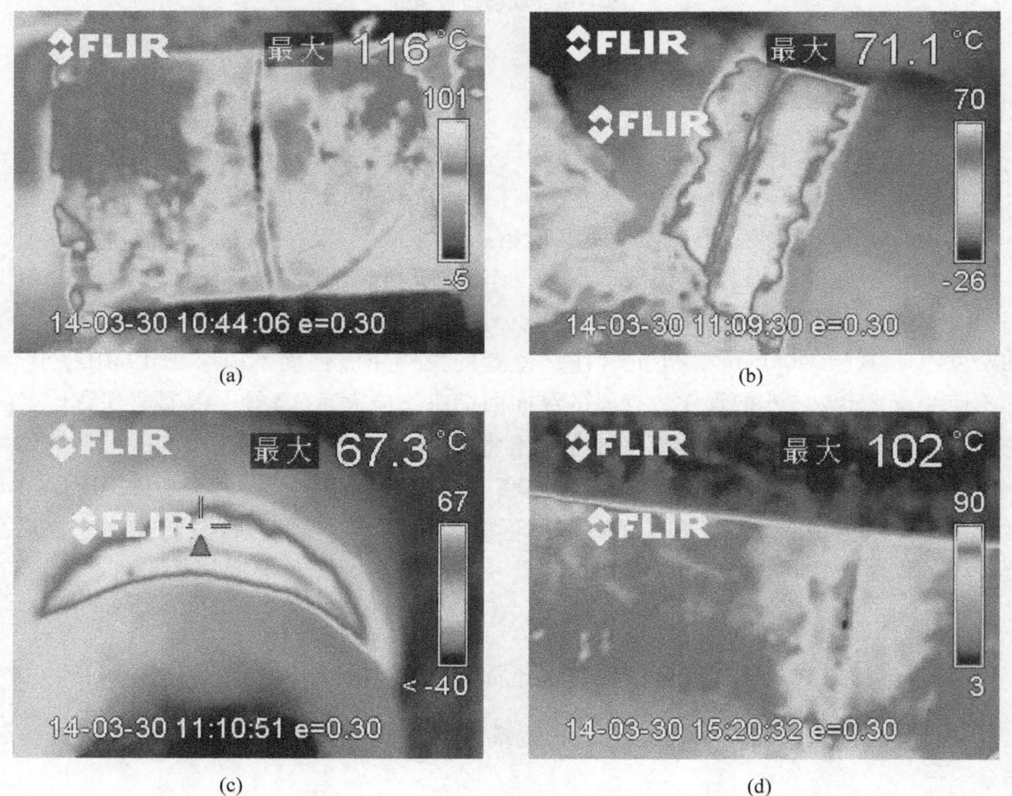

(a) (b) (c) (d)

图 7-17 红外热像仪检测结果

(a) 管道（一）；(b) 管道（二）；(c) 管道（三）；(d) 管道（四）

由上述红外照片可见，未发现直埋保温管在连接部位存在明显热工缺陷。

7.3.8 直埋保温管钢材强度检测

依据《金属里氏硬度试验方法》（GB/T 17394.3）对该工程直埋保温管钢管部分钢材强度进行检测。

经查阅图纸，该工程直埋保温管 DN≥250 的钢管材质均为 Q235B，根据《碳素结构钢》（GB/T 700）中的相关规定，Q235B 钢材的抗拉强度为 370~500N/mm^2，检测结果表明，该工程抽检部位钢材强度换算值均能够满足原设计要求。

7.3.9 直埋保温管钢材厚度检测

采用超声波测厚仪对现场钢材厚度进行检测。

根据《低压流体输送用焊接钢管》（GB/T 3091）中的相关规定，上述抽检部位钢材厚度在允许偏差范围内。

7.3.10 直埋保温管聚氨酯泡沫塑料厚度检测

采用游标卡尺对直埋保温管中聚氨酯泡沫塑料厚度进行检测，检测结果见表 7-13。

表 7-13 聚氨酯泡沫塑料厚度检测结果

部位	测量值/mm			平均值/mm	设计值/mm
DN450	50.0	54.5	52.3	52.3	53.5
DN450	51.4	51.5	52.4	51.7	53.5
DN700	52.3	59.1	49.8	53.7	53.0
DN700	51.8	51.4	51.3	51.5	53.0
DN800	51.9	53.1	52.4	52.5	53.0
DN800	52.3	52.0	58.0	54.1	53.0
DN1000	55.1	54.1	50.3	53.1	53.0
DN1000	52.5	55.5	57.0	55.0	53.0
DN1200	57.5	52.5	50.2	53.4	52.0
DN1200	51.2	50.3	57.0	52.8	52.0

7.3.11 直埋保温管高密度聚乙烯外护管厚度检测

现场采用游标卡尺对该工程直埋保温管高密度聚乙烯外护管厚度进行了检测复核。

根据《聚乙烯（PE）管材外径和壁厚极限偏差》（GB 13018）中的相关规定，所检聚乙烯外护管壁厚满足规范要求。

7.3.12 评估鉴定结论

综上所述，该工程除施工资料缺失严重外，施工质量基本符合设计及相关规范的要求，所检项目的抽检结果满足《城镇供热管网工程施工及验收规范》（CJJ 28）等相关标准的要求。

7.4 钢结构广告牌安全性评价

该项目为在135m超高层建筑屋顶上设置钢结构广告牌，钢结构广告牌立面为矩形，面积250m^2，钢结构主体为单榀三层钢框架结构，底部支座与屋顶原结构梁顶预埋件焊接，此外还通过15根方通钢管与背部的结构墙体连接。现保留原钢结构框架，拆除原框架上的广告板面并替换为新的公司广告板面，因此对该钢结构广告牌进行安全性能的评价。

7.4.1 工程概况

该广告牌设置在高135m高楼的屋顶，结构构件采用焊接连接，主要采用的构件有等边角钢、C型槽钢和轻焊H型钢。我单位现场检测技术人员对该结构的平面布置、构件尺寸等情况进行了详细的检测后，绘出了该结构的平面布置图（如图7-18所示），该结构轴网由A~E轴/1~7轴组成，A~E轴总高度为12.0m，轴距3.0m；1~7轴总长度为17.9m，轴距分为4.0m、1.45m及0.48m三种。

目前该结构上原有广告板面将被拆除并替换为新的公司广告板面，由于涉及使用荷载变更，因此对该钢结构上广告牌更换后的结构安全性进行检测鉴定。根据现场检测数据、分析计算结果得出该结构的安全性能。

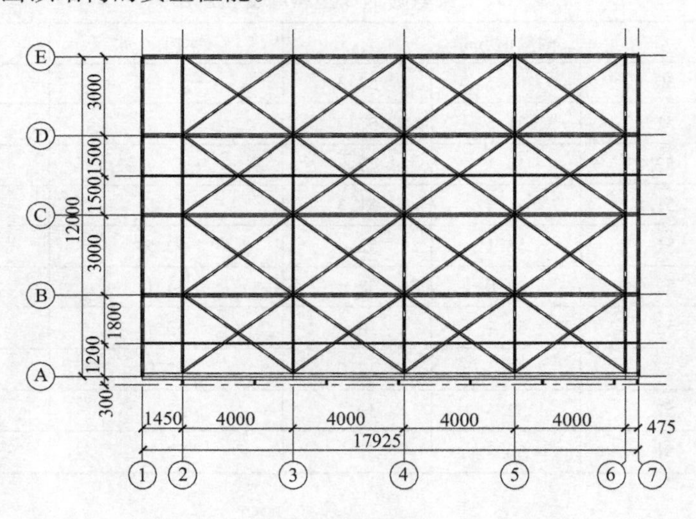

图7-18 钢结构平面布置图

7.4.2 构件变形破损检查

7.4.2.1 A轴下方与混凝土结构顶梁连接的基座H型钢

构件表面锈蚀部位可见麻面状锈蚀，且底漆锈蚀面积正在扩大，根据《民用建筑可靠性鉴定标准》（GB 50292）评定为cs级。

7.4.2.2 支撑杆件

部分支撑杆件构件表面锈蚀部位可见少量点状锈蚀，底漆基本完好，根据《民用建筑可靠性鉴定标准》（GB 50292）评定为bs级。

7.4.2.3 小结

现场检查发现，该钢结构A轴下方与混凝土结构顶梁连接的基座H型钢出现麻面状锈蚀，且底漆锈蚀面积正在扩大，锈蚀程度较为严重。其他主框架构件基本完好，仅部分构件表面可见少量点状锈蚀。

支座现状轻微锈蚀如图7-19所示。

图7-19 支座现状轻微锈蚀

7.4.3 构件尺寸检测

7.4.3.1 主框架构件尺寸检测

主框架中与2~3/A~B轴间单元格相同的共16个，分别编号为1号~16号，此次检测对其中的6个进行了抽样检测。构件尺寸检测结果见表7-14。

表7-14 构件尺寸检测结果

受压弦杆、横杆	钢框架柱	H型钢65×8×140×9，槽钢100×8×50×5
	钢框架横梁	槽钢120×8×50×5，H型钢115×14×260×10
	支座连接杆件	方通100×100×2.5，H型钢62×9×140×9
辅助杆件	钢支撑	角钢L80×5，角钢L50×5
	节点板	240×200×6，240×100×6

7.4.3.2 主框架柱尺寸检测

主框架中框架柱共有5个，分别位于2~6轴线位置，分别编号为1号~5号，此次检测对其中的3个进行了抽样检测。

7.4.3.3 构件尺寸检测结果

钢结构主框架各构件尺寸见表7-15。

7.4.4 钢材强度检测

框架柱、梁及其他构件硬度检测结果表明，该钢结构构件所用钢材由硬度换算的强度分布在385~435MPa范围之间。

表 7-15　结构构造措施检查

内容	检查结果	设计和规范要求
钢结构形式	采用空腹结构	符合设计规范和鉴定规范要求
钢构件厚度	型钢厚度不小于 3mm，焊接角钢最小为L50×5	检查符合设计规范和鉴定规范要求
支撑设置	设置有竖向支撑和横向支撑	符合设计规范和鉴定规范要求
支座情况	采用焊接与屋顶梁中预埋件相连	符合设计规范和鉴定规范要求

7.4.5　焊缝高度及焊缝外观检测

构件焊缝高度及外观质量检测结果表明，该广告牌钢结构主要构件（包括主框架柱和横梁等）的大部分焊接工程均在工厂完成，因此构件焊缝饱满，焊脚尺寸符合相关技术规程要求，焊缝外观未见夹渣、开裂、咬肉等明显缺陷。

7.4.6　结构构造措施检查

结构构造措施检测结果表 7-15 表明，该广告牌钢结构基本构造措施如结构形式、构件尺寸、支撑设置和支座配置情况等基本符合现行设计规范和鉴定规范要求。该广告牌钢结构整体结构布置规则，传力路线明确，结构构造和连接措施可靠，整体结构布置符合相关规范要求。

7.4.7　构件安全性计算

7.4.7.1　结构计算参数的取值

结构计算参数取值见表 7-16。

表 7-16　结构计算参数取值

<table>
<tr><td>上部结构形式</td><td colspan="2">钢结构</td><td colspan="2">基础形式</td><td colspan="2">—</td></tr>
<tr><td>建筑面积</td><td colspan="2">250m^2</td><td colspan="2">建筑用途</td><td colspan="2">户外广告照牌</td></tr>
<tr><td rowspan="7">结构内力计算参数取值</td><td colspan="2" rowspan="3">恒荷载</td><td colspan="4">结构自重</td></tr>
<tr><td colspan="4">广告牌及数码灯自重（2.5t）</td></tr>
<tr><td colspan="4">视为均布荷载 1.4kN/m^2</td></tr>
<tr><td colspan="2">风荷载</td><td colspan="4">3.0kN/m^2</td></tr>
<tr><td colspan="2">广告牌安全等级</td><td colspan="4">一级</td></tr>
<tr><td rowspan="2">地震信息</td><td>设防烈度</td><td>七度</td><td colspan="2">设计抗震分组</td><td>一组</td></tr>
<tr><td colspan="2">设计基本地震加速度</td><td colspan="3">0.10g</td></tr>
<tr><td rowspan="2">构件承载力验算参数取值</td><td>Q235 钢</td><td colspan="5">215N/mm^2（厚度或直径≤16mm）</td></tr>
<tr><td>Q345 钢</td><td colspan="5">310N/mm^2（厚度或直径≤16mm）</td></tr>
</table>

7.4.7.2　结构验算结果

（1）结构验算结果见表 7-17 和表 7-18。

表 7-17 钢框架柱承载力和变形验算统计

验算构件/（钢框架柱）	规范要求		计算结果		结论
	允许应力/$N \cdot mm^{-2}$	变形/mm	最大应力/$N \cdot mm^{-2}$	变形/mm	
2/（A~B）	215	30	153.7	0.3	满足安全要求
4/（A~B）	215	30	140.8	0.3	满足安全要求
4/（C~D）	215	90	498	0.5	满足安全要求
3/（D~E）	215	120	799.3	200	不满足安全要求
5/（D~E）	215	120	787.7	197	不满足安全要求

表 7-18 钢支撑梁承载力和变形验算

验算构件	规范要求		计算结果		结论
	允许应力/$N \cdot mm^{-2}$	变形/mm	最大应力/$N \cdot mm^{-2}$	变形/mm	
（B~C）/（2~3）钢支撑	215	33.3	124.5	33.6	满足安全要求
（C~D）/（3~4）钢支撑	215	33.3	133.2	13.6	满足安全要求
（D~E）/（4~5）钢支撑	215	33.3	188.5	73.4	不满足安全要求
钢方通 2/B	215	—	73.4	—	满足安全要求
钢方通 3/C	215	—	72.1	—	满足安全要求
钢方通 4/D	215	—	88.9	—	满足安全要求

（2）结构验算结果小结。

1）钢框架柱承载力和变形验算结果表明，该广告牌钢结构在使用荷载作用下，D~E轴间的钢框架柱由于原设置“7”字形钢支撑在结构受力上无法有效抵抗钢柱所受的弯矩，造成该范围内钢柱成为悬臂构件，并由此导致柱端变形和弯矩过大，超出规范限值，不满足安全使用要求，必须进行加固处理。

2）钢梁承载力和挠度验算结果表明，该广告牌钢结构在使用荷载作用下，钢框架梁的承载力和挠度均满足安全使用要求。

3）钢支撑承载力和挠度验算结果表明，该广告牌钢结构在使用荷载作用下，除D~E轴间钢支撑由于前述钢柱悬臂的原因变形无法满足规范要求外，其余钢支撑的承载力和挠度均满足安全使用要求。

7.4.8 鉴定结论

在检测结果的基础上对该广告牌钢结构安全性能进行鉴定评估，考虑到广告牌钢结构受力主要由风荷载控制，在改造后新使用荷载作用下，结构主要承重构件包括A~D轴间的钢柱和所有钢横梁、钢支撑等构件承载力和节点连接均满足或基本满足安全使用要求，但是D~E轴间的钢柱由于原设置“7”字形钢支撑在结构受力上无法有效抵抗所受的弯矩，造成该范围内钢柱成为悬臂构件，并由此导致柱端变形和弯矩过大，超出规范限值，不满足安全使用要求，必须进行加固处理。此外，还应对出现锈蚀的构件进行除锈处理。

7.5　钢牛腿结构荷载实验检测

悬臂体系的挂梁与悬臂间必然出现搁置构造，通常将悬臂端和挂梁端的局部构造称为牛腿，又称梁托。其作用是衔接悬臂梁与挂梁，并传递来自挂梁的荷载。文中案例因建筑功能调整，需对原有钢筋混凝土框架结构局部增设牛腿进行加固处理。特对其进行钢牛腿结构荷载试验检测分析。

7.5.1　工程概况

该建筑因建筑功能调整，需在1~5/G~Q轴、1~10/Q~S轴围成的L形范围，标高24.185处增设29根钢牛腿。原结构形式为钢筋混凝土框架结构，增设牛腿的柱截面大小为800×900、900×900，部分柱已进行加固处理。新增设牛腿最大设计承载力为68t，因增设的钢牛腿承载力较大，且均为后期改造所设。牛腿位置及其承载力设计值如图7-20所示。

7.5.2　检测的目的及内容

7.5.2.1　检测目的

检测目的是检测新增牛腿的承载力能否满足设计要求。在荷载试验的整个过程中，对牛腿进行承载力测试、周边混凝土和牛腿钢板的应变监测。

监测的主要目的如下：

(1) 通过对牛腿四周混凝土应变进行实时观测，确保荷载加压时混凝土柱的安全。

(2) 对牛腿四周围箍的钢板应变进行实时监测，了解钢牛腿的应力分布情况，为委托单位提供相应的监测数据，以便委托单位将应力分布情况与理论计算数据相互对比验证，为设计提供参考资料。

7.5.2.2　检测内容

检测内容包括承载力、混凝土应变监测和钢板应变监测。

7.5.3　现场检测

7.5.3.1　荷载加载试验装置（千斤顶加载）

此次荷载试验计划对7个钢牛腿进行荷载试验检测，各牛腿荷载种类分别为30t、70t。为方便制作，均采用70t的加载设备，依次进行荷载试验，设置1个100t千斤顶作为加载设备。该设备主要包括以下构件：

(1) 首先在柱顶两侧混凝土梁上各做一个钢牛腿，作为下部梁结构反梁的支点。

(2) 因该加载设备加载量较大，故在柱牛腿下部做预埋板，用承载30t的钢丝绳将预埋板和反梁连接。此反梁有4个支撑点。

(3) 然后采用千斤顶对钢结构反梁进行加载。

设备加载示意图如图7-21所示。

7.5.3.2　荷载加载试验（千斤顶反梁加载）

此次荷载试验采用千斤顶对钢结构反梁进行加载，最大加载100t的重量进行逐级加载

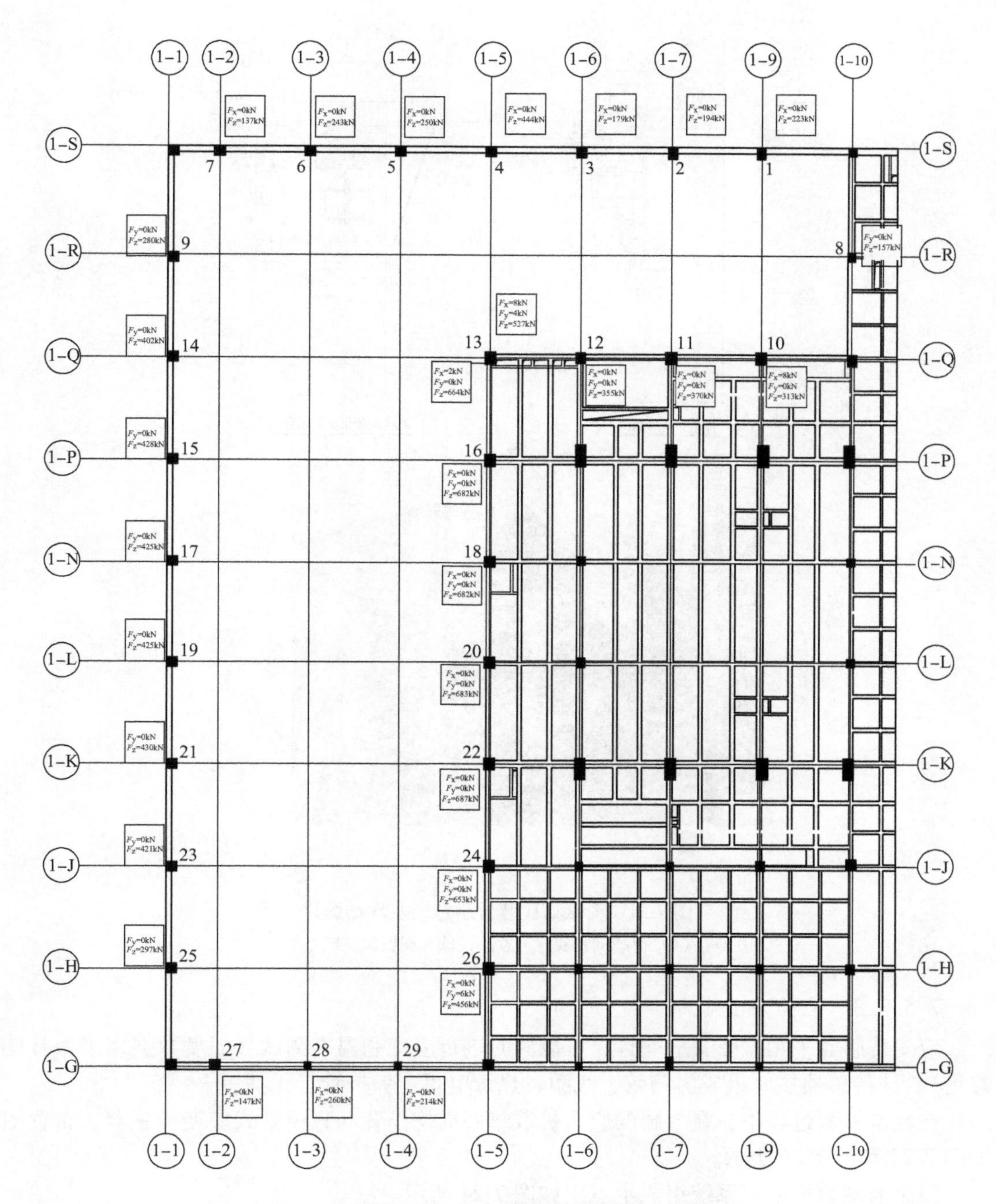

图 7-20 柱牛腿荷载平面图

试验。但是需要注意的是：

（1）对柱顶两侧混凝土梁进行应力监测，否则无法掌控结构梁的受扭和开裂情况。

（2）根据规范规定，每一级加载不应大于 3. 5t（接近设计值的最后几级加载时每级需要小于 3. 5t）。

（3）应有充分的措施保证加载设备的稳定性，并且有及时卸载的应急预案。

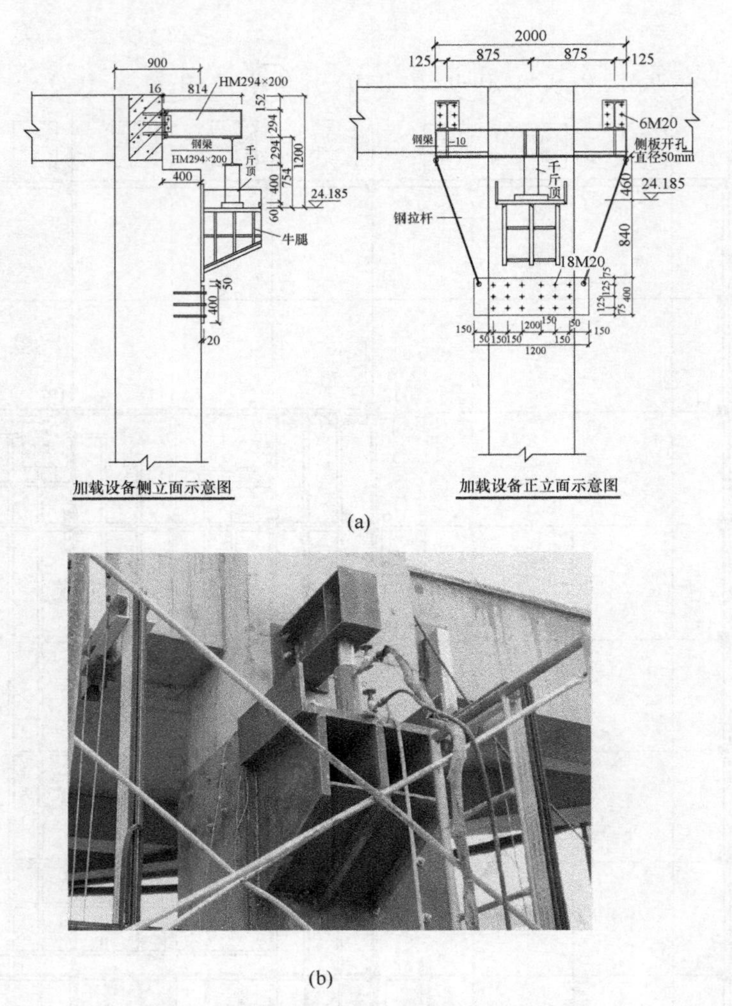

(a)

(b)

图 7-21　荷载试验装置示意图及现场图片

(a) 荷载试验装置示意图；(b) 现场试验照片

7.5.3.3　*应力应变监测*

应变传感器采用振弦式应变计，可以同时进行应变和温度测试（温度数据用来做补偿修正），该传感器主要组成为钢弦、线圈、热敏电阻、保护管等元件。

在此次检测过程中，在牛腿的应力扩散垫四周均设置 5 只振弦式应变传感器，布置图如图 7-22 和图 7-23 所示。

整个监测数据采集系统组成示意图如图 7-24 所示。

数据采集模块按照预先编写好的计算机程序进行顺序指令操作，其基本任务如下：

（1）采集数据，设定采集时间为 30s 一次。

（2）存储采集数据于设备内存。

（3）将采集到的数据发往计算机。

（4）计算机接收到数据后对其计算，并实时在计算机屏幕上显示，显示的方式有两种：

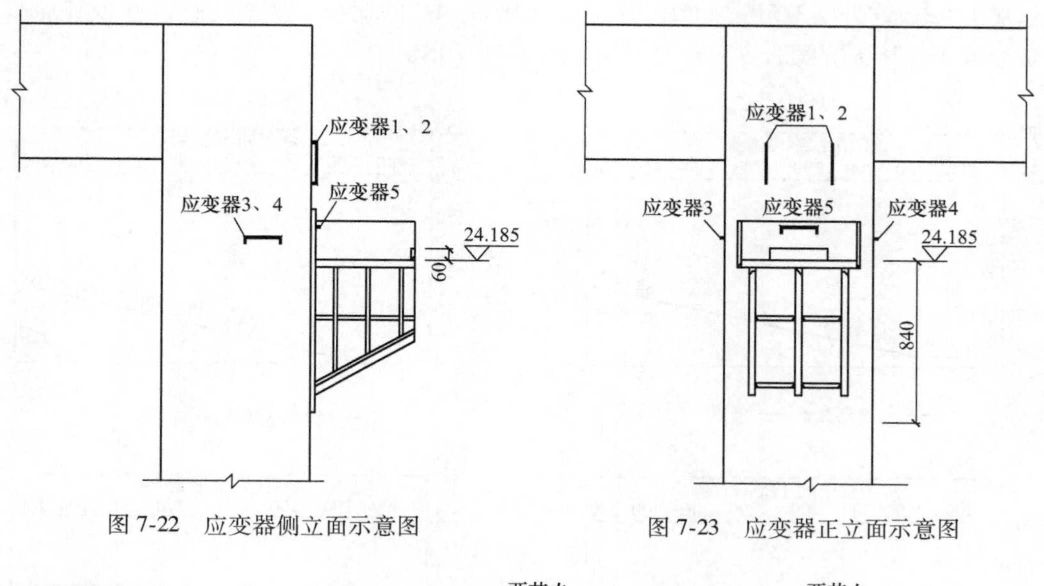

图 7-22 应变器侧立面示意图　　图 7-23 应变器正立面示意图

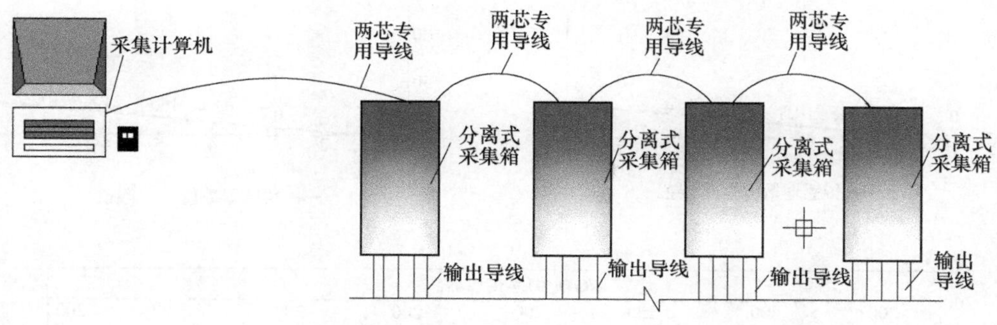

图 7-24 监测数据采集系统

1）显示数据，可同时显示 300 个测点数据，显示的数据为换算过的最终值，如应变（μ_{ε}），温度（℃）等；

2）显示曲线，可同时显示 100 个测点在 24h 内的变化曲线。

7.5.3.4 荷载试验加载过程与控制

具体加载试验步骤如下：

（1）对千斤顶进行初步试顶和水平校准，保证每台千斤顶能够同时施加荷载。

（2）按照 7 级加载，分步施加 1/5P、2/5P、3/5P、4/5P 和 0.9P、0.95P、1P 的荷载，观察传感器读数和加载设备是否破坏。

（3）加载期间持续观测传感器读数，在未达到荷载设计值时一旦发现超出极限拉应变，立即停止加载，对钢牛腿焊缝和混凝土连接部分进行查看，一旦确定发现有连接破坏或开裂情况，应立即结束试验。

7.5.4 检测结果

7.5.4.1 2/G 轴牛腿承载力检测结果

此牛腿承受的荷载值 G=26t，根据规范可知，需加载至 P=1.5G，按照 7 级加载，分步施加 1/5P、2/5P、3/5P、4/5P、0.9P、0.95P、1P 的荷载，观察传感器读数和加载设备是否破坏。其各阶段的应变器的应变如图 7-25 所示。

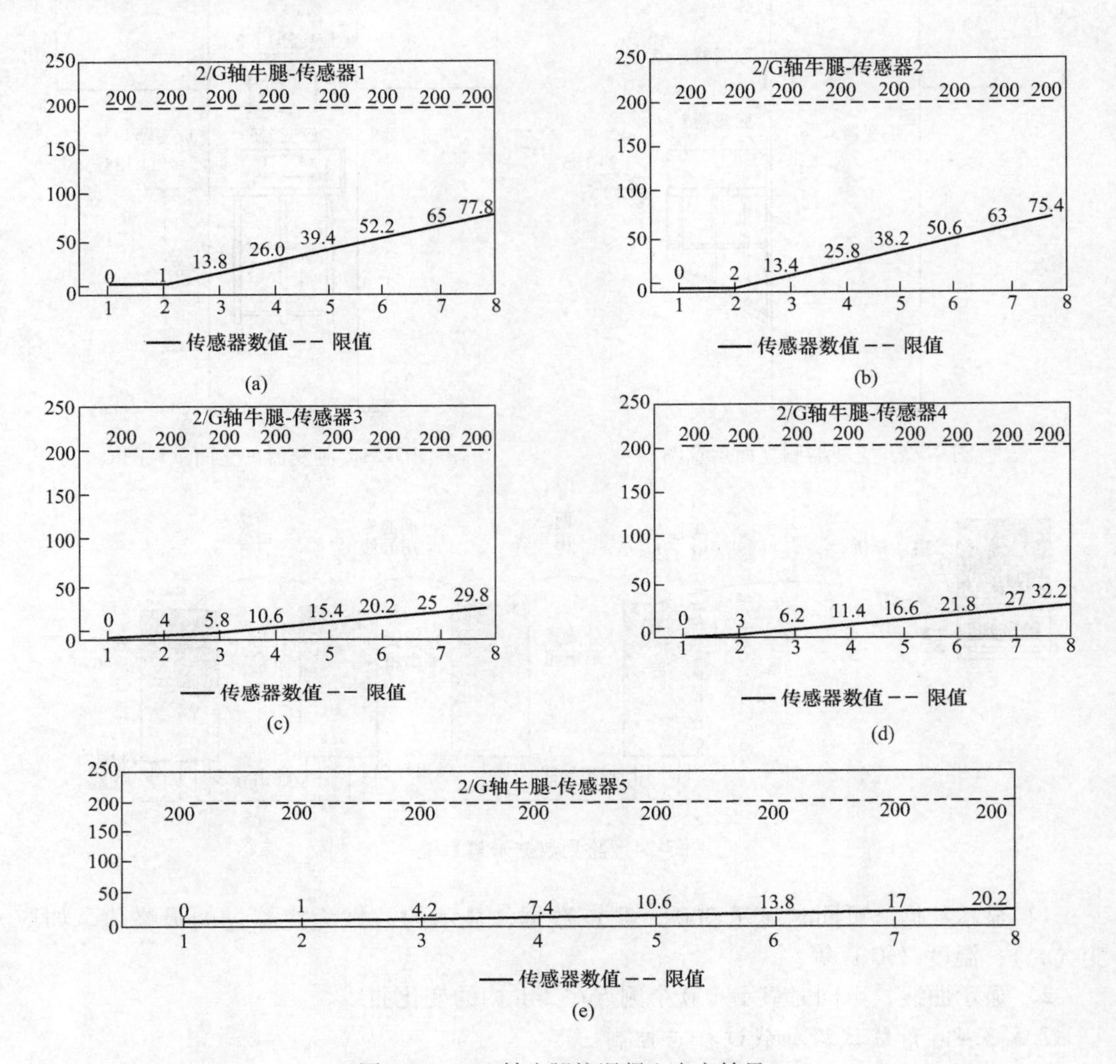

图 7-25 2/G 轴牛腿柱混凝土应变结果

（a）2/G 轴牛腿-传感器 1 检测结果；（b）2/G 轴牛腿-传感器 2 检测结果；（c）2/G 轴牛腿-传感器 3 检测结果；（d）2/G 轴牛腿-传感器 4 检测结果；（e）2/G 轴牛腿-传感器 5 检测结果

由图 7-25 可知，在各级加载过程中，各阶段的混凝土应变均呈线性变化，且最大应变均未超过 200 的限值。

7.5.4.2 3/G 轴牛腿承载力检测结果

此牛腿承受的荷载值 G=26t，根据规范可知，需加载至 P=1.5G，按照 7 级加载，分步施加 1/5P、2/5P、3/5P、4/5P、0.9P、0.95P、1P 的荷载，观察传感器读数和加载设备是否破坏。其各阶段的应变器的应变根据检测结果可知，在各级加载过程中，各阶段的混凝土应变均呈线性变化，且最大应变均未超过 200 的限值。

7.5.4.3 4/G 轴牛腿承载力检测结果

此牛腿承受的荷载值 G=26t，根据规范可知，需加载至 P=1.5G，按照7级加载，分步施加1/5P、2/5P、3/5P、4/5P、0.9P、0.95P、1P 的荷载，观察传感器读数和加载设备是否破坏。其各阶段的应变器的应变根据检测结果可知，在各级加载过程中，各阶段的混凝土应变均呈线性变化，且最大应变均未超过200的限值。

7.5.4.4 1/K 轴牛腿承载力检测结果

此牛腿承受的荷载值 G=68t，根据规范可知，需加载至 P=1.5G，按照7级加载，分步施加1/5P、2/5P、3/5P、4/5P、0.9P、0.95P、1P 的荷载，观察传感器读数和加载设备是否破坏。其各阶段的应变器的应变根据检测结果可知，在各级加载过程中，各阶段的混凝土应变均呈线性变化，且最大应变均未超过200的限值。

7.5.4.5 1/N 轴牛腿承载力检测结果

此牛腿承受的荷载值 G=26t，根据规范可知，需加载至 P=1.5G，按照7级加载，分步施加1/5P、2/5P、3/5P、4/5P、0.9P、0.95P、1P 的荷载，观察传感器读数和加载设备是否破坏。其各阶段的应变器的应变根据检测结果可知，在各级加载过程中，各阶段的混凝土应变均呈线性变化，且最大应变均未超过200的限值。

7.5.4.6 5/P 轴牛腿承载力检测结果

此牛腿承受的荷载值 G=68t，根据规范可知，需加载至 P=1.5G，按照7级加载，分步施加1/5P、2/5P、3/5P、4/5P、0.9P、0.95P、1P 的荷载，观察传感器读数和加载设备是否破坏。其各阶段的应变器的应变根据检测结果可知，在各级加载过程中，各阶段的混凝土应变均呈线性变化，且最大应变均未超过200的限值。

7.5.4.7 5/N 轴牛腿承载力检测结果

此牛腿承受的荷载值 G=26t，根据规范可知，需加载至 P=1.5G，按照7级加载，分步施加1/5P、2/5P、3/5P、4/5P、0.9P、0.95P、1P 的荷载，观察传感器读数和加载设备是否破坏。其各阶段的应变器的应变根据检测结果可知，在各级加载过程中，各阶段的混凝土应变均呈线性变化，且最大应变均未超过200的限值。

7.5.5 检测结论

根据现场监测数据，可以得到如下结论：

抽检的7个牛腿，在加载过程中，各分级加载阶段的框架柱混凝土应变均呈线性变化，且最大应变均未超过 $200\mu_\varepsilon$ 的开裂限值，现场亦未发现明显开裂痕迹。混凝土外包钢板在各分级加载阶段未发生明显位移，表示锚栓未被拔出，钢板应变均小于 $50\mu_\varepsilon$。

7.6 体育馆可靠性分析与评估

某体育馆的结构缝分为3个单体，东西两侧为两层，中间为三层，均为砖混结构，局部为钢筋混凝土内框架形式。因该建筑使用近50年，已达到现有规范设计的使用年限，且局部已出现严重的腐蚀、损伤等现象。因此，针对以上问题，决定对该体育馆继续使用的可靠性进行分析与评估。

7.6.1　工程概况

该体育馆建于 1968 年，现建筑功能为教学用房，大部分房间已停用。其总建筑面积约 6836m²，东西长 93.04m，南北宽 43.3m，建筑总高度 16.0m。建筑由结构缝分为 3 个单体，东西两侧为两层，中间为三层，均为砖混结构，局部为钢筋混凝土内框架形式。设计单位、施工单位均不详，且无图纸。

外观照片及结构平面布置图如图 7-26 和图 7-27 所示。

图 7-26　外立面照片

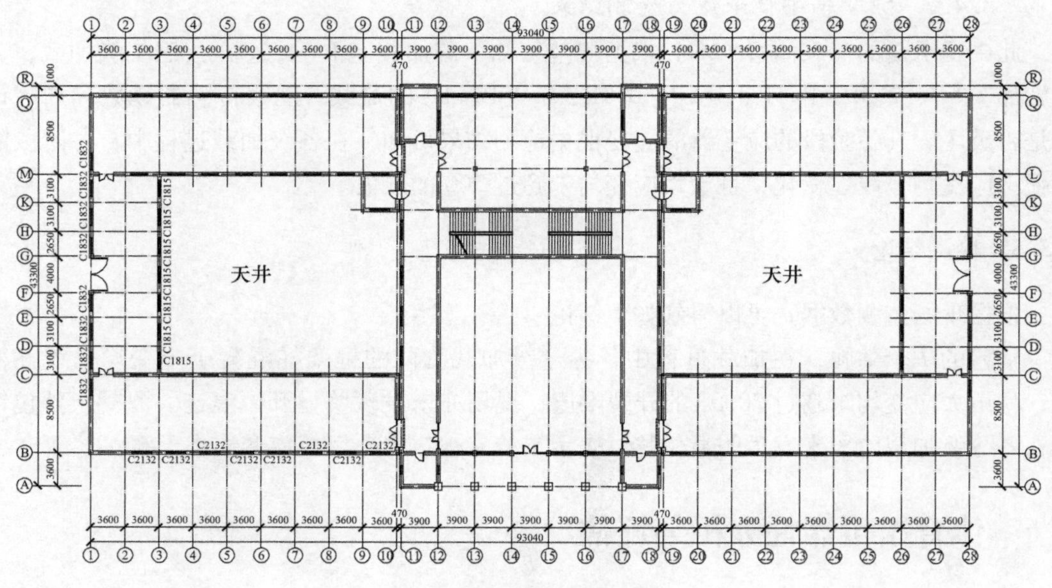

图 7-27　建筑平面图

7.6.2 检测目的

因该建筑使用近50年，已达到现有规范设计的使用年限，且局部已出现严重的腐蚀、损伤等现象。为了解建筑的后续使用的安全性，我单位依照规范对该建筑结构可靠性进行检测鉴定，并根据检测结果和相关规范，提供后期修复处理的建议。

7.6.3 现场调查的结果

7.6.3.1 地基基础

在现场普查中，未发现柱基础、地表及上部结构有因地基沉降导致开裂等异常现象。因此判断该建筑物地基和基础工作正常，无静载缺陷，如图7-28所示。

(a)

(b)

图7-28 地基基础检查照片

（a）室外无散水；（b）室外地表有裂缝

7.6.3.2 上部承重结构系统

该建筑以砌体墙作为主要的承重构件，局部为内框架形式。现场检查发现，承重墙及内框架结构布置合理，形成完整系统。结构间的连接合理，锚固、连接方式正确，无松动变形或其他残损。部分墙体有明显的裂缝，墙体因雨水侵蚀引起的腐蚀较为严重；屋面下的混凝土梁板因雨水侵蚀引起混凝土老化严重，表面有明显变形开裂等劣化现象发生；屋面11~18/A~B范围梁混凝土脱落保护层、钢筋锈蚀严重。检查照片如图7-29所示。

7.6.3.3 楼盖系统

现场检查发现，各层楼面局部有渗漏现象，屋面处梁板底部均有因雨水渗漏引起明显的泛减、屋面板裂缝、开裂等劣化现象。检查照片如图7-30所示。

7.6.3.4 围护系统

该建筑使用砌体填充墙作为外围护结构与内隔墙。现场检查发现，围护系统构造合理，与主体结构有可靠联系，无可见位移，建筑功能符合设计要求；外墙局部出现面层开裂、脱落等现象；内隔墙面层完好；屋面防水构造及排水设施不当，防水老化严重，已基本破坏，屋面大面积有雨水渗漏及排水不畅的现象；室内吊顶已老化，且出现有碍外观的下垂现象。检查照片如图7-31所示。

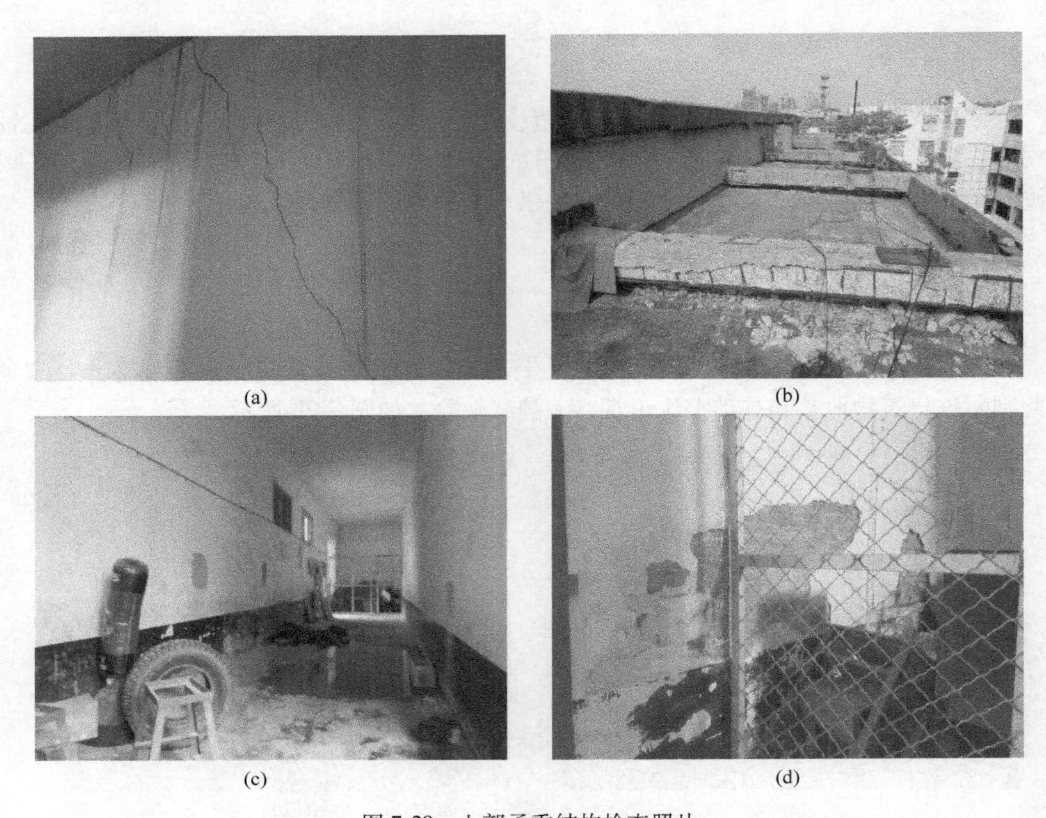

图 7-29　上部承重结构检查照片

（a）墙体有多条斜裂缝，未贯通；（b）屋面 11～18/A～B 范围梁钢筋锈蚀且混凝土脱落严重；（c）一层走廊内积水；（d）一层 11/K 处墙体粉刷层脱落

图 7-30　楼盖系统检查照片

（a）屋面雨水渗漏；（b）屋面雨水渗漏，屋面板腐蚀严重

7.6.3.5　钢桁架系统

该建筑在 11～18/B～G 轴范围内的二、三层顶均有 5 榀钢桁架。现场检查发现，钢架与主体结构有可靠联系，无可见位移，部分钢构件有局部变形。三层顶部屋架（即屋面处屋架）由于屋面渗水严重，钢桁架的钢构件锈蚀严重。检查照片如图 7-32 所示。

(a) (b) (c) (d)

图 7-31 围护系统检查照片

（a）三层吊顶已损坏、老化；（b）屋面檐口下排水管已损坏；
（c）屋面女儿墙粉刷层脱落，防水破坏严重；（d）屋面防水老化

(a) (b)

图 7-32 钢屋架系统检查照片

（a）二层顶钢桁架现状；（b）三层顶钢构件锈蚀

7.6.4 现场检测结果

7.6.4.1 结构布置与轴线尺寸检测

现场对该结构的实际结构布置情况进行检测，对受检房屋的实际轴线尺寸进行抽查，

轴线共 87 个，按照《建筑结构检测技术标准》（GB/T 50344）第 3. 3. 13 条要求类别 B 进行抽检数量为不小于 13 个，此次对 18 个轴线尺寸进行了检测。

7. 6. 4. 2 混凝土构件尺寸检测

检测人员对该建筑物的梁、柱、墙的构件截面尺寸进行了抽检，按照《建筑结构检测技术标准》（GB/T 50344—2004）第 3. 3. 13 条要求类别 B 进行抽检。混凝土梁共 110 个，抽检数量为不小于 20 个，此次对 20 个混凝土梁进行了检测；混凝土柱共 30 个，抽检数量为不小于 8 个，此次对 8 个混凝土柱进行了检测。

7. 6. 4. 3 砌体构件尺寸检测

检测人员对该建筑物的砖墙及砖柱构件截面尺寸进行了抽检，按照《建筑结构检测技术标准》（GB/T 50344）第 3. 3. 13 条要求类别 B 进行抽检。此次对 20 个砖墙厚度进行了检测；对 5 个砖柱进行了检测。

7. 6. 4. 4 钢构件尺寸检测

该建筑在 11~18/B~G 轴范围内的二、三层顶均有 5 榀钢架，共 10 榀钢架。屋架立面图如图 7-33 所示。此次共抽取 4 榀钢架进行检测。

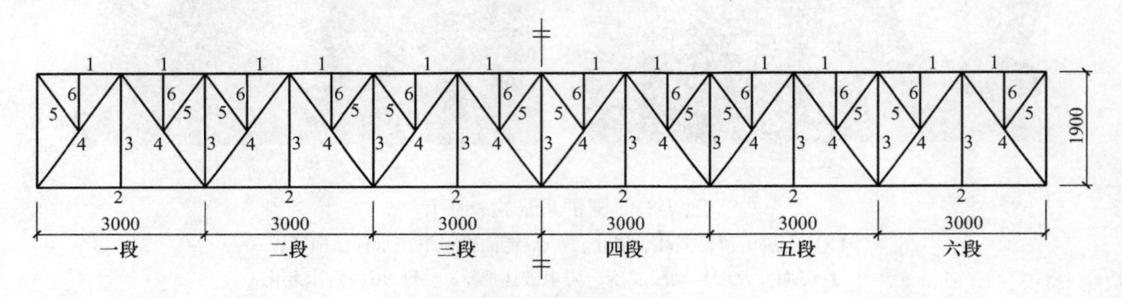

图 7-33 单榀屋架立面图

7. 6. 4. 5 混凝土碳化深度

由检测结果可知，抽检框架梁、柱的碳化深度为 6. 0~8. 0mm，均小于混凝土保护层厚度 25mm。

7. 6. 4. 6 混凝土强度回弹法检测

现场采用回弹法对结构板构件的混凝土强度进行了抽样检测，混凝土梁共 110 根，按照《建筑结构检测技术标准》（GB/T 50344）第 3. 3. 13 条类别 B 进行抽检数量不小于 20 个，此次共抽检了 20 个混凝土梁；混凝土柱共 30 个，按照《建筑结构检测技术标准》（GB/T 50344）第 3. 3. 13 条类别 B 进行抽检数量不小于 8 个，此次共抽检了 8 个混凝土柱。梁柱作为一个检验批进行推定。此次检测所用回弹仪型号为山东乐陵回弹仪厂生产 ZC3-A 型，该回弹仪在洛式硬度为 HRC(60±2) 的钢砧上率定，其率定平均值均符合 80±2 的要求，率定合格。现场检测按照《回弹法检测混凝土抗压强度技术规程》（JGJ/T 23）进行，并对检测数据进行了计算处理。构件的混凝土强度换算值，按回弹规程要求的平均回弹值由其附表中查得。再由混凝土强度换算值计算得出结构构件混凝土强度平均值及标准差。

根据检测结果可知，受检范围内 220 个测区的修正后混凝土强度换算值的平均值为

23.3MPa，标准差为0.7MPa，由此根据《建筑结构检测技术标准》（GB/T 50344）中表3.3.19和第3.3.20条规定，当样本容量为22个，$k_1=1.19330$，$k_2=2.34896$时，该批混凝土强度推定区间上限值为24.2MPa，下限值为21.7MPa，上下限差值（2.5MPa）小于《建筑结构检测技术标准》（GB/T 50344）中第3.3.16条规定较大值的材料相邻强度等级（5MPa）。

根据《建筑结构检测技术标准》（GB/T 50344）中第3.3.21条规定，受检范围内混凝土梁推定区间上限值大于强度等级C20且上下限差值小于5MPa，推定该批混凝土强度等级为C20。

7.6.4.7　钢筋分布及保护层厚度检测

此项检测利用电磁感应法，采用钢筋探测仪进行检测。其原理是：探头等计量仪器中的线圈，当交流电流通电后便产生磁场，在该磁场内有钢筋等磁性体存在，这个磁性体便产生电流，由于有电流通过便形成新的反向磁场。由于这个新的磁场，计量仪器内的线圈产生反向电流，结果使线圈电压产生变化。由于线圈电压的变化是随磁场内磁性体的特性及距离而变化的，利用这种现象便可测出混凝土中的钢筋分布及保护层厚度。检测结果如图7-34所示。

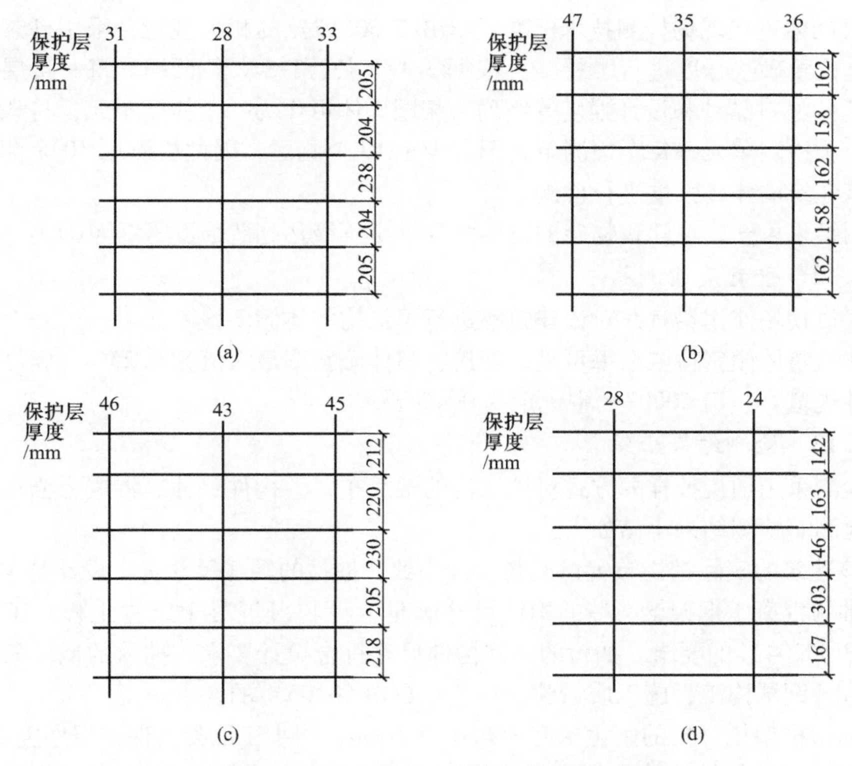

图7-34　混凝土中的钢筋分布及保护层厚度

（a）一层13/B柱；（b）二层16/Q柱；（c）三层16/N柱；（d）二层13/N-Q柱

由图7-34可以看出，抽检的框架梁、柱构件箍筋间距、保护层厚度满足《混凝土结构工程施工质量验收规范》（GB 50204）的要求。

7.6.4.8　钢材强度

检测人员对双拼角钢屋架进行强度检测，根据规范要求 Q235 抗拉强度 σ_b 的范围在 375~460MPa，现场对构件所用钢材测定硬度，计算出平均值，推算钢材的极限强度。检测结果表明：抽检 8 组屋架角钢，均未达到 Q235 钢材强度的要求。

7.6.4.9　钢构件防火保护厚度检测

检测人员现场对防火保护层厚度进行了检测，钢构件锈蚀较为严重，不满足规范要求。

7.6.4.10　砂浆强度检测

根据《建筑结构检测技术标准》(GB/T 50344) 和《贯入法检测砌筑砂浆抗压强度技术规程》(JGJ 136) 等规范的相关规定，将该建筑每一层划分为一个检测单元，每个检测单元不宜少于 6 个测区，因此检测取 6 个测区。采用砂浆贯入仪对该 (GB/T 50344) 建筑墙体的砌筑砂浆强度进行了检测。

根据检测结果可知，该建筑物一至三层墙体砌筑砂浆抗压强度推定值分别为 3.1MPa、3.6MPa、3.4MPa。

7.6.4.11　砖墙强度检测

根据《砌体工程现场检测技术标准》(GB/T 50315) 的相关规定，采用砂浆回弹仪对该工程墙体砌筑砂浆强度进行了检测。根据 3.1.1 条、3.3.2 条可知，每一楼层且总量不大于 250m^3 的材料品种和设计强度等级均为相同砌体可作为一个检测单元，将该建筑每一层划分为一个检测单元，每个检测单元不宜少于 10 个测区，因此检测取 10 个测区。采用回弹法对该建筑墙体砖强度进行检测。

据检测结果可知，该建筑物砖的抗压强度推定等级达到砖强度等级 MU10。

7.6.4.12　垂直度检测

检测人员现场使用铅垂线对该建筑物进行了结构整体倾斜检测。

由该建筑整体倾斜检测结果可见，建筑物整体倾斜率最大值为 0.25%，满足《建筑地基基础设计规范》(GB 50007) 中规定的 0.4%要求。

7.6.4.13　检测结果小结

此次检测采用随机抽样的方式对该结构的轴线布置、构件尺寸、混凝土强度、钢材强度进行了检测。检测结果小结如下：

(1) 该建筑的实际结构布置情况与设计一致，抽检的轴线尺寸符合设计要求。

(2) 抽检混凝土框架梁、柱的构件尺寸满足设计与《混凝土结构工程施工质量验收规范》(GB 50204) 的要求，抽检的砌体构件尺寸符合设计要求，抽检的钢屋架构件尺寸满足设计与《钢结构工程施工质量验收规范》(GB 50205) 的要求。

(3) 抽检框架梁、柱的碳化深度为 6.0~8.0mm，均小于混凝土保护层厚度 25mm。

(4) 根据《建筑结构检测技术标准》(GB/T 50344) 中第 3.3.21 条规定，受检范围内混凝土梁推定区间上限值 [24.2，21.7]，推定该批混凝土强度等级为 C20。

(5) 抽检框架梁、柱纵筋数量、保护层厚度及箍筋间距满足《混凝土结构工程施工质量验收规范》(GB 50204) 的要求。

(6) 抽检的 8 组屋架钢构件均未达到 Q235 钢材强度的要求。

（7）检测人员现场对防火保护层厚度进行了检测，钢构件锈蚀较为严重，不满足规范要求。

（8）该建筑物一至三层墙体砌筑砂浆抗压强度推定值分别为3.1MPa、3.6MPa、3.4MPa。

（9）抽该建筑物砖的抗压强度推定等级达到砖强度等级MU10。

（10）由该建筑整体倾斜检测结果可见，建筑物整体倾斜率最大值为0.25%，满足《建筑地基基础设计规范》（GB 50007）中规定的0.4%要求。

7.6.5 结构计算分析

7.6.5.1 计算说明

根据改造后的建筑功能要求，按照承载能力极限状态对该结构进行分析验算。计算方法的要点是：

（1）构件尺寸按照检测结果和设计值综合推定，取最不利值。根据检测结果，构件尺寸满足设计要求，故取设计值。

（2）混凝土强度按照原设计图纸和检测结果综合推定，取最不利值。根据检测结果，该建筑物梁混凝土强度未达到设计要求C30，故取检测值C25；负一层和一层柱混凝土强度达到设计要求C30，故取设计值C30；二层至小屋面混凝土柱强度未达到设计要求C30，故取检测值C20。

（3）采用北京盈建科软件股份有限公司编制的结构计算软件YJK对改造后的房屋在正常使用条件下进行承载力验算。

（4）钢屋架采用SAP2000进行结构分析。

7.6.5.2 计算荷载

荷载种类及取值：

（1）恒荷载。楼面1.5kN/m²；屋面3.3kN/m²。

（2）活荷载。楼面2.5kN/m²；上人屋面2.5kN/m²；不上人屋面0.5kN/m²；储藏室5.0kN/m²。

（3）风荷载。50年重现期的基本风压0.35kN/m²。

7.6.5.3 计算模型及结果

A 建筑整体计算模型及结果

YJK整体计算模型如图7-35所示。

根据实测混凝土强度、截面尺寸以及设计配筋可知：

（1）根据检测结果可知，一层部分墙体的抗压承载力不满足计算要求，其位置如下：3/C~M、11/G~M、18/G~M、26/C~M、3~9/B、3~9/C、3~9/M、3~9/Q，共8片墙体。

（2）根据检测结果可知，部分墙体的抗震承载力不满足计算要求，其位置如下。

1）一层：1~2/B、1/B~C、1/M~Q、1~2/Q、11~12/A、11~12/B、11~12/P、11~12/R、12~17/(1/G)、12~17/(1/H)、28/B~C、28/M~Q、17~18/A、17~18/B、17~18/P、17~18/R、27~28/B、27~28/Q，共18个墙体；

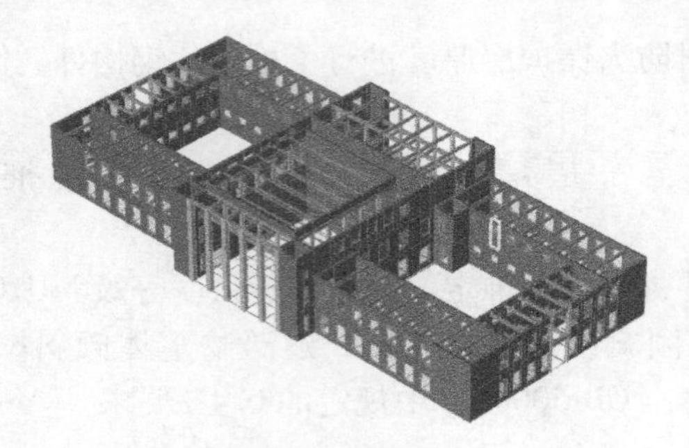

图 7-35 3D 模型图

2）二层：1/B～C、1/M～Q、11～12/B、12～17/（1/G）、12～17/（1/H）、17～18/B、28/B～C、28/M～Q，共 8 个墙体；

3）三层：11/A～B、18/A～B，共 2 个墙体。

B 钢屋架计算结果

根据实测钢材强度、截面尺寸以及计算应力可知，计算的最大应力为 252N/mm^2，钢材的强度设计值为 205N/mm^2，故钢架的下弦杆承载力不满足计算要求。

7.6.6 结论及建议

7.6.6.1 调查结论

（1）在现场普查中，未发现柱基础、地表及上部结构有因地基沉降导致开裂等异常现象。因此判断该建筑物地基和基础工作正常，无静载缺陷。

（2）该建筑以砌体墙作为主要的承重构件，局部为内框架形式。现场检查发现，承重墙及内框架结构布置合理，形成完整系统。结构间的连接合理，锚固、连接方式正确，无松动变形或其他残损。部分墙体有明显的裂缝，墙体因雨水侵蚀引起的腐蚀较为严重；屋面下的混凝土梁板因雨水侵蚀引起混凝土老化严重，表面有明显变形开裂等劣化现象发生；屋面 11～18/A～B 范围梁混凝土脱落保护层、钢筋锈蚀严重。

（3）现场检查发现，各层楼面局部有渗漏现象，屋面处梁板底部均有因雨水渗漏引起明显的泛减、屋面板裂缝、开裂等劣化现象。

（4）现场检查发现，围护系统构造合理，与主体结构有可靠联系，无可见位移，建筑功能符合设计要求；外墙局部出现面层开裂、脱落等现象；内隔墙面层完好；屋面防水构造及排水设施不当，防水老化严重，已基本破坏，屋面大面积有雨水渗漏及排水不畅的现象；室内吊顶已老化，且出现有碍外观的下垂现象。

（5）该建筑在 11～18/B～G 轴范围内的二、三层顶均有 5 榀钢桁架。现场检查发现，钢架与主体结构有可靠联系，无可见位移，部分钢构件有局部变形。三层顶部屋架（即屋面处屋架）由于屋面渗水严重，钢桁架的钢构件锈蚀严重。

7.6.6.2 检测结论

（1）该建筑的实际结构布置情况与设计一致；抽检的轴线尺寸符合设计要求。

（2）抽检混凝土框架梁、柱的构件尺寸满足设计与《混凝土结构工程施工质量验收规范》（GB 50204）的要求；抽检的砌体构件尺寸符合设计要求，抽检的钢屋架构件尺寸满足设计与《钢结构工程施工质量验收规范》（GB 50205）的要求。

（3）抽检框架梁、柱的碳化深度为6.0~8.0mm，均小于混凝土保护层厚度25mm。

（4）根据《建筑结构检测技术标准》（GB/T 50344）中第3.3.21条规定，受检范围内混凝土梁推定区间上限值［24.2，21.7］，推定该批混凝土强度等级为C20。

（5）抽检框架梁、柱纵筋数量、保护层厚度及箍筋间距满足《混凝土结构工程施工质量验收规范》（GB 50204）的要求。

（6）抽检的8组屋架钢构件，均未达到Q235钢材强度的要求。

（7）检测人员现场对防火保护层厚度进行了检测，钢构件锈蚀较为严重，不满足规范要求。

（8）该建筑物一至三层墙体砌筑砂浆抗压强度推定值分别为3.1MPa、3.6MPa、3.4MPa。

（9）该建筑物砖的抗压强度推定等级达到砖强度等级MU10。

（10）由该建筑整体倾斜检测结果可见，建筑物整体倾斜率最大值为0.25%，满足《建筑地基基础设计规范》（GB 50007）中规定的0.4%要求。

（11）分析结论。根据计算结果可知，该建筑的部分砌体墙的承载力不满足安全使用要求，钢架的下弦杆承载力不满足计算要求。

7.6.6.3 建议

（1）对不满足承载力要求的墙体及柱进行加固处理，对已损坏或腐蚀的墙体进行修补或加强处理。

（2）对不满足承载力要求的钢架进行加固处理，钢桁架应重新进行防腐处理。

（3）对各层楼面有渗漏的楼板进行修补，严重处应进行更换处理；并对相应的梁进行修复。

（4）吊顶及门窗应全部更换。

（5）屋面防水及排水系统应进行全面修复。

（6）损坏或拆除的女儿墙应进行修复，因拆除女儿墙而脱落屋面悬挑板应修复处理。

7.7 墙外保温及装饰面施工质量鉴定

墙外保温及装饰面施工质量不良，可能出现脱落现象，不仅造成保温功能不良，同时也会给人们对该建筑外观留下不良印象。文中案例为一高档宾馆，因外墙外保温及装饰面系统施工中存在较多的问题和隐患，故对其进行墙外保温及装饰面施工质量鉴定。

7.7.1 工程概况

该宾馆一期项目外墙面积约40000m^2，其中外墙仿砖漆墙面面积为9848m^2。外墙外保温系统的围护结构选用保温材料主要为挤塑聚苯板（XPS），导热系数$\lambda=0.036$，密度为28~35kg/m^3，性能等级为B1级阻燃型。

仿砖漆面外墙外保温系统节能构造做法：（1）基层；（2）聚合物黏结砂浆；（3）挤塑板（XPS板）；（4）聚合物抹面抗裂砂浆底层+增强网格布；（5）聚合物抹面抗裂砂浆抹面层；（6）外饰面系统。

为了解该工程外墙外保温及仿砖漆装饰面工程的施工质量，特对其进行施工质量鉴定。

7.7.2 现场调查、检查

7.7.2.1 外墙外保温及装饰面系统外观及细部构造检查

依据设计文件、施工方案和相关标准规范。对现场外墙外保温及装饰面系统的外观（图 7-36）、细部构造做法、空鼓开裂现象等进行现场检查。通过现场检查发现，现场外墙外保温及装饰面系统的部分施工做法不符合施工方案和相关标准规范的要求，主要问题有：（1）部分细部节点未按相关规定封口打胶；（2）洞口等部位保温板端未按规定网格布翻包或翻包损坏，且网格布未按规定收边；（3）部分区域网格布缺失；（4）网格布未搭接或搭接长度不够；（5）网格布压入砂浆太深以致露出抹灰层内表面，影响抹灰层与保温板粘贴；（6）保温板粘结方法与方案不符等。在进行 20/W8 轴阳角处抹面砂浆大面积脱落检查时，发现阳角网格布单层布置，未按要求进行绕角搭接，在残留抹面砂浆中网格布有缺失现象。在检查过程中，还发现部分墙体已出现空鼓和开裂现象的部位。另外，发现局部墙体保温板有双层甚至三层板粘贴的现象，存在脱落隐患。

图 7-36 外墙现状

（a）网格布压入砂浆太深，网格布未搭接，未做收口；（b）阳角处网格布未按规定搭接加强；（c）保温板未做翻包网格布，网格布未按规定收边固定；（d）阳角单层网格布，未按规定绕角搭接加强，残留抹面砂浆中网格布有缺失现象；（e）抹面及外饰面层开裂，脱落，抹面砂浆中未见网格布；（f）窗口保温板未按规定做翻包、未用密封胶密封

7.7.2.2 红外热像仪外墙缺陷检查

参照《居住建筑节能检测标准》（JGJ/T 132），采用红外热成像方法对外墙外保温系统热工缺陷进行检查（如图7-37所示）。通过红外热成像方法，对墙面围护结构热工缺陷进行检查，未发现围护结构外保温材料存有缺失现象，局部位置有温度分布不均匀现象。

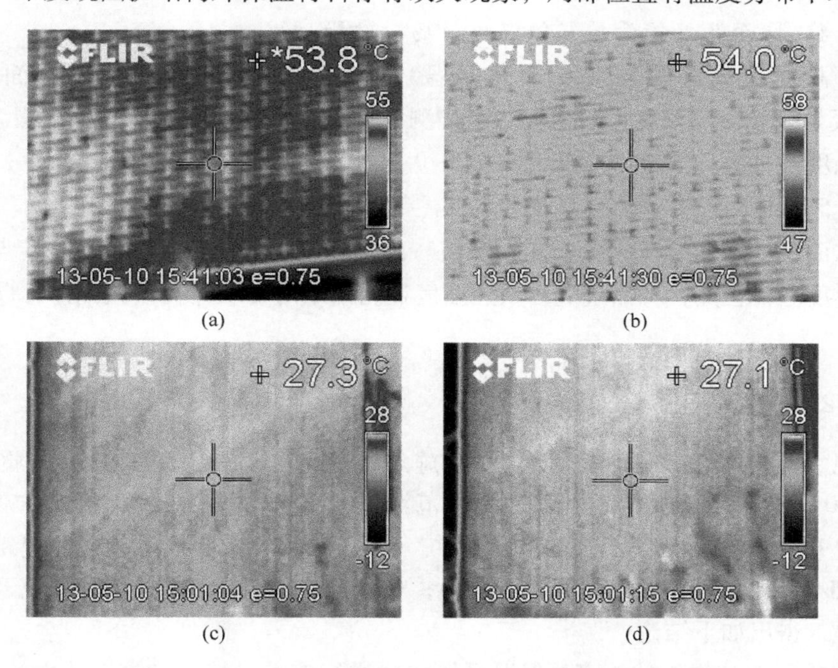

(a) (b) (c) (d)

图7-37 热成像结果

(a)，(b) 18/L~J；(c)，(d) W8/17.5~20

7.7.3 现场检测

7.7.3.1 保温板材与基层墙体现场黏结强度

参照《外墙外保温工程技术规范》（JGJ 144）对外墙外保温系统的保温板材（XPS板）与基层墙体现场黏结强度进行检测，经检测，所检保温板材（XPS板）与基层墙体现场黏结强度各组平均值为0.12~0.16MPa。

7.7.3.2 后置锚固件现场拉拔

参照《膨胀聚苯板薄抹灰外墙外保温》（JG/T 149）对外墙外保温系统的后置锚固件进行现场拉拔检测，经检测，所检外墙外保温系统的后置锚固件现场拉拔结果范围为0.091~0.602kN。

7.7.3.3 钻芯法检验外墙节能构造

芯样数量和取样部位是在现场，由委托方根据实际条件确定。取样分别选在该宾馆一层、二层外墙（具体部位见检测结果）具有代表性的部位，水平钻取芯样。共钻取了有效芯样3个。依据《建筑节能工程施工质量验收规范》（GB 50411）附录C，对该宾馆采取钻芯法检验外墙节能构造，芯样数量和取样部位由委托方根据实际条件确定。现场所取芯样的保温材料种类符合设计要求；钻取的保温板芯样厚度平均值为 87mm，达到设计值的109%，满足规范规定不低于设计厚度的 95%要求；钻取的保温板芯样厚度最小值为80mm，达到设计值的 100%，满足规范最小值不低于设计厚度 90%的要求，保温板厚度偏差符合规范要求。

7.7.3.4　抹面及外饰面层与保温板现场黏结强度

参照《膨胀聚苯板薄抹灰外墙外保温》（JG/T 149）对抹面及外饰面层与保温板（XPS 板）现场黏结强度进行检测，经检测，所检抹面及外饰面层与保温板（XPS 板）现场黏结强度各组平均值结果范围为 0.015~0.095MPa。

7.7.3.5　抹面抗裂砂浆层厚度

结合抹面及外饰面层与保温板（XPS 板）现场黏结强度检测，对拉拔试验点抹面抗裂砂浆层的厚度进行检测，抹面抗裂砂浆层厚度检测结果与要求存在较大偏差，厚度值偏小居多。

7.7.4　结论

根据现场实际情况，参照设计文件、施工方案、《建筑节能工程施工质量验收规范》（GB 50411）、《外墙外保温工程技术规范》（JGJ 144）、《膨胀聚苯板薄抹灰外墙外保温》（JG/T 149）、《建筑工程施工质量验收统一标准》（GB 50300）、《居住建筑节能检测标准》（JGJ/T 132）等标准及工程检测合同，对该宾馆仿砖漆面的外墙外保温及装饰面工程进行检验，得出如下结论：

（1）对施工单位提供的外墙外保温系统资料进行核查，结果为：设计文件基本齐全；施工资料中未见隐蔽工程相关图像资料，未见界面剂相关资料，其他施工资料基本齐全。

（2）经现场检查，外墙外保温及装饰面系统的较多细部节点未按施工方案和相关标准规范要求施工。

（3）经现场检查，抹面砂浆中网格布有未搭接或搭接长度不够情况，局部出现未布置网格布的现象。

（4）结合抹面及外饰面层与保温板现场黏结强度检验，检查拉拔破坏界面时发现抹面砂浆厚度普遍小于要求厚度，同时发现网格布压入砂浆太深以致露出抹灰层内表面，影响抹灰层与保温板粘贴。

（5）在进行 20/W8 轴阳角处抹面砂浆大面积脱落检查时，发现阳角网格布单层布置与规定不符，且未按要求进行绕角搭接，在残留抹面砂浆中网格布有缺失现象。

（6）采用红外热成像方法对外墙外保温系统热工缺陷进行检查，未发现围护结构外保温材料存在缺失现象，局部位置有温度分布不均匀现象。

（7）现场检测结果表明，所检保温板材与基层墙体现场黏结强度检测结果范围为0.12~0.16MPa；后置锚固件现场拉拔检测结果范围为 0.091~0.602kN；钻芯法检验外墙节能构造的检测结果表明，所取芯样的保温材料种类符合设计要求，保温板厚度偏差符合规范要求；抹面及外饰面层与保温板现场黏结强度检测结果范围为 0.015~0.095MPa。

综上所述，外墙外保温及装饰面系统施工中存在较多的问题和隐患，主要包括节点细部未按要求施工，可能会造成局部损坏并扩展；网格布未搭接或搭接长度不够，局部未布置网格布，相对容易产生裂缝和空鼓；未按规定使用界面剂、抹面砂浆层厚度不足和网格布露出抹灰层内表面，与相关标准和施工方案不符，影响抹灰层与保温板的粘贴强度。另外，现场保温板双层或三层粘贴的情况，存有脱落隐患。

7.8 油罐抗渗性检测

加油站的储油罐主要用于储藏油品，由钢内衬及混凝土外壁构成，因在长期的使用过程中钢内衬有可能出现渗漏现象，为了明确钢内衬发生渗漏后其外侧混凝土是否能够提供足够的抗渗防护，因此对其外侧混凝土的抗渗性能进行检测分析。

7.8.1 工程概况

该加油站浇封埋地油罐由钢内衬和混凝土外壁构成，单个罐体直径为 2.62m，长度 7.2m，罐壁混凝土强度为 C15，侧壁厚度约 670mm，两端头混凝土厚度约 500mm。

7.8.2 检测目的

由于在长期的使用过程中钢内衬有可能出现渗漏，为了明确钢内衬发生渗漏后其外侧混凝土是否能够提供足够的抗渗防护，因此对其外侧混凝土的抗渗性能进行检测；并根据检测结果和相关规范，提供后期修复处理的建议。

7.8.3 现场调查

现场地上部分如图 7-38 所示。

图 7-38 现状照片

7.8.4 现场检测结果

7.8.4.1 现场无损渗透性检测

为了现场进行无损渗透性检测，分别对浇封埋地油罐的四周各区域进行抽样开挖，检查照片如图 7-39 所示。

图 7-39　现场无损检测照片

A　混凝土渗透性检测设备

此次检测采用的是英国 Belfast 女王大学研发的 Autoclam 自动渗透性测试仪，能在现场同时自动检测吸水量、渗水性和渗气性三项指标，Autoclam 系统主要部件如图 7-40 所示。

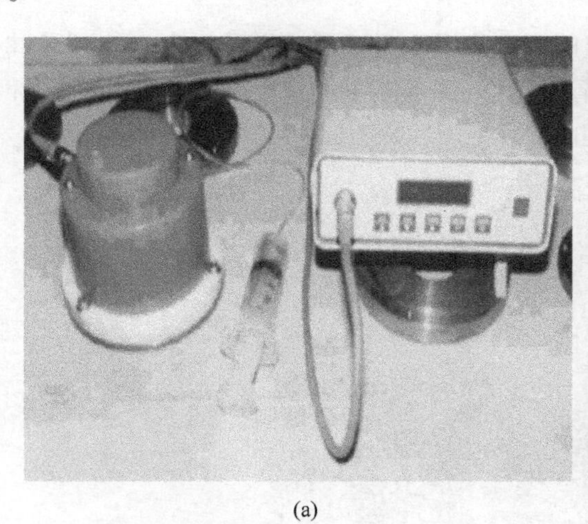

(a)

(b)

图 7-40　Autoclam 自动渗透测试仪
（a）Autoclam 自动渗透测试仪图；（b）Autoclam 现场测试照片

自动检测吸水量、渗水性和渗气性三种试验的第一步都是把一个钢的基础圆环固定或胶结在混凝土表面，这样就能达到空气和水的密封。基础环的内径通常是 50mm，实际上的“AUTOCLAM”试验装置就固定在基础环上，仪器主体包括一个压力转换器，可以检测试验区域的压力；一个柱桶体，供活塞在里面运行；一个主阀门，用以引入水或空气（或其他气体）；一个释放阀门，用以释放水或气体。通过测量活塞在柱桶中移动的距离，可计算混凝土表层的吸水量。设计考虑了不同的柱桶、活塞尺寸，以适合不同的混凝土渗透性。因为表层混凝土的湿含量影响渗透性，所以一般要求检测的混凝土表层是干燥的。对于吸水性试验，使用了 2kPa 的压强，这和 ISAT 法使用的 200mm 水柱相当。整个试验都是自动的，试验时间大约15min。绘制出累计吸收水量对时间平方根的曲线，就可以得到一个线性关系，其斜率即为吸水性指标，单位为m^3/min。自动化水渗透性测试在原理上和自动化吸水性试验是相同的，只不过试验用的压强更高。对于自动化水渗透性试验，压强保持在150kPa，水渗透性指标采用和吸水性指标相同的方法计算。因为实际上空气和水的渗透并没有达到稳定状态，因此这些试验都只能得到和渗透性相关的相对指标。两个试验都简单快速，适合试验室和现场应用，但是水渗透性受混凝土湿含量状况的影响要小一些。

B 无损检测

根据结果绘制渗透性曲线，如图7-41所示。

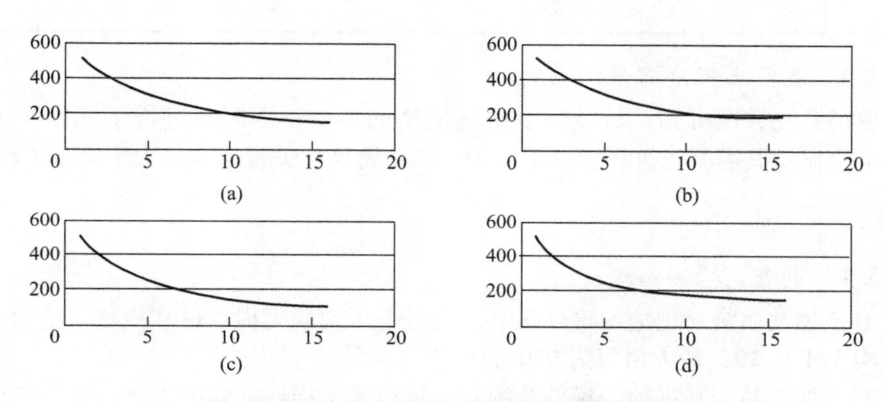

图7-41 现场无损检测混凝土渗透性数据曲线

(a) 序号1；(b) 序号2；(c) 序号3；(d) 序号4

此次检测采用英国Belfast女王大学研发的Autoclam自动渗透性测试仪，在现场快速检测混凝土渗气性指标。利用检测数据，在Y轴上绘制第5~15min压力值的自然对数，X轴为相应的时间。如果试验不到15min，那么试验的最后10min数据有效的话，就用这10min来计算空气渗透性系数。如果10min内的数据无效，那么就用有效的数据计算。

C 现场小结

对该加油站浇封埋地油罐外覆混凝土进行了现场无损渗透性检测，检测结论显示其API值均小于0.10，最大值仅为0.07，防渗质量均为“很好”。

7.8.4.2 土壤与地下水pH值

混凝土主要的胶凝材料为水泥，水泥呈弱碱性，当混凝土处于酸性环境中时，环境中的酸性介质（如硫酸盐）会与混凝土中的氢氧化钙发生反应，生成硫酸钙或者钙矾石，不仅会降低混凝土孔隙溶液的碱度，引起钢筋的锈蚀；而且还会对混凝土基体造成侵蚀破坏，酸碱中和反应会使混凝土强度大大降低，因此，需对环境土壤及地下水的pH值进行测试。

现场采用pH试纸对环境土壤及地下水进行了pH值检测。

根据现场监测数据可知，对该加油站埋地储油罐外覆混凝土进行了环境土壤及地下水pH值检测，检测结论显示其pH值为碱性。

7.8.4.3 混凝土碳化深度

混凝土的碳化速度系数与所采用的水泥品种、水泥用量、水灰比、振捣情况、养护方法、外加剂、掺和料等多种因素有关。此外，还会受到环境因素的影响。

现场实测混凝土碳化结果见表7-19。

表7-19 埋地油罐外覆混凝土碳化深度检测结果

序号	构件名称及部位	碳化深度/mm
1	埋地油罐	3.0
2	埋地油罐	3.0
3	埋地油罐	3.0

7.8.4.4 混凝土强度回弹法检测

根据现场监测数据可知，对该加油站埋地储油罐外覆混凝土进行了无损回弹强度检测，检测结论显示其混凝土抗压强度等级为C25，满足相关规范要求大于等于C25。

7.8.5 结论

7.8.5.1 调查、检测结论

（1）对该加油站浇封埋地油罐外覆混凝土进行了现场无损渗透性检测，检测结论显示其API值均小于0.10，最大值仅为0.07，防渗质量均为“很好”。

（2）对该加油站浇封埋地油罐外覆混凝土进行了无损回弹强度检测，检测结论显示其混凝土抗压强度等级为C25，满足相关规范要求大于等于C25。

（3）对该加油站埋地储油罐外部土壤和地下水进行了pH值测试，检测结论显示pH值为11.35，为碱性环境，环境对混凝土强度影响较低。

（4）对该加油站浇封埋地油罐外覆混凝土各侧面进行了开挖后的裂缝外观普查，未发现明显裂缝存在。

7.8.5.2 结论

综合以上各检测结论，可以判断对松湖加油站浇封埋地油罐外覆包封混凝土的抗渗透性能检测现场无损测试结果良好，该外覆混凝土施工质量较好，环境对该混凝土强度影响较低，整体抗渗性能良好，满足相关规范规定的P6抗渗等级要求，可以对油罐储油泄漏起到防渗保护作用，是有效的防渗措施，符合《中华人民共和国水污染防治法》的相关要求。

7.9 框架结构原位加载试验实例分析

某项目为多层框架结构。目前进行结构改造，现拟改变其使用用途，使其使用荷载增大。针对以上情况，对其原位加载试验进行分析。

7.9.1 工程概况

该项目位于南方沿海城市，为多层框架结构，目前进行结构改造。其中A栋厂房为五层框架结构（原结构为9层），主梁跨度为7.5m、次梁跨度7.2m，现拟作为机房使用，要求使用荷载为10.0kN/m^2，为了解三、五层主次梁承载力是否达到10.0kN/m^2，通过对A栋厂房三、五层结构钢筋混凝土楼盖各选一根主次梁进行结构检测和静力荷载试验，检验三、五层结构主次梁承载力是否满足安全使用要求。

7.9.2　受检构件的选取

此次受检构件取A栋厂房三层2轴~3轴×G轴主梁、三层2轴+3.75m×F轴~G轴次梁、五层7轴~8轴×G轴主梁、五层7轴+3.75m×F轴~G轴次梁进行原位荷载试验，如图7-42所示。

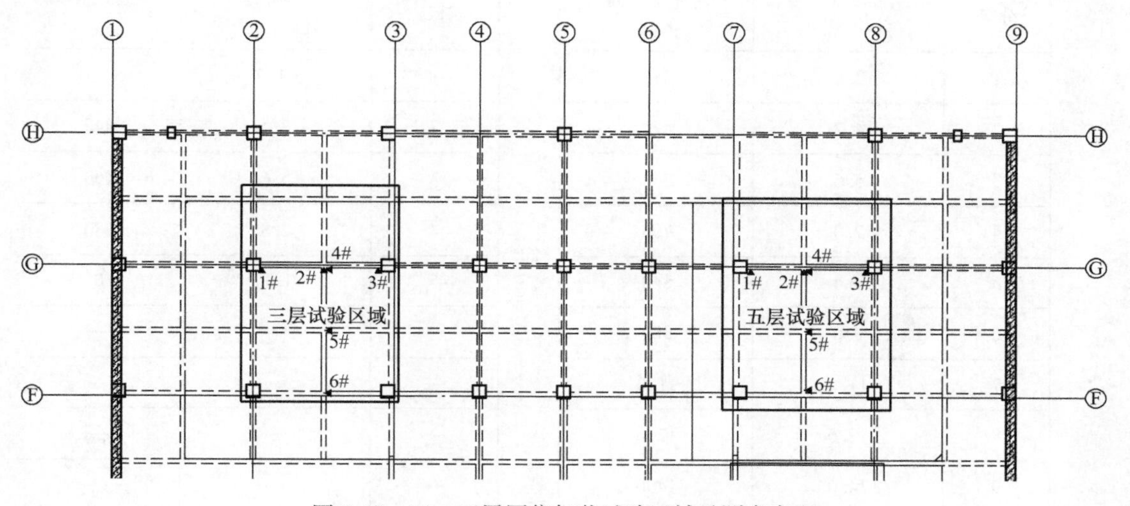

图7-42　三、五层原位加载试验区域及测点布置

7.9.3　试验检测内容

按照《混凝土结构试验方法标准》（GB/T 50152）对试验板在各级试验荷载作用下的梁底支座及跨中位置挠度、卸载后残余挠度及裂缝情况进行检测。

7.9.3.1　变形的量测

按现行国家标准《混凝土结构设计规范》（GB 50010）规定的挠度允许值进行检验时，应符合$a_s^o \leq [a_s]$的要求。对于钢筋混凝土受弯构件$[a_s]=[a_f]/\theta$，其中$[a_f]$为构件挠度设计的限值，根据《混凝土结构设计规范》（GB 50010）规定$[a_f]=l_0/250$，主梁$l_0=7500$，$[a_f]=l_0/250=30.00$mm。次梁$l_0=7200$，$[a_f]=l_0/250=28.80$mm，考虑荷载长期作用对挠度增大的影响系数θ，根据《混凝土结构设计规范》（GB 50010）规定，其取值范围为1.6~2.0，因此主梁$[a_s]$取值范围为15.00~18.75mm，次梁$[a_s]$取值范围为14.20~18.00mm。

根据《混凝土结构试验方法标准》（GB/T 50152）第6.3.2条规定，此次共检测6根梁，均布置3个变形测点，测点均布置在梁的下表面。各梁测点布置如图7-42所示。

7.9.3.2　裂缝的量测

此次采用直接观察法，根据《混凝土结构试验方法标准》（GB/T 50152）第6.5.3条规定，全过程观察记录裂缝形态和宽度变化，绘制构件裂缝形态图，并判断裂缝的性质及类型。

7.9.4 加载方式

此次实验采用原位加载实验，加载方式为采用流体（水）进行均布加载，此次加载材料为自来水，材料由委托方提供。根据《建筑结构荷载规范》（GB 50009）活荷载的标准值为 $10kN/m^2$，根据《混凝土结构试验方法标准》（GB/T 50152）第 9.1.7 条规定及业主要求，此次试验采用正常使用加荷载限值，拟为 $10\times1.4=14kN/m^2$，加载、卸载见表 7-20。

表 7-20 此加载试验加载、卸载控制

	分级	荷载 $/kN\cdot m^{-2}$	对应水位高 /mm		分级	荷载 $/kN\cdot m^{-2}$	对应水位高 /mm
加载	1	2.8	280	卸载	1	11.2	1120
	2	4.2	420		2	8.4	840
	3	5.6	560		3	5.6	560
	4	7.0	700		4	2.8	280
	5	8.4	840		5	0.00	0
	6	9.8	980		—	—	—
	7	11.2	1120		—	—	—
	8	12.6	1260		—	—	—
	9	14.0	1400		—	—	—
	10	—	—		—	—	—

检测频率（加载分级）及终止加载点：

（1）加载采用逐级等量加载，分级荷载最大加载量的 1/10，其中第一级取分级荷载的 2 倍，卸载按分级进行，每级卸载量取加载时分级荷载的 2 倍。

（2）试验分为 10 级加载，5 级卸载。

（3）每级荷载施加后第 5min、15min、30min、45min、60min 测读变形量，以后每隔 30min 测读一次。

（4）达到最大试验荷载后，静置 12h 后卸载，卸载时，每级荷载维持 1h，按第 15min、30min、60min 测读变形量后，即可卸下一级荷载。卸载至零后，测读变形量时间为 15min、30min。

（5）残余变形在卸载 1h 后量测。

（6）终止加载条件。当达到最大试验荷载或试验过程中梁出现下挠度 1/200 时终止加载。

7.9.5 楼板载荷试验检测结果

（1）三层 2 轴~3 轴×G 轴主梁、2 轴+3.75m×F 轴~G 轴次梁结构楼板各测点挠度实测值见表 7-21。

表 7-21 各测点挠度实测值 (mm)

应变测点	1	2	3	4	5	6
Ⅰ级加载	0.02	0.33	0.05	0.31	0.44	0.04
Ⅱ级加载	0.02	0.53	0.10	0.51	0.71	0.08
Ⅲ级加载	0.03	0.77	0.23	0.77	1.03	0.18
Ⅳ级加载	0.05	0.99	0.20	1.00	1.33	0.24
Ⅴ级加载	0.06	1.19	0.21	1.15	1.52	0.26
Ⅵ级加载	0.06	1.42	0.25	1.46	1.95	0.33
Ⅶ级加载	0.08	1.82	0.30	1.88	2.32	0.40
Ⅷ级加载	0.12	2.06	0.31	2.10	2.62	0.46
Ⅸ级加载	0.13	2.45	0.34	2.51	3.10	0.57
Ⅰ级卸载	0.13	2.11	0.28	2.19	2.56	0.46
Ⅱ级卸载	0.12	1.79	0.23	1.84	2.21	0.37
Ⅲ级卸载	0.05	1.35	0.16	1.41	1.67	0.24
Ⅳ级卸载	0.02	0.97	0.11	0.99	1.15	0.14
Ⅴ级卸载	0.01	0.54	0.05	0.54	0.56	0.00

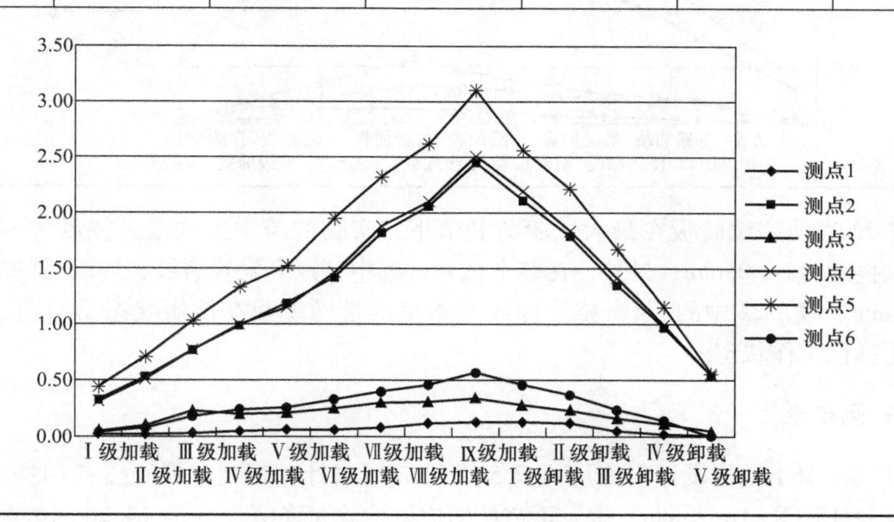

表 7-21 表明，试验板在最大试验荷载值下，实测的跨中主梁最大挠度为+2.45mm、次梁最大挠度为+3.10mm；另外，在整个试验过程中，没有发现裂缝，卸载后的残余挠度为+0.56mm。表 7-21 中的荷载-挠度曲线基本呈线性，说明在使用状态试验荷载值作用下，处于弹性工作状态。

（2）五层 7 轴~8 轴×G 轴主梁、7 轴+3.75m×F 轴~G 轴次梁结构楼板各测点挠度实测值见表 7-22。

表 7-22　各测点挠度实测值　　(mm)

应变测点	1	2	3	4	5	6
Ⅰ级加载	0.00	0.34	0.15	0.36	0.56	0.11
Ⅱ级加载	0.01	0.45	0.15	0.48	0.79	0.14
Ⅲ级加载	0.00	0.61	0.16	0.65	1.05	0.18
Ⅳ级加载	0.00	0.81	0.19	0.88	1.39	0.25
Ⅴ级加载	0.06	1.08	0.23	1.15	1.94	0.47
Ⅵ级加载	0.11	1.32	0.26	1.42	2.48	0.80
Ⅶ级加载	0.16	1.68	0.30	1.78	2.95	1.05
Ⅷ级加载	0.16	2.03	0.35	2.13	3.55	1.25
Ⅸ级加载	0.16	2.30	0.35	2.41	4.05	1.48
Ⅰ级卸载	0.16	2.08	0.31	2.22	3.71	1.40
Ⅱ级卸载	0.16	1.48	0.21	1.56	2.66	1.03
Ⅲ级卸载	0.16	0.86	0.15	0.99	1.67	0.86
Ⅳ级卸载	0.06	0.46	0.05	0.40	0.87	0.32
Ⅴ级卸载	0.02	0.01	0.00	0.05	0.38	0.00

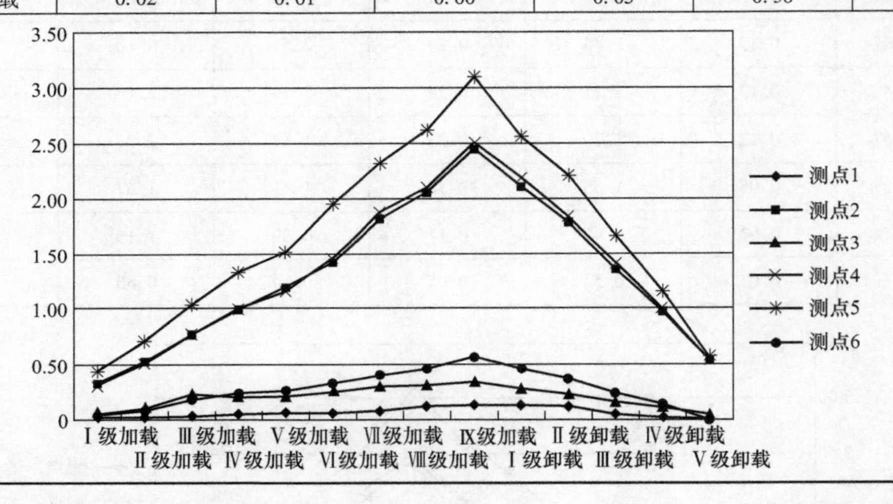

表 7-22 表明，试验板在最大试验荷载值下，实测的跨中主梁最大挠度为+2.30mm、次梁最大挠度为+4.05mm；另外，在整个试验过程中，没有发现裂缝，卸载后的残余挠度为+0.38mm。表 7-22 中的荷载-挠度曲线基本呈线性，说明在使用状态试验荷载值作用下，处于弹性工作状态。

7.9.6　检测结论

根据《混凝土结构设计规范》(GB 50010)，通过计算得出主梁正常使用挠度检验允许值 $[a_s]$=15.00~18.75mm；次梁正常使用挠度检验允许值 $[a_s]$=14.20~18.00mm；试验楼板在试验荷载作用下，各测点挠度检验实测值均小于挠度检验允许值，板底未发现有开裂现象，卸载后各测点变形量测值基本恢复初始值，说明试验楼板能够满足试验荷载的要求。

结果表明：三层 2 轴~3 轴×G 轴主梁、2 轴+3.75m×F 轴~G 轴次梁结构楼板满足活荷载标准值为 10.0kN/m^2 的正常使用要求。五层 7 轴~8 轴×G 轴主梁、7 轴+3.75m×F 轴~G 轴次梁结构楼板满足活荷载标准值为 10.0kN/m^2 的正常使用要求。

8 监　　测

8.1 超长混凝土结构施工监测分析

某工程原施工设计图中有三道后浇带，后浇带的浇筑时间设计要求 2 个月后方能进行。为了满足工期要求并确保施工质量，施工方决定采用超长结构无缝施工技术，特对此次超长结构无缝施工进行施工监测。

8.1.1 工程概况

该工程位于我国西部，是该地区的重点建设工程。总建筑面积 10211m^2，原施工设计图中有三道后浇带，后浇带的浇筑时间设计要求 2 个月后方能进行。为了满足工期要求，施工方决定采用超长结构无缝施工技术。施工方要求对混凝土结构进行现场实测，在采用补偿收缩混凝土取消后浇带的情况下，结构超长施工所采取的措施是否起到了相应的作用，混凝土结构能否满足设计的收缩变形要求，确保混凝土不出现影响结构安全的收缩裂缝，同时，控制施工引起的结构应力。

8.1.2 监测的范围及内容

对该工程 7.9m 标高 9~11/A~F 范围混凝土超长结构进行监测，监测内容包括受力钢筋应力、混凝土应变、混凝土温度、预应力张拉后混凝土构件应变（该工程为后张预应力混凝土）。

8.1.3 监测位置及测点

8.1.3.1 监测位置

结合现场的实际情况及结构的受力特性，本着科学、可靠、经济的原则，确定了监测的主要对象为：主站房 7.900m 标高处 9~10 轴的部分梁板，主、次梁共 6 根，楼板 3 块。

8.1.3.2 测点布置

A 温度测点

在 9~10/A 梁、9~10/D 梁、F~D/9 梁的跨中位置的中部分别埋设一支温度计，在 1/4L 跨处的上（近表面）、中、下缘各设一支；9~10/F 轴梁、9~10/F1 轴梁、9~10/F2 轴梁的跨中上部（近表面）各埋设一支温度计，合计 15 支温度传感器。另外，22 支应变传感器也可以进行温度数据采集。因此，共有 37 支可以采集温度的传感器。

B 应力应变测点

（1）梁的应变测点布置。9~10/A 梁、9~10/D 梁、F~D/9 梁在跨中 1/2L 处截面上下位置横向各埋设一支传感器，用于测量主梁受力最不利位置的混凝土的受压、受拉应力值。在梁端 1/10L 处截面上部横向埋设一支传感器，截面中部 45°方向埋设一支传感器。其余 3 根梁在跨中 1/2L 处截面下部位置横向各埋设一支传感器，且在 9~10/F 梁中部下层设置一支。共布设了 16 支应变传感器。

（2）板的应变测点布置。

考虑到板的厚度及受力特点，板上混凝土应力监测截面测点仅布置在板的中部，横向、纵向各布置一支应变传感器，合计布置了 6 支。

C　钢筋应力测点

共选取了 3 根主梁（9~10/A 梁、9~10/D 梁、F~D/10 梁）进行监测，每根梁上选取跨中上下位置的两根主筋进行监测。共计布设了主筋应力监测点 6 个。

8.1.4　温度监测及分析

8.1.4.1　温度监测指标

《大体积混凝土施工规范》（GB 50496）中对大体积混凝土施工过程中的温度控制要求如下：

确定施工阶段大体积混凝土浇筑体的温度峰值、里表温差及降温速率的控制指标。温控指标宜符合下列规定：

（1）混凝土浇筑体在入模温度基础上的温升值不宜大于 50℃。

（2）混凝土浇筑体的表里温差（不含混凝土收缩的当量温度）不宜大于 25℃。

（3）混凝土浇筑体的降温速率不宜大于 2.0℃/d。

（4）混凝土浇筑体表面与大气温差不宜大于 20℃。

8.1.4.2　温度数据分析

根据现场温度监测实际测得的数据，分别作出各测点的温度曲线。图 8-1 所示为其中 4 个测点的温度曲线。其中，横坐标为检测时间，纵坐标为测点的实际检测温度。

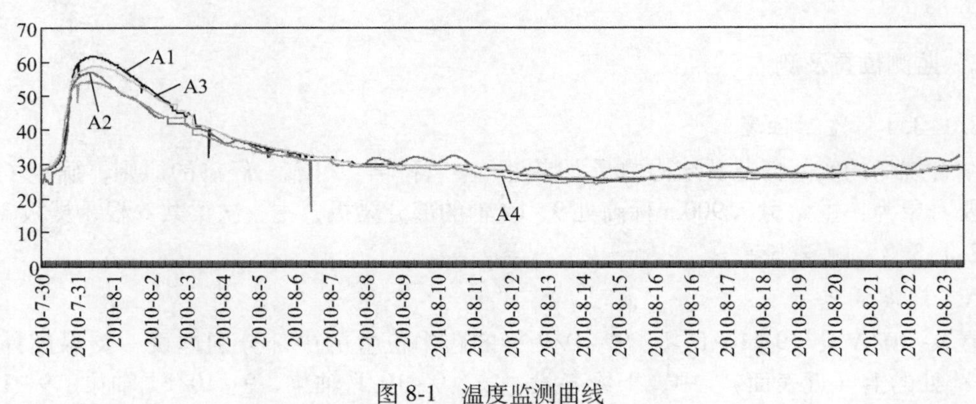

图 8-1　温度监测曲线

分析监测的温度曲线可知：

（1）温度峰值一般出现在混凝土浇注 36h 左右。其中，所有温度传感器测得的温度峰值中，测点 A1 的最高，为 61.63℃；所有应变传感器测得的温度峰值中，测点最高的为 65.5℃。

（2）初期温升阶段，梁的中层测点的温度峰值要比下层和上层的要高，并且梁中层测点的温度达到温度峰值的升温时间比下层和上层的也要长。

（3）测得的温度曲线中，下层和中层测点的温度曲线变化相对比较均匀，上层测点的温度曲线变化起伏较大。表明上层受大气环境影响较大，而中间层等受到环境温度的影响较小。

（4）混凝土浇筑体在入模温度基础上的温升值均不大于50℃（监测过程中，入模温度在25℃左右，而混凝土浇筑体实际测得的最高温度为65.5℃）。

（5）混凝土浇筑体表面与大气温差均小于20℃。其中，测点在7月31日7点15分测得的混凝土浇筑体表面温度与大气温差最大，为15.94℃。

（6）各测点的测温曲线与大气环境温度曲线初始阶段基本吻合，主要由于传感器没有被混凝土覆盖，传感器监测的温度是大气环境温度。而一旦传感器被混凝土覆盖到位，其监测的便是混凝土的实际温度。

8.1.4.3　里表温差分析

通过分析监测得到的温度数据得知，受到外界大气的影响，梁的上表面混凝土的散热最快，由于有木模板的保温作用，梁下层温度散热速度居其次，梁中层为大体积混凝土的中间位置，温度最高。因此，里表温差采用梁的中层温度与梁的上表面温度在同时刻的差值来表征。

（1）里表温差最大值均集中出现在混凝土浇筑后24~48h之间，最大温差达到15℃。

（2）实际监测得到的里表温差值全部都在25℃以内，符合相关规范规定的要求。

（3）其中有个别异常波动点，应视为失效数值。如，里表温差最大值为24.9℃，出现在测点1与测点2之间，时间为7月31日16点59分，此时测点2的温度为25.9℃，而前一个小时测得的温度为36.3℃，后一个小时测的温度为35.9℃，期间温度不可能有如此大的突变，由此可以判该数据为失效数值。

8.1.4.4　降温速率分析

根据温控监测得到的温度数据，通过分析可以得到各测点每天平均降温速率。计算分析降温速率时，以最高温度时刻为基点，所测温度值减去第二天同时刻（或相近）的温度值，结果为负值表示降温，反之为升温。全部采用梁中层测点的监测数值来进行分析。

由降温速率分析可知，梁中层各测点的降温趋势大致相同，降温最大值均出现在温度峰值后48h之内，并且均超出每天降温2℃的要求，之后的降温变得逐渐平缓。局部时间段降温速率过快，可能与气温的变化过快（如降雨等）而保温措施不及时有关。

8.1.5　混凝土应变监测及分析

8.1.5.1　混凝土应变监测指标

随着混凝土龄期延长，其强度不断增加，抗裂能力也随之不断增强，但混凝土承受温度应力的水平也可能随之增长。混凝土温度变化经历升温和降温两个过程，应变状态经历不断变化和调整的过程。混凝土的开裂与混凝土受力的速率有关，在严格控制降温速率和里表温差情况下，混凝土开裂时的应变会加大，按照《混凝土结构设计规范》中的本构关系和混凝土抗拉强度试验计算结果，混凝土应变可以从严控制在110μ_{ε}内。

8.1.5.2 混凝土应变监测结果及分析

大体积混凝土在温度场变化时，应变如同应力问题一样相当复杂。因为通过振弦式应变传感器的监测，不管其输出的是直接变量（频率），还是间接变量（模数），根据这些变量直接计算出的应变（传感器输出应变）不是结构的约束应变（即实际产生应力的应变）。应变传感器监测混凝土应变主要包括三种类型的应变：直接输出应变、传感器自身的温度应变、混凝土的自由膨胀收缩温度应变。而结构实际应变、约束应变均是衍生应变。计算混凝土结构的约束应变，才能更好地分析解释混凝土的应力分布和开裂问题。

传感器自身温度应变可以通过传感器温度修正予以剔除，为此，混凝土应力应变监测手段必须充分考虑到对传感器自身的温度应变进行修正的方法。

从弦式传感器的数据处理可以看出应变测量是基于一个参考点的（即初始变形的起点），因为应变本身就是个相对量，参考点的选择正确与否将对分析的结果有很大的影响，甚至分析出的规律完全不同。此次数据分析采取的参考点为传感器被混凝土完全覆盖（混凝土入模）后的第 20 个小时（混凝土终凝时）。这样的初始点选取，保证了应变分析过程中混凝土内部结构的连续性，减少了混凝土初期水化硬化的影响，保证了数值的有效性。

根据上述数据处理的原则及方法，分别导出各测点的应变并作出了相应的应变曲线，图 8-2 所示为其中 4 个监测点的应变变化曲线图。

需要说明几点如下：

（1）参考点为传感器被混凝土覆盖后的第 20 个小时（终凝时）。

（2）混凝土的线膨胀系数取值 10.4μ_{ε}/℃。

（3）正数表示混凝土受拉，为拉应变；负数表示混凝土受压，为压应变。

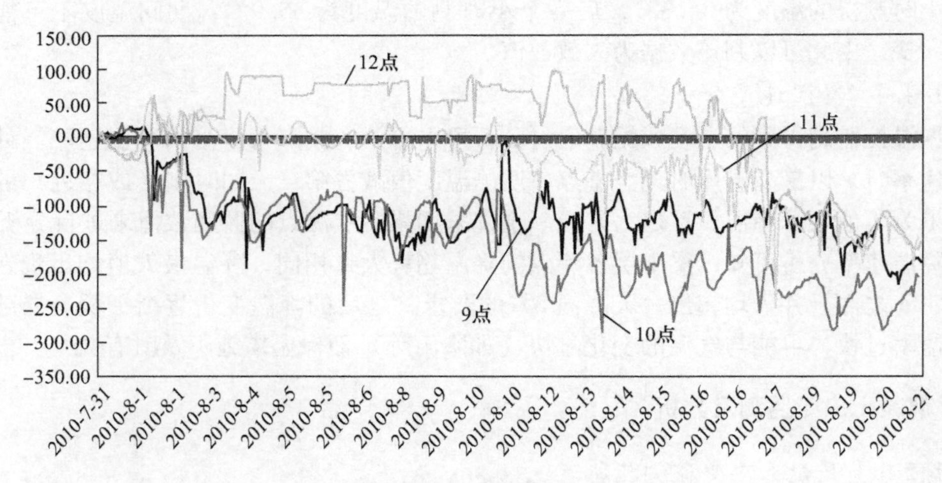

图 8-2 混凝土应变变化曲线

从上面的应变曲线分析可知：

（1）测点 7 的应变监测值虽然没有超出限值，但其检测数据异常，不合常规，应视为无效数据。其余各测点的应变曲线整体趋势正常。

（2）测点 12 的拉应变值最大，接近 100μ_{ε}，但未超出 110μ_{ε} 的限值。其余各测点的拉

应变值更小，均未超出限值。

（3）各测点的压应变均未超出 400μ_ε，混凝土处于正常工作状态。

（4）所有应变曲线中均出现了不同程度的突变值，说明混凝土浇筑体在养护期间可能受到外加荷载的干扰。

8.1.6　钢筋应力监测及分析

为了了解该工程在施工过程中钢筋的力学性能，在主梁的上下层分别布置了钢筋计。图 8-3 所示为监测的两根钢筋应力曲线。其中，横坐标为检测时间，纵坐标为各测点的实际检测应力值。

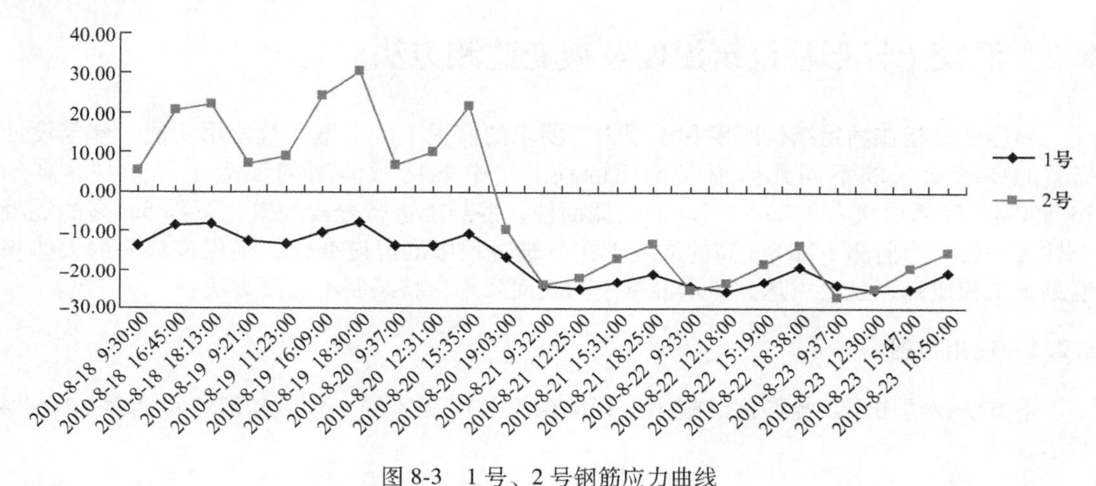

图 8-3　1 号、2 号钢筋应力曲线

从钢筋应力监测数据可知：

在梁施加预应力的各阶段监测应力值均在 30.56～-49.75MPa 范围内，且在绝大部分施加预应力阶段钢筋处于受压状况，施加完成后均处于受压状况。钢筋应力监测值的绝对值小于钢筋强度的设计值，表明在受监测的施工阶段，被测钢筋处于正常工作状态。

8.1.7　施工监测结论汇总

（1）被测混凝土的温度峰值一般出现在混凝土浇注 36h 左右。混凝土浇筑体在入模温度基础上的温升值均不大于 50℃，符合相关规范规定的要求。

（2）初始阶段，由于传感器没有被混凝土覆盖，传感器监测的温度是大气环境温度，而一旦传感器被混凝土覆盖到位，其监测的便是混凝土的实际温度。初期温升阶段，梁的中层测点的温度峰值要比下层和上层的要高，并且梁中层测点的温度达到峰值的升温时间比下层和上层的也要长。另外，检测结果也表明梁的上层受大气环境影响较大，而中间层等受到环境温度的影响较小。

（3）里表温差最大值均集中出现在混凝土浇筑后 24～48h 之间，最大温差达到 15℃。混凝土浇筑体表面与大气温差均小于 20℃，符合相关规范规定的要求。

（4）梁中层各测点的降温趋势大致相同，降温最大值均出现在温度峰值后 48h 之内，并且均超出了规范中规定的降温速率不宜大于每天 2℃的要求，之后的降温变得逐渐平缓。

局部时间段降温速率过快，可能与现场气候变化时养护措施未及时调整有关。

（5）混凝土的应变监测结果表明，绝大部分测点的混凝土处于压应变状态；梁底部的几个测点处于拉应力状态，但应变值曲线整体趋势正常，应变值均未超出 $110\mu_\varepsilon$ 的限值。

（6）所有应变曲线中均出现不同程度的突变值，说明混凝土浇筑体在养护期间可能受到外加荷载的干扰。

（7）在梁施加预应力的各阶段的监测应力值均在 30.56～−49.75MPa 范围内，且在绝大部分施加预应力阶段钢筋处于受压状态，施加完成后钢筋全部处于受压状态。钢筋应力监测值绝对值小于钢筋强度的设计值，在受监测的施工阶段，被测钢筋处于正常工作状态。

8.2　混凝土异形柱浇筑温度及应变监测方法

异形柱是指在满足结构刚度和承载力等要求的前提下，根据建筑使用功能、建筑设计布置的要求而采取不同几何形状截面的柱。文中案例所监测的混凝土异形柱，高约 13.850m，底部形状为 2.7m×2.7m 的变截面柱，混凝土进行分段浇筑，下部 8m 高的混凝土柱为一段。为监测下部 8m 高的混凝土在浇筑过程中的温度变化，确保该部分的大体积混凝土工程质量，且要求达到清水混凝土的表面效果，特编制本监测方法。

8.2.1　适用范围

本方法仅适用于该异形柱的施工过程的温度和应变监测。异形柱形状及剖面如图 8-4 所示。

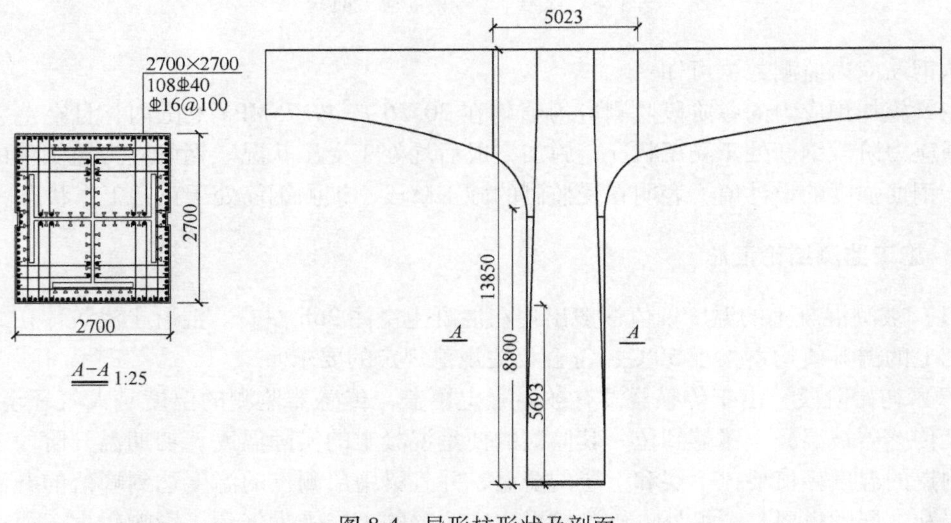

图 8-4　异形柱形状及剖面

8.2.2　技术要求

（1）大体积混凝土温度监测仪器应由温度传感器、数据采集系统、数据传输系统组成；系统应具有温度、时间参数的显示、储存、处理功能，可实时绘制测点温度变化曲线，具有自动智能预警功能。

（2）温度监测仪器可采用有线或无线信号传输。采用无线传输时，其传输距离应能满足现场测试的要求，无线发射的频率和功率不应影响其他通信和导航等设施的正常使用；采用有线传输时，传输导线的布置不得影响施工现场其他设施的正常运行，同时应保护好传输导线免遭损坏。

（3）温度监测仪器应定期进行校准，其允许误差不应大于0.5℃；温度传感器量程应为-30~125℃；传输线路应具有抗雷击、防短路功能；温度传感器安装前，应连同传输导线一同在水下1m处浸泡24h不损坏。

（4）数据自动采集系统的稳定性、抗干扰能力应满足施工现场监测要求；应满足连续测试20d以上的数据采集、存储的要求；从信号采集到结果输出全过程均应自动实现，并应具有当出现降温速率过快、表里温差过大时报警的功能；监测过程可实时显示不同测点温度及温度时间曲线，同时可用表格形式显示监测数据，并可输出各时间段的温度时间曲线。

8.2.3 温度和应变监测方法

测监应包括测位、测点布置、主要仪器设备、养护方案、异常情况下的应急措施等。

8.2.3.1 仪器设备

（1）混凝土温度由温度传感器进行测量，混凝土应变由振弦式应变计进行测量，所有传感器数据通过数据采集系统、数据传输系统向服务器传输；服务器搭建的数据分析系统应具有温度、时间参数的显示、储存、处理功能，可实时绘制测点温度变化曲线，从信号采集到结果输出全过程均应自动实现，并应具有当出现降温速率过快、表里温差过大时报警的功能；监测过程可实时显示不同测点温度及温度时间曲线，同时可用表格形式显示监测数据，并可输出各时间段的温度时间曲线。

（2）温度监测仪器应定期进行校准，其允许误差不应大于0.5℃；温度传感器量程应为-30~125℃；传输线路应具有抗雷击、防短路功能；温度传感器安装前，应连同传输导线一同在水下1m处浸泡24h不损坏。

（3）数据自动采集系统的稳定性、抗干扰能力应满足施工现场监测要求；应满足连续测试20d以上的数据采集、存储的要求；从信号采集到结果输出全过程均应自动实现，并应具有当出现降温速率过快、表里温差过大时报警的功能；监测过程可实时显示不同测点温度及温度时间曲线，同时可用表格形式显示监测数据，并可输出各时间段的温度时间曲线。

8.2.3.2 检测数量

根据该项目要求，该异形柱的下部8m范围内共布置三层温度监测仪器，分别位于标高0.500、3.500、6.500，每层布置6个传感器，其中传感器1~4号位置布置带测温功能的振弦式埋入式应变计，5~6号传感器位置仅布置温度传感器。因此该段共布置18个传感器（12个带测温功能的振弦式应变计、6个温度传感器）。布置剖面如图8-5所示。

此次测试时将在相应位置安装带测温功能的振弦式应变传感器进行应力温度监测。选用的传感器为振弦式应变计，可以同时进行应变和温度测试，该传感器主要组成为钢弦、线圈、热敏电阻、保护管等元件。

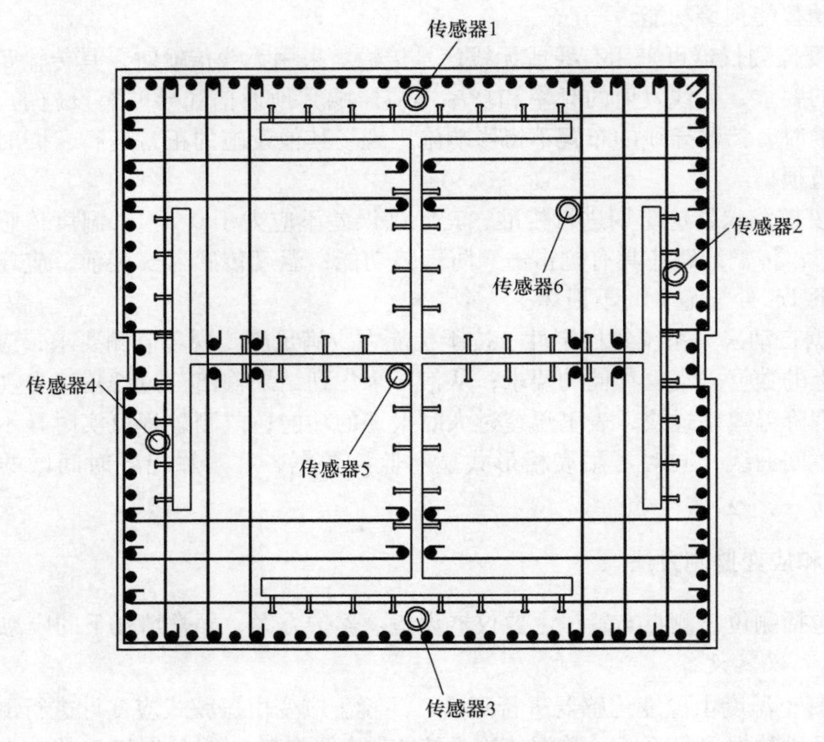

图 8-5　异形柱剖面传感器布置

该振弦式传感器的引出电缆为 4 芯加屏蔽电缆，其红线和黑线用于检测振弦，白线和绿线用于检测温度（通常白、绿色芯线连接到仪器内部的半导体温度传感器用于检测温度），另一根为屏蔽线，调试时，检测仪表的接入线鳄鱼夹颜色与传感器的颜色相同，接法对应。实际监控过程中可以采用自动数据采集系统，可无缝式实现全程数据自动采集和存储。

振弦式应变传感器具有专用自补偿功能，基本技术性能如下：

幅值：$\pm 2500\mu_\varepsilon$；

测量误差：$0.1\mu_\varepsilon$；

数采频率：最大采样频率 1Hz。

8.2.3.3　仪器设备数据采集系统

数据采集模块按照预先编写好的计算机程序进行顺序指令操作，其基本任务如下：

（1）采集数据，设定采集时间为 5min 一次。

（2）存储采集数据于设备内存。

（3）将采集到的数据发往计算机。

计算机接收到数据后对其进行计算，并实时在计算机屏幕上显示，可同时显示 160 个测点在 24h 内的变化曲线。

数据采集系统现场安装照片如图 8-6 所示。

（1）八通道无线数据采集器：每个通道可配置为 4 种信号类型之一。

（2）支持 4 种信号输入类型：振弦式传感器、热敏电阻、0~5V 输入、4~20mA 输入。

图 8-6　无线数采主机

（3）无线通信：最远可达 3km（空旷）。

（4）内置大容量锂电池：9000mA·h（续航能在 15min 采集一次的情况下，可以连续工作 20d 以上）

（5）充电方式：太阳能电池板。

（6）典型应用：适用于基坑、隧道、堤坝、桥梁、建筑物等自动化实时监测项目，可以实时采集多个通道的传感器数据，然后上传到监测服务器。可以放在工地现场长期连续监测。

监测软件功能界面：

（1）用户权限管理功能。分为三类：多级、系统管理员、管理员和用户。系统管理员可以创建管理员账号，同时分配各相应的权限和可以管理的目标。管理员可以创建用户和下级管理员，用户权限分为浏览和控制两种，同时指定一座或多座被监测目标。

（2）GIS 导航功能。具备 GIS 导航功能，可在电子地图上展示监测点分布、最新监测数据、监测点状态信息、传感器状态等信息。

（3）多项目同时管理。系统可同时接入并管理多个监测项目。

（4）实时数据展示和历史数据查询分析（数据趋势）。可以实时统计数据的平均值、最大值、最小值。

（5）健康评估界面。通过健康评估页面可以迅速了解被测构件的安装位置信息、健康评分等信息。页面最上面显示监测现场、传感器安装细节照片等。最少可以 5 张图片顺序滚动，也可以使用鼠标点击查看任何一张图片。接下来显示各分支所占比例和总的健康评分。评分标准具体商定。

8.2.3.4　温度记录及测温曲线

大体积混凝土施工过程中应监测混凝土拌合物温度、内部温度、环境温度、冷却水温度，同时监控混凝土表里温差和降温速率。

（1）混凝土入模温度、表里温差、降温速率及环境温度的测量记录频次应符合下列规定：

1）混凝土入模温度的测量频次每台班不应少于 2 次。

2）混凝土浇筑后，每间隔 15~60min 测量记录温度 1 次。

（2）温度监测过程中，当出现降温速率、表里温差超过下列规定值时应自动报警，并及时调整和优化温控措施：

1）降温速率大于2.0℃/d或每4h降温大于1.0℃。

2）表里温差控制值大于28℃。

（3）混凝土的降温速率和表里温差满足20℃，且混凝土最高温度与环境最低温度之差连续3d小于25℃时，可停止温度监测。

8.3 建筑物改造自动化变形监测实例

建筑物改造是一项复杂且风险高的工程项目。为了保证在施工加固过程中和使用阶段建筑物能够健康稳定，传统方法对结构变形的监测可以通过人工目测检查或借助于便携式仪器测量得到的信息来进行，但是人工检查方法在实际应用中有很大的局限性。本文通过某商场改造工程的实践，详细介绍了自动化监测原理和优点。最终自动化监测数据表明，该改造项目是健康稳定的，可满足业主的使用要求，节约了成本，可为以后类似工程提供参考，同时推广大力使用自动化系统在结构监测上的应用。

据不完全统计，我国现存的各种建筑物总面积在150亿平方米以上，有一半以上使用超过30年，一方面由于自身老化、各种灾害和人为损伤等原因，建筑结构不断产生各种安全隐患，如不采取加固措施，就有可能产生重大的安全事故；另一方面，由于人们对建筑使用功能的要求不断提高，只有通过拆除承重构件来满足要求，这样既有的建筑结构遭到破坏，导致构件承载力不足，必须对构件加固改造处理，为此，越来越多的资金用于建筑物的加固改造，可想而知，随着时间的推移我国需要改造的建筑面积越来越多，据有关部门统计，需要改造的面积约为35亿平方米 。然而，改造工程是一项极其复杂和高风险项目，为了保证建筑物在施工过程和使用过程健康稳定，传统方法是采用人工目测检查和借助于便携式仪器测量，但是人工检查方法在实际应用中有很大的缺陷。

8.3.1 工程概况

本例建筑为7层框架结构商业建筑。房屋基础采用人工挖孔桩，业主拟在E区2~4层修建大型水族馆，使用功能改变且结构荷载布局发生重大变化，造成部分构件承载力不满足规范要求，需进行改造和加固，以满足大型水族馆的承载力要求。该工程建筑结构的安全等级为二级，结构设计基准期为50年，该工程结构设计后续使用年限为40年，该工程为抗震设防工程，建筑抗震设防类别为乙类。工程所在地区的抗震设防烈度为7度，设计基本地震加速度为0.10g；设计地震分组为第一组。地震作采取的抗震设防烈度为7度，根据《建筑抗震鉴定标准》（GB 50023），后续使用年限40年，为B类建筑。抗震措施采取的设防烈度为8度，抗震等级剪力墙为二级，框架为三级。

该工程改造加固包括基础、墙柱加固，后加钢板剪力墙，后加钢支撑，二、三、四层梁板拆除和加固，新增水族馆主缸、中缸、小缸及维生系统。根据设计单位和业主要求，在工程改造加固施工阶段、加载阶段以及运营使用1年内，为了解结构构件因荷载增加发生的变形情况，拟对改造影响范围内（包括改造范围及其相邻部位）的主要结构构件进行自动化变形监测，根据监测数据进行准确预报，以便及时采取有效措施，避免事故的发生。

8.3.2　结构变形监测项目内容

根据业主的使用要求、结构实际情况及设计和规范要求，此次监测内容主要是水族馆改造施工、运营阶段的变形情况，其主要监测项目见表 8-1。

表 8-1　监测项目分析

序号	监测项目	位置或监测对象	监测目的	精度要求
1	缸体侧壁和柱的水平位移	混凝土侧壁、缸体柱	了解缸体侧壁、柱不同高度的水平位移变形情况	±0.03mm
2	缸底梁、板及转换梁挠度监测	梁、板及转换梁	了解梁、板及转换梁的挠度变形情况	±0.03mm
3	柱沉降观测	柱	了解柱的不均匀沉降变形情况	±0.03mm
4	混凝土表面应力监测	梁、板	监测梁、板的受力变形情况	综合误差：<0.2%F·S
5	裂缝观测	混凝土裂缝	了解混凝土裂缝变形情况	±0.03mm

如在施工布点有困难时，可根据施工现场情况与设计协商确定作适当调整。

8.3.3　结构变形自动化监测系统概述和功能特点

8.3.3.1　自动化监测系统概述

根据水族馆结构形式、使用荷载、工作环境，并考虑到测试设备的可靠性、测试分析方法的先进性和可行性等因素，水族馆结构变形安全监测系统采用无线自动采集，其系统框架如图 8-7 所示。

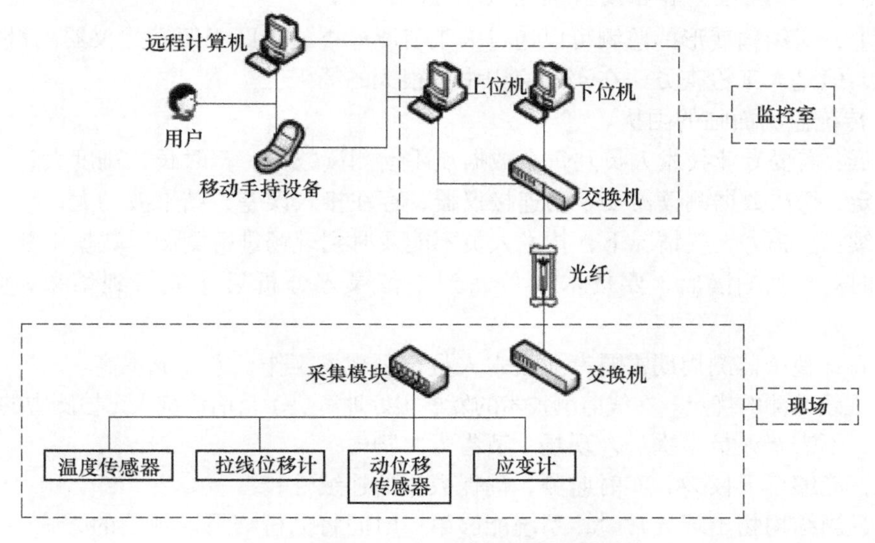

图 8-7　TST5961 大型结构健康监测系统

根据各系统功能层级的不同，建筑物结构安全监测系统可分为以下 4 个层级：

(1) 数据采集层级。在该层级，传感器系统收集来自各种传感器的信号，并通过电缆或光缆发送至数据采集系统。

(2) 数据预处理及传输层级。数据预处理通常都是在数据采集系统中完成的，数据采集系统将传感器系统采集的各种传感器信号通过预处理转换成数字信号，然后再通过数据传输网络将预处理后的数据传输至数据处理与控制系统。

(3) 系统控制与数据处理层级。系统的控制和数据处理工作由数据处理与控制系统来完成，内容包括：

1) 对传感器系统和数据采集系统的运行进行控制、管理。

2) 对所有来自数据采集系统的数据进行选择、处理、分析、显示。

3) 管理系统数据库。

(4) 结构安全评价层级。结构安全评价工作由结构安全评价系统来完成，内容包括：

1) 分析监测数据，与定期的历史监测数据和设定的标准数据进行对比。

2) 对监测的结构进行分析，如结构的稳定性分析和结构安全性分析。

3) 显示、存档/存储所有分析结果。

4) 生成结构变形安全监测报告和评估报告。

8.3.3.2 自动化监测系统功能特点

采用无线采集系统进行自动采集系统，具有如下优势：B/S 软件平台，在任意地点随时查看现场情况；无线采集，接线少，施工简便，采集仪尺寸小，便于安装。主要由如下系统硬件组成：建筑在线监测平台软件、无线数据采集仪、位移（表面应力计）传感器、声光报警系统等。

建筑在线监测平台软件具有如下功能：数据采集、运行状态监控、异常数据报警（现场报警、短信报警）、预警阈值设置、数据列表显示、数据图表显示、历史数据查询、数据输出等。

8.3.3.3 传统监测和在线（自动化）监测对比

传统上，对结构变形的监测可以通过人工目测检查或借助于便携式仪器测量得到的信息来进行，但是人工检查方法在实际应用中有很大的局限性。

(1) 传统监测面临的困扰。

效率低：需要专业技术人员到每个数据点手动测读数据，费时长，难度大；

不稳定：每次数据测读需要手动连接仪器，存在接入误差，结果波动大；

不连续：在恶劣天气情况下，技术人员不能及时到现场进行测读，数据中断；

不及时：数据测读后，要技术人员回到单位录入分析后才能得到结果，响应时效性差。

成本高：整个监测周期需要专业技术人员全程现场工作，人工成本高。

(2) 在线监测的优点。在线监测技术的发展很好地解决了目前传统人工检测中的不足：

第一，不需要人员多次进入现场，节省人力物力；

第二，能够全天候 24h 实时监测，确保数据的连续性；

第三，当结构物出现异常时，系统能够第一时间将分析结果以短信的方式通知相关管理人员；

第四，每月提供翔实数据报告给管理者，并对结构当前状态进行全面评估。

传统人工监测与在线监测的优缺点对比见表8-2。

表8-2 传统人工监测与在线监测的优缺点对比

项 目	传统人工监测	在线监测
实效性	很难保证数据稳定，尤其在恶劣天气及运营期人员较多时	不受天气影响实时监测，在恶劣环境下仍保证数据稳定
连续性	进行定期（比如一年或两年一次）的检验	进行长期不间断的24h在线测试，能够反映细微的变化趋势
准确性	系统误差和随机误差比较大	基本上克服了人的主观造成的误差
可量化	以观察为主，数据量化困难	以科学的数据来监测，以量化为基础，提供海量的数据
便捷性	非常烦琐，人工记录再输入电脑	随时查看，后台操作，实现自动化、远程化、可回查、可复制性强

8.3.4 自动化监测系统组成

8.3.4.1 数据传输与通信

该系统采用短距离无线通信+远距离无线通信方式；无线采集仪与无线采集终端构成本地无线采集系统，传感器就近连接到无线采集终端，免除了现场布线的复杂性和不安全因素；采集模式由软件设定，无线采集仪自主完成连接在各个采集终端的传感器信号采集，通过GPRS网络传输至服务器。

A 无线数据采集仪

ZBL-D200智能无线数据采集仪（图8-8）采用自主知识产权智能网关设计，可以依据软件平台设置的工作模式自主完成数据采集工作，特有自动组网、自动诊断、自动采集、自动缓存，自动联网等多项自主功能。

图8-8 ZBL-D200无线数据采集仪

自主采集功能可以保证数据依据设定时间间隔可靠采集，免除移动网络信号不稳定造成采集失败、数据丢失等问题。

内置大容量锂聚合物电池，当外部电源失效后自动切换至内部电池工作模式，适应于各种工程现场。

GPRS数据上传模式，现场无需设置易维护等优势。

GPS定位系统可以自动跟踪现场设备位置，GPS位置偏移超过正常情况时，系统平台发出报警信息，避免现场意外情况发生。

B 无线采集终端

无线采集终端（图8-9）与无线采集仪组成无线采集网络，对接入终端的传感器进行数据采集。采用低功耗设计，内置电池可以完成长时间采集工作，免除现场布线的困扰。可靠的工业无线通信模块设计，可根据采集模式和现场需求，搭载RF433MHz或ZigBee通信单元；全防水设计，现场无需特殊防护。

C　ZBL 无线远程数据采集系统的特点

（1）全无线系统设计，系统结构简洁，可靠性高。

（2）全防水设计，适应工程现场工作环境。

（3）自主采集模式，在复杂条件下仍能高质量完成监测任务。

（4）多方位自诊断设计，现场情况全在掌握。

（5）快速实施，节约大量经济成本和时间成本。

图 8-9　ZBL-D201 无线采集终端

8.3.4.2　监测系统软件平台

TST5961 在线监测分析系统能够实现中小型梁、建筑及机械状况的快速监测和评定。它采用高度集成化、全屏蔽机箱结构设计，抗干扰能力强，能够直接安装于现场各种复杂环境；高度自动化软硬件设计，真正实现无人值守采集模式；以太网数据传输，高速可靠；系统可测量应变、位移、振动、温度等多种物理量；内置断电模块，远程控制仪器断上电；内置工控机，大容量硬盘储存，最高采用频率可达 10Hz；通过软件系统同步实现信号的采集、传送、处理、储存和显示。

主要功能如下：

（1）智能自动采集。可以根据施工阶段或现场环境状态进行灵活高效采集。

（2）数据实时分析。对采集数据进行高效管理，以报表、折线图、柱状图等多种分析手段，让数据分析不再困难。

（3）自动报表功能。可根据系统自动或者人工分析的结果，自动生成各种类型报表，并且提供报表下载功能。

（4）可进行设备的自诊断。可以对故障设备进行提示，为设备维修和更换提供依据。

（5）系统管理的安全保障。对用户身份进行验证，确保系统运行安全；对数据访问权限进行二次密码验证，保证数据安全。

8.3.4.3　预警/报警系统

A　系统软件平台预警/报警

系统根据用户设置的预警/报警数据阈值进行警示信息的指示，在系统软件平台预警信息和报警信息分别以黄色和红色进行直观提示。当实时采集数据超过预警/报警阈值时，系统自动跳转至报警管理页面，并对预警/报警信息的来源进行明确显示；可以对历史预警/报警信息进行查询。

B　短信预警/报警

短信报警可根据用户设置的级别进行发送手机预警信息，用户可自行添加报警时通知的用户。

根据用户添加不同的报警等级，系统会自动按照报警级别进行短信发送，例如，配置报警等级为一级报警，系统所有的报警都会发送给此用户，用户配置报警等级为二级报警，只有系统发生红色报警（二级报警）的时候才会发送到此用户。

C　现场报警

当系统侦测到监测数据超过报警值（红色报警）时，会立即发出现场报警命令，控制现场报警系统进行工作，发出声光报警信息，提醒现场工作人员进行相应处置；报警信息可在无线数据采集仪端进行同步显示，以便现场排查。

声光报警、报警控制器、在线监测系统拓扑如图8-10~图8-12所示。

图8-10 声光报警器　　图8-11 报警控制器

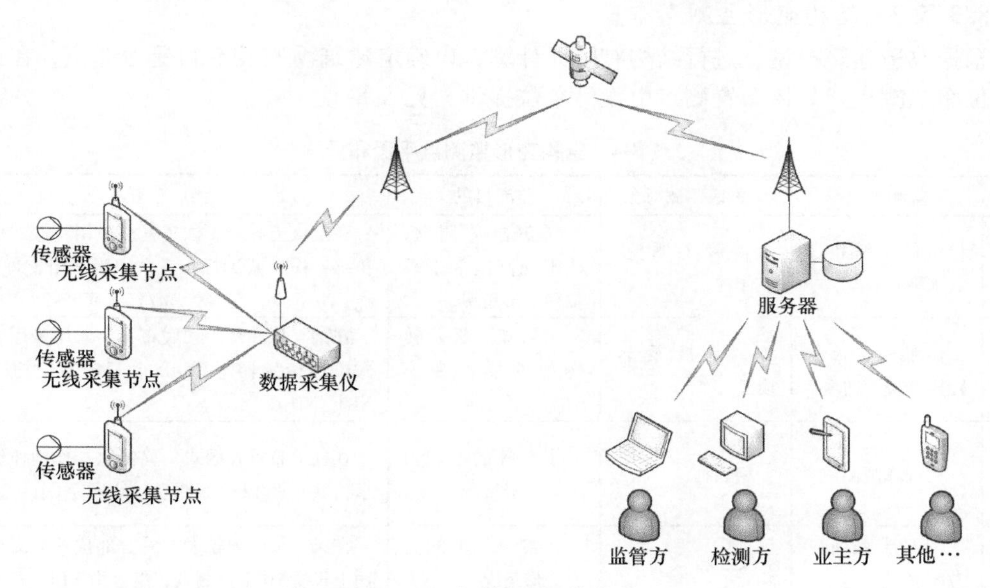

图8-12 在线监测系统拓扑

8.3.5 结构变形自动化监测设计

8.3.5.1 监测项目及监测仪器布置

根据业主使用要求、设计技术要求，该工程各监测项目和对应的监测仪器及观测仪器见表8-3。

表8-3 监测项目及观测仪器设备

序号	监测项目	监测仪器	监测方法	仪器布置
1	梁板挠度	容栅式位移传感器	无线数据采集仪	安装在缸体梁板底表面上
2	混凝土构件裂缝	容栅式位移传感器	无线数据采集仪	安装在混凝土裂缝处

续表 8-3

序号	监测项目	监测仪器	监测方法	仪器布置
3	缸体水平位移	容栅式位移传感器	无线数据采集仪	安装在后缸体侧壁及柱上
4	混凝土表面应力	正弦式表面应力计	无线数据采集仪	安装在结构混凝土表面
5	柱竖向位移（沉降）	容栅式位移传感器	无线数据采集仪	安装在结构柱侧面

各类仪器设置如下：

（1）建筑物挠度以监测点位移量进行计算，监测点处布置重锤或连杆，测量传感器布设在参考点。

（2）混凝土裂缝监测传感器在建筑物已有的变形缝、先后浇带处进行布置。

（3）建筑物水平位移在监测点处以连杆延伸到参考位置附近，传感器在连杆末端进行布置。

（4）建筑物垂直位移在监测点处布置重锤或连杆，测量传感器布设在参考点。

（5）建筑物应力传感器在结构表面布置。

8.3.5.2 结构变形监测点布置

根据改造建筑模型，进行结构有限元计算，以确定建筑物的最不利受力部位，在最不利部位布置测点，具体布置测点由设计单位提供，见表 8-4。

表 8-4 结构变形监测点平面布置

序号	监测项目	位置或监测对象	监测目的	测点布置
1	缸体侧壁和柱的水平位移	混凝土侧壁、缸体柱	了解缸体侧壁、柱不同高度的水平位移变形情况	在混凝土侧壁、柱布置，采用容栅式位移传感器作为监测标示，共埋设 3 组，每组 2 点，共 6 点，编号为 WY1-1～WY3-2
2	缸底梁、板及转换梁挠度监测	梁、板及转换梁	了解梁、板及转换梁的挠度变形情况	在梁、板和转换梁底布置，采用采用容栅式位移传感器埋设 10 个观测点，编号为 ND1～ND10
3	柱沉降观测	相邻柱	了解柱的不均匀沉降变形情况	在柱上布置容栅式位移传感器作为监测标示，共布设 12 个观测点，编号为 CJ1～CJ12
4	混凝土表面应力监测	梁、板	监测梁、板的受力变形情况	在梁、板受力较大的关健部位的混凝土表面上设置 10 个监测点，编号为 YL1～YL10
5	裂缝观测	混凝土裂缝	了解混凝土裂缝变形情况	根据裂缝出现情况布置

各类仪器设置如下：

（1）建筑物挠度以监测点位移量进行计算，监测点处布置重锤或连杆，测量传感器布设在参考点。

（2）混凝土裂缝监测传感器布置在建筑物已有的变形缝、先后浇带处。

（3）建筑物水平位移在监测点处以连杆延伸到参考位置附近，传感器在连杆末端进行布置。

（4）建筑物垂直位移在监测点处布置重锤或连杆，测量传感器布设在参考点。

（5）建筑物应力传感器在结构表面布置。

8.3.5.3　监测频次

根据水族馆改造、使用的安全性和监测重点，该项目设定了不同的监测阶段，监测的时间间隔（或频率）可根据各阶段确定。考虑到水族馆改造和使用的不同环境，将结构变形安全监测分为3个阶段：施工期、荷载加载期和运营使用期。施工期指建筑物进行加固改造直至改造施工结束，监测频率根据施工阶段的特点以及设计方案要求规定；荷载加载期是指加固施工结束后水族馆加水使用前期的跟踪监测阶段；运营使用阶段指水族馆使用直至运营一年为止。根据项目计划施工工期及业主要求，拟对项目施工期间、荷载加载期、运营使用一年内进行全程监控，监测为实时监测，为便于管理，监测数据整理、分析频率暂定见表8-5。

表8-5　结构变形监测频率

监　测　频　率			
改造加固施工期	施工完成后加水加载期间	加水完成后≤7天	加水完成7天后
1次/3天	每+0.5m/次	1次/1天	1次/7天

结构变形监测时间暂定为施工期至运营使用后1年，预计监测总次数为100次。

由于结构改造现场施工情况不尽相同，具体测量次数、测量时间可根据业主要求及现场施工进度、实测结果等情况作相应调整。

当变形超过相关规范限值或使用条件变化较大时，应加密监测；当有危险事故征兆或报警时，应跟踪监测；每次监测工作结束后，应及时提交监测报告。

8.3.6　警戒值和应急措施

8.3.6.1　警戒值

变形监测预警值就是设定一个定量化指标系统，在其容许的范围内认为构筑物是安全的，并对周围环境不产生有害影响，否则认为构筑物是非稳定的或危险的，并将对周围环境产生有害影响。该工程的预警值是在综合考虑下列因素后确定的：建筑物监测项目的监测报警值根据监测对象的有关规范及结构设计要求确定，预警值取设计极限值的70%，警戒值取设计极限值的80%。当监测点达到或超过报警值时应及时向有关部门报警。

监测报警指标一般以累计值和变化速率量控制，累计变形量的报警指标一般不宜超过设计限值。报警值应以监测项目的累计变化量和变化速率值两个值控制。

监测控制标准及预警指标见表8-6。

表8-6　监测控制标准及预警指标

监测项目	位置和监测对象	仪器监测精度	规范规定限值	监测项目控制值	监测项目预警值
侧壁水平位移	混凝土侧壁	±1.0mm	1/400	8mm	变形累计：5mm 变形速率：0.5mm/d
梁、板挠度监测	梁、板	±0.3mm/km	1/400	15mm	变形累计：10mm 变形速率：1mm/d

续表 8-6

监测项目	位置和监测对象	仪器监测精度	规范规定限值	监测项目控制值	监测项目预警值
柱沉降观测	柱	±0.1mm	0.4%	20mm	变形累计：14mm 变形速率：1mm/d
混凝土应力监测	梁、板	$1\mu_\varepsilon$	—	$500\mu_\varepsilon$	$350\mu_\varepsilon$
裂缝观测	混凝土	0.03mm	0.2mm	0.2mm	持续发展

注：监测项目控制值为暂定，具体由设计单位确定。

8.3.6.2　应急措施

根据变形观测成果，达到如下指标时，采取如下措施：

（1）当出现数据报警时，加强现场巡视。

（2）达到警戒值的80%时，会同建设单位、设计召开现场会议，研究应急措施。

8.3.7　数据处理与成果分析

每次量测后，对量测面内的每个量测点（线）分别进行回归分析，求出各自精度最高的回归方程，并进行相关分析和预测，推算出最终位移和掌握位移变化规律，并由此判断结构的稳定性。利用已经得到的量测信息进行反分析计算，提供基坑、隧道结构和周围建筑物的状态，预测未来动态，以便提前采取技术措施，验证设计参数和施工方法。

观测成果的分析对基坑施工而言，是极具参考价值的成果。观测成果的分析目的，就是通过对多期观测成果进行分析，归纳改造施工过程中拆除、加固、加载及其周围环境的变形过程、变形规律、变形幅度以及变形原因，并预报未来变形趋势及工程安全程度，以达到指导安全施工的目的。观测成果的分析主要包括：

（1）成因分析。成因分析是对结构本身与作用在结构物上的载荷以及观测本身加以分析，确定变形值变化的原因和规律。

（2）统计分析。根据成因分析，对实测数据进行统计分析，从中寻找规律，并导出变形值与引起变形的有关因素之间的函数关系。

（3）变形预报和安全判断。在成因分析和统计分析的基础上，可根据求得的变形值与引起变形因素之间的函数关系，预报变形的发展趋势和判断结构及周边环境的安全程度。

参 考 文 献

[1] 高小旺，邸小坛．建筑结构工程检测鉴定手册 [M]．北京：中国建筑工业出版社，2008.

[2] 袁海军，姜红，高小旺，等．建筑结构检测鉴定与加固手册 [M]．北京：中国建筑工业出版社，2003.

[3] 杜春玲．浅析建筑检测鉴定与加固的理论及应用 [J]．实用科技，2010 (12)：226.

[4] 惠云玲，岳清瑞，幸坤涛，等．我国工业建筑可靠性鉴定及其发展 [J]．北京建筑大学学报，2016，32 (3)：49~54.

[5] 关淑君，姚爽，李文婷，等．我国既有建筑安全管理措施建议 [J]．工程安全，2016，34 (8)：38~41.

[6] 马安军，韦军鹏．房屋安全鉴定检测 [J]．科技与创新，2014 (5)：44~45.

[7] 卜良桃，周锡全．工程结构可靠性鉴定与加固 [M]．北京：中国建筑工业出版社，2009.

[8] 黄兴棣，田炜，王永维，等．建筑物鉴定加固与增层改造 [M]．北京：中国建筑工业出版社，2008.

[9] 刁学优，鲍自均．既有建筑结构鉴定实务与案例分析 [M]．北京：中国电力出版社，2009.

[10] 惠云玲，弓俊青，常好诵．工程结构安全诊治技术与工程实例 [M]．北京：中国建筑工业出版社，2009.

[11] 苗云耀，牛荻涛，姜磊，等．火灾后混凝土厂房结构安全性鉴定 [C]//惠云玲．工程结构安全诊治技术与工程实例．北京：中国建材工业出版社，2009：65~69.

[12] 朱宏伟，邢毅民，曹志强．某“危”旧厂房的结构鉴定 [C]//惠云玲．工程结构安全诊治技术与工程实例．北京：中国建材工业出版社，2009：77~85.

[13] 郝晓丽，宁涛．钢筋混凝土薄板桥型屋架检测与可靠性分析 [C]//惠云玲．工程结构安全诊治技术与工程实例．北京：中国建材工业出版社，2009：94~98.

[14] 凌程建，张翼．成都市宽窄巷子历史文化保护区部分房屋及门头的技术鉴定 [C]//唐岱新．土木工程结构检测鉴定与加固改造新进展及工程实例．北京：中国建材工业出版社，2006：451~458.

[15] 金国芳，李思明．当前砌体结构房屋常见的质量问题探讨 [C]//唐岱新．土木工程结构检测鉴定与加固改造新进展及工程实例．北京：中国建材工业出版社，2006：349~353.